KENNETH R. LANG

Le SOLEIL
et ses relations
avec
la TERRE

D1316312

A Julia Sarah Lang

Springer

Berlin
Heidelberg
New York
Barcelone
Budapest
Hong Kong
Londres
Milan
Paris
Santa Clara
Singapour
Tokyo

Kenneth R. Lang

Le SOLEIL
et ses relations
avec
la TERRE

Traduction de Marie-Ange Heidmann
Préface de Jean-Claude Pecker
136 illustrations dont 61 en couleur

 Springer

Professor Kenneth R. Lang
Department of Physics and Astronomy
Robinson Hall
Tufts University
Medford, MA 02155, USA

Traductrice

Marie-Ange Heidmann
Planétarium
Palais de la découverte
Avenue Franklin D. Roosevelt
F-75008 Paris, France

Titre de l'édition orginale américaine: Sun, Earth and Sky
© Springer-Verlag Berlin Heidelberg 1995

ISBN 3-540-59445-0 Springer-Verlag Berlin Heidelberg New York

Die Deutsche Bibliothek – CIP-Einheitsaufnahme
Lang, Kenneth R.:
Le soleil et ses relations avec la terre / Kenneth R. Lang.
Trad. de Marie-Ange Heidmann. Préf. de Jean-Claude Pecker. –
Berlin ; Heidelberg ; New York ; Barcelone ; Budapest ; Hong Kong ; Londres ;
Milan ; Paris ; Santa Clara ; Singapour ; Tokyo : Springer, 1997
Dt. Ausg. u. d. T.: Lang, Kenneth R.: Die Sonne, Stern unserer Erde. –
Engl. Ausg. u. d. T.: Lang, Kenneth R.: Sun, earth and sky
ISBN 3-540-59445-0

Producteur: C.-D. Bachem, Heidelberg
© pour la chanson «Here comes the Sun» sur la couverture: 1969 Harrissongs, Ltd.
Réalisation de la couverture: Design Concept, Emil Smejkal, Heidelberg
Reproductions: Schneider Repro GmbH, Heidelberg
Composition et impression: Appl, Wemding
Relieur: Universitätsdruckerei H. Stürtz AG, Würzburg

SPIN : 10478221   55/3144 – 543210 – Imprimé sur papier non-acide

Image de couverture: La photographie du Soleil en rayons X a été transmise par la sonde Yohkoh. Le télescope à rayons X a été conçu et réalisé par le Lockheed Palo Alto Research Laboratory, le National Astronomical Observatory du Japon et l'Université de Tokyo, avec le concours de la NASA et de l'ISAS (Institute of Space and Astronautical Science du Japon).

Préface

La Terre, certes, le Ciel certes. Mais la couverture jaune et rouge, éclatante, annonce, d'emblée, la couleur véritable du livre. C'est celle du Soleil. Entre Terre et Ciel, le vrai maître du dialogue, c'est bien l'éblouissant Soleil, et le flamboiement des jets de sa couronne royale .... C'est notre Soleil, semeur de tant de joies.

K. Lang nous montre d'abord ce Soleil des hommes, qui fait parfois même un peu peur, et dont on fuit l'éclat trop vif, pour ne le regarder que rougi, et proche de l'horizon. C'est notre Soleil, qui a inspiré tant de toiles, dorées de ses rayons, à nos peintres les plus lumineux, et tant de poèmes à nos poètes les plus aériens. C'est ainsi le Soleil brouillé de brumes de Turner, le Soleil émergeant des grisailles de Monet, ou encore la boule jaunie qui tournoie dans le ciel de Van Gogh. C'est aussi celui, plus romantique, de Caspar Friedrich, ou celui, plus abstrait, plus moderne, rouge vif, de Robert Delaunay ou de Juan Miró .... C'est encore celui de Nietzsche, que cite Lang (... Déjà s'élève l'étincelant Soleil;/Son amour de la Terre monte au ciel du matin ...»), ou celui de John Updike (qui s'émeut des «ailes invisibles» dont le Soleil anime les airs et les océans de la Terre), celui enfin de Robert Frost (envoûté par le Soleil, il affirme que «C'est dans le feu qu'un jour, disparaîtra le Monde» ...). Mais pensons aussi aux poètes que nous connaissons mieux, nous les lecteurs de culture française, Baudelaire («Courons vers l'horizon, il est tard, courons vite,/Pour attraper au moins un oblique rayon»), Mallarmé («... Et laisse, sur l'eau morte où la fauve agonie/Des feuilles erre au vent et creuse un frais sillon,/Se traîner le soleil jaune d'un long rayon»), ou Rimbaud («J'ai vu des soleils bas tachés d'horreurs mystiques») ... et bien d'autres, de Ronsard à Hugo, d'Apollinaire à Queneau ou à Verdet .... Et peut-on ne pas mentionner enfin l'apostrophe célèbre: «... Ô Soleil! Toi sans qui les choses/Ne seraient que ce qu'elles sont» (E. Rostand)?

Mais le Soleil est un astre: c'est notre *étoile,* certes .... Mais c'est une étoile parmi des milliards d'autres, très moyenne, ni très grosse ni très petite, ni très froide ni très chaude, ni très jeune ni très vieille (quatre milliards et demi d'années, – seulement!) ... Et c'est une étoile *très proche.* La lumière ne met que 8 minutes à nous en parvenir, à comparer aux années qu'elle met pour voyager depuis les étoiles les plus proches .... On peut donc étudier et connaître le Soleil beaucoup mieux que toutes les autres étoiles. *Comprendre le Soleil,* c'est donc la clef du ciel. Ce mer-

veilleux laboratoire de physique est un atelier exemplaire où se déroulent
à petite échelle certains des phénomènes, souvent très violents, qui animent l'univers (réactions de fusion nucléaire, éjection de masses énormes, champs magnétiques puissants …), mais où le feu reste en somme
assez loin de nous pour que nous n'ayons aucune chance de nous y brûler
les doigts. Le message du Soleil, c'est la *lumière* qu'il nous envoie, principalement; il nous faut l' analyser … . Et il n'est pas toujours facile de
décrypter, d'expliquer, de comprendre le message … . C'est aussi une
grande quantité de *particules* plus ou moins rapides, plus ou moins massives, électrons et protons de la couronne, qui viennent souvent perturber notre petite planète, ou encore ces neutrinos si énergiques, mais si té-
nus qu'ils traversent l'espace, la Terre, les planètes, … sans coup férir, si
bien que leur détection même devient une passionnante gageure … .

Précisément, dans le premier chapitre, Kenneth Lang nous décrit les
éléments de notre connaissance du Soleil. De l'analyse de sa lumière, de
la mesure de la puissance de son rayonnement, on peut déduire la structure de la sphère gazeuse qu'est notre astre, depuis son coeur à 15 millions de degrés, et où se déroulent les réactions thermonucléaires (chapitre 2), jusqu'à ses régions superficielles, directement visibles, celles du
«disque solaire», à quelques 6000° (en moyenne). Le «sondage» en profondeur du Soleil est d'abord possible grâce aux flux de neutrinos de diverses énergies (chapitre 3). Les oscillations qui animent le gaz solaire
comme vibre la peau d'un tambour ou le gaz intérieur d'un tuyau d'orgue, véritable «pouls du Soleil» (pour reprendre l'heureuse métaphore
de l'auteur), permettent d'utiliser des méthodes analogues à celles de la
sismologie, et de connaître, indirectement au moins, la structure interne
de notre étoile (chapitre 4).

Le Soleil est une *étoile magnétique* (chapitre 5). Dès que l'on s'écarte
des régions centrales, et qu'on monte au-dessus de la surface, les champs
magnétiques s'épanouissent, imposent leur règle aux flux de particules,
et chauffent la couronne du Soleil … . C'est ce magnétisme qui est à l'origine des changements constants qui affectent le Soleil, taches, régions actives, protubérances … . L'«activité solaire» se mesure; ses caractéristiques, son évolution s'expliquent; elle varie avec une périodicité d'environ onze années, – mais le rythme en est souvent perturbé … . La surface
solaire n'est qu'une apparence; l'opacité empêche sa pénétration. Mais à
l'extérieur, les couches transparentes (dans le domaine du rayonnement
visible), de la chromosphère ou de la couronne, s'étendent (chapitre 6) … . Ce sont les «spicules», petits jets de quelques 10 000 km de hauteur, qui couvrent toute la surface solaire, associés aux zones turbulentes
sous-jacentes à la surface. Ce sont encore les immenses jets de la couronne, où la température atteint en moyenne un million de degrés, 10 millions même, dans les boucles magnétiques, ces régions chaudes révélées
par les sondes spatiales qui observent le Soleil dans les rayons X (comme
la sonde japonaise Yohkoh qui a donné à cet ouvrage sa couverture). Tout

cela, c'est le «vent solaire».... Souvent, des manifestations violentes, les «éruptions» de la surface solaire (chapitre 7), le modifient profondément, pendant des temps brefs, mais parfois en rafale....

Le Soleil est donc «actif». Il est aussi variable, ces deux qualités allant en quelque sorte de pair.... Dans ce flux variable, comment réagit la Terre (et, incidemment, les autres planètes?).... Les particules très énergiques, les neutrinos, traversent la Terre; mais électrons et protons, particules électriquement chargées, se heurtent d'abord au champ magnétique terrestre. Un véritable «bouclier magnétique» la protège. Les plus rapides de ces protons traversent le bouclier, le crèvent, – après une éruption par exemple. Les autres contournent le bouclier et s'enroulent autour des pôles de l'aimant Terre. Certains sont pris au piège des «ceintures de Van Allen», d'autres produisent les aurores boréales, et affectent nettement le géomagnétisme (chapitre 8). L'environnement terrestre est dangereux: ceux qui le traversent sont la cible d'innombrables projectiles cosmiques.... Il est inévitable que l'atmosphère soit affectée (chapitre 9) par ce vent solaire modelé en quelque sorte par le champ magnétique terrestre.... Si, d'un côté, le rayonnement solaire maintient en équilibre la couche d'ozone ou les couches de l'ionosphère, en raison de l'action ionisante et photochimique de son rayonnement ultraviolet ou de son rayonnement X, il faut bien voir dans l'activité du Soleil, dans sa variation, les causes de variations concomitantes (voire avec un certain retard, variable d'un phénomène à l'autre) des conditions physiques de l'atmosphère terrestre. Le Soleil est une étoile variable assez régulière; même la luminosité totale apparente, vue de la Terre, est variable, mais plus encore la distribution spectrale du rayonnement, et de façon plus sensible encore, son activité, dominée par le magnétisme solaire.

La Terre est affectée par ces variations du Grand Luminaire, le Soleil, par son activité incessante.... Elle est aussi menacée par les activités humaines: un «trou» semble se développer dans la couche d'ozone (altitude 30 km) au-dessus du pôle Sud, non compensé par la fabrication d'ozone stimulée par le rayonnement UV du Soleil actif à ces altitudes. De même (chapitre 10), observe-t-on un réchauffement régulier de l'atmosphère, et divers effets à basse altitude. Là aussi, la fabrication par l'activité humaine de gaz carbonique, et d'autres gaz responsables d'un «effet de serre», semble comporter des conséquences que rien ne compense naturellement.... Mais évalue-t-on correctement ces effets?.... La variation de l'activité solaire exerce aussi une influence sensible sur la température ou sur les précipitations (par exemple). Il est vrai que les glaciations se suivent, séparées par des périodes moins froides; et ceci depuis des centaines de milliers d'années, bien avant le développement de l'activité humaine sur Terre. Et cela, nous ne pouvons l'éviter.

Que faire? Est-ce le Soleil qui menace la Terre? Ou est-ce surtout l'activité désordonnée de ses habitants? Le scientifique n'a pas assez de recul pour répondre complètement à de telles questions. Il ne peut être que circonspect, et prudent. Mais dès lors qu'un danger grave est possible, il importe d'en prévoir l'éventualité. Le pouvoir politique doit donc faire preuve d'un sens précis de ses responsabilités en face de ces modifications climatiques, dont l'homme est sans doute, en grande partie, fautif . . . .

Ce livre se lit avec plaisir, un plaisir physique pourrait-on dire, autant qu'une jouissance de l'intellect . . . . C'est d'un trait, sans difficulté que l'on va du début à la fin de l'ouvrage, jusqu'à ses dernières interrogations . . . . Il est splendidement illustré, aussi bien par des schémas clairs et précis que par les documents modernes fournis par les sondes spatiales, ou encore par des reproductions de qualité de nombreuses oeuvres d'art bien choisies . . . . Un glossaire très utile complète la lecture, et des index complets et précis permettent de revenir judicieusement sur telle ou telle question. La traduction, fluide, fidèle, est à la mesure de la qualité du texte.

Dans ce beau livre, dans ce bon livre, Kenneth Lang met parfaitement en évidence, en s'appuyant sur toutes les données, y compris les plus récentes, les aspects très divers de cette étoile proche qu'est pour nous le Soleil, notre Soleil, qui nous inonde aussi bien de ses bienfaisants rayons que de ses particules plus ou moins perturbatrices . . . . Alors que le livre est, fondamentalement, un exposé très rigoureux, et même souvent subtil, des relations entre l'étoile Soleil et la planète Terre, nous sommes entraînés par un judicieux contrepoint entre l'instrument du savant et le pinceau de l'artiste ou la plume du poète. C'est à la fois l'art et la science, le poétique et le réel, qui s'orchestrent en une composition quasiment musicale, d'une grande harmonie, et qui ne laisse jamais le savoir se déshumaniser. L'auteur met grand soin à montrer au lecteur à quel point ce Soleil, avec ses complexités, ses réactions thermonucléaires, ses oscillations et son vent, sa permanente énergie et ses foucades étranges, ses neutrinos insaisissables, et son intarissable flux de photons . . . , reste aussi, toujours, notre Soleil, celui qui, à l'horizon lointain des hommes, se couche, royal et rougeoyant . . . .

Jean-Claude Pecker
Membre de l'Institut
Professeur Honoraire
au Collège de France

Avant propos

J'ai écrit ce livre pour ma fille Julia, son amour et l'encouragement qu'elle m'a prodigué m'ont été un réconfort. C'est un plaisir de regarder Julia noter autour d'elle jusqu'aux moindres détails. Les enfants et les personnes curieuses savent discerner des univers invisibles à la plupart d'entre nous.

Dans ce livre, nous décrivons quelques uns de ces mondes invisibles qui s'étendent depuis le coeur du Soleil jusqu'à notre atmosphère. L'astronomie spatiale nous a permis de les découvrir, de les explorer et d'élargir ainsi notre champ de perception.

Il y a tout juste cinquante ans, les astronomes ne pouvaient observer les astres qu'en lumière visible. La technologie moderne a introduit de nouveaux domaines de recherche comme ceux des particules subatomiques, des champs magnétiques, des ondes radio, des rayonnements ultraviolet et X.

Mes collègues m'ont généreusement offert leurs clichés préférés, pris depuis le sol ou depuis l'espace. De nombreux diagrammes éclairent mon propos, ils ont tous été choisis pour les nouvelles présentations qu'ils offrent. Au début de chacun des chapitres, une oeuvre d'art illustre la façon qu'ont les artistes de dépeindre les aspects mystiques et surnaturels du Soleil ou les variations subtiles que fait naître sa lumière changeante. Ces images nous ouvrent des perspectives, à la fois sur le Soleil, qui vivifie notre âme, qui éclaire et réchauffe nos jours et sur notre merveilleuse Terre foisonnante de vie.

Ce livre est le récit d'un captivant voyage de découverte qui commence au coeur du Soleil, creuset des réactions nucléaires, où les particules d'antimatière engendrées par la fusion nucléaire entrent en collision avec les particules de matière et s'annihilent en libérant une pure énergie radiative.

Les neutrinos créés au cours de ces réactions quittent le Soleil et traversent la Terre sans être arrêtés. Chaque seconde, nous sommes, nous mêmes, constamment traversés par des milliards de ces particules fantomatiques. De gigantesques détecteurs de neutrinos souterrains sondent presque directement le coeur du Soleil. Cependant, les flux observés sont toujours déficitaires et on se demande s'il faut remettre en question le modèle solaire ou s'interroger sur la validité de la théorie des neutrinos? Des physiciens pensent que les neutrinos pourraient vivre une «crise d'identité» et se transmuter en une forme non détectable.

L'héliosismologie, qui étudie les oscillations du Soleil, permet de sonder ses couches profondes.

Le Soleil est une étoile magnétique. A sa surface, se développent des taches, régions sombres et plus froides, où des champs magnétiques intenses bloquent le flux de chaleur et d'énergie provenant des couches profondes. Les taches tendent à se regrouper en structures bipolaires reliées par des boucles magnétiques qui façonnent l'atmosphère du Soleil. Le nombre des taches, mais aussi la plupart des formes de l'activité solaire varient au cours du cycle de onze ans.

Notre voyage se poursuit et nous découvrons que le bord visible et net du Soleil n'est qu'une illusion; il est entouré de la couronne, enveloppe gazeuse, ténue et agitée. Ce domaine observable en visible, en rayons X ou en ondes radio, bouillonne et palpite, en phase avec le magnétisme.

Le télescope à rayons X de Yohkoh a révélé des boucles coronales magnétisées dont l'éclat et le modelé varient à toutes les échelles, tant spatiale que temporelle. Sur les clichés en rayons X, les trous coronaux sont des régions sombres qui, elles aussi, évoluent constamment. Un vent très rapide s'en échappe; il s'élance vers les planètes et expulse continûment la matière du Soleil, qui, en repoussant la matière interstellaire, forme l'héliosphère.

Nous décrivons d'autres phénomènes violents détectés dans le domaine des ondes invisibles et synchronisés avec le cycle de l'activité magnétique. En quelques minutes, des éruptions puissantes libèrent une énergie équivalente à des milliards de bombes nucléaires, des régions aussi vastes que la Terre voient leur température s'élever à des dizaines de millions de degrés. Les éjections de masse coronale (ou transitoires coronaux) sont des sortes de bulles magnétiques qui se dilatent et finissent par atteindre la taille du Soleil; à l'avant de ces bulles, les chocs liés à leur expansion accélèrent et propulsent une multitude de particules.

Ensuite, nous nous tournons vers la Terre où la lumière et la chaleur du Soleil permettent l'épanouissement de la vie. Grâce aux sondes, nous savons que hors de notre atmosphère, l'espace n'est pas vide! Il regorge de matière solaire, chaude et invisible.

Notre champ magnétique forme un bouclier protecteur contre le vent violent soufflé continûment par le Soleil. Parfois, des rafales secouent notre domaine magnétique et pénètrent à l'intérieur; les particules chargées qui ont infiltré nos défenses peuvent être piégées dans des réservoirs comme les ceintures de Van Allen. Récemment, des sondes ont découvert une nouvelle ceinture de radiation qui renferme les «cendres» d'étoiles plus lointaines.

Puis voici les aurores polaires multicolores. Des électrons provenant du Soleil pénètrent dans la queue de la magnétosphère terrestre; ils se chargent localement en énergie et sont canalisés vers les pôles où ils illuminent notre atmosphère par fluorescence, comme une enseigne au néon cosmique.

Des éruptions solaires soudaines engendrent des bouffées de particules ionisées et de radiations susceptibles de perturber notre vie. L'intense rayonnement atteint la Terre en 8 minutes; il modifie notre atmosphère supérieure, peut interrompre les communications radio à longues distances et affecter les orbites des satellites. Les particules très énergétiques arrivent en une heure, elles constituent un danger pour les astronautes non protégés et sont susceptibles de détruire les équipements électroniques des satellites. Les éjections de matière mettent 3 ou 4 jours pour effectuer le trajet et produisent des orages magnétiques accompagnés d'aurores; il arrive même que ces orages fassent disjoncter tout un réseau électrique. Ces effets, étroitement liés au cycle magnétique du Soleil, ont une importance telle que des centres internationaux surveillent son activité, depuis le sol et depuis l'espace; ils collectent les données et en assurent la diffusion, comme le font les centres de météorologie.

Une mince couche d'air nous protège, règle notre ventilation et maintient un environnement favorable à notre développement. Notre atmosphère agit comme un filtre unidirectionnel, elle laisse pénétrer la lumière qui réchauffe la surface, mais empêche une partie de la chaleur rayonnée par le sol de s'échapper vers l'extérieur.

Nous montrons combien la stabilité apparente du Soleil est illusoire. Il n'existe pas une portion du spectre qui ne présente des variations. Selon des mesures récentes faites par des satellites, le rayonnement total augmente et diminue en fonction de l'activité solaire. En lumière visible, ces variations sont faibles, de l'ordre de 0,1 % au cours du cycle de 11 ans; cependant, des variations de 10 % peuvent affecter les flux de rayonnements ultraviolet et X. Toutes ces fluctuations sont susceptibles de modifier les températures superficielles globales, d'avoir une influence sur les climats, d'altérer la couche d'ozone, de chauffer et de dilater l'atmosphère supérieure.

Pour évaluer intégralement l'ampleur des dommages créés par l'homme sur l'environnement et déterminer comment celui-ci peut répondre à son activité future, il faut comprendre comment le Soleil exerce son influence sur notre planète.

La couche d'ozone nous protège du rayonnement ultraviolet nocif et les problèmes liés à sa diminution retiendrons notre attention. Celle-ci est à la fois modulée de l'extérieur par les variations du rayonnement solaire ultraviolet et menacée de l'intérieur par les substances chimiques de notre activité industrielle, dont la mise hors la loi progresse. Pour pouvoir la reconstituer efficacement, il faut évaluer le rôle joué par le Soleil dans ces phénomènes de destruction et de restauration.

Notre voyage se poursuit avec l'étude des variations de la température terrestre. Ses fluctuations importantes d'origine naturelle, nous gênent pour déterminer de façon claire, l'ampleur du réchauffement créé par l'activité industrielle. De fortes corrélations relient la température superficielle de la Terre et sa météorologie au cycle solaire de 11 ans.

Si nous continuons de rejeter dans l'atmosphère, à la même cadence, des déchets gazeux, nous pourrions en fin de compte créer un effet de serre artificiel capable de nous faire battre des records de température. Nous analysons donc les conséquences qu'une telle surchauffe pourrait entraîner et nous montrons, qu'en dépit des incertitudes, nous devrions d'ores et déjà limiter les rejets de ces gaz.

Enfin, c'est le Soleil qui fournit l'énergie de notre météorologie. Au cours des derniers millions d'années, le climat a été dominé par des époques glaciaires récurrentes et périodiques que l'on explique par les changements de la quantité et de la distribution générale de la luminosité solaire. Des variations de l'excentricité de l'orbite de la Terre ou de l'inclinaison de son axe de rotation entraînent des modifications de la distance Terre-Soleil ou de l'angle d'incidence des rayons solaires avec la surface terrestre; ces variations contrôlent le retrait ou l'extension des grands glaciers continentaux.

Des fluctuations climatiques de plus faible amplitude viennent se superposer à ces vastes cycles glaciaire-interglaciaire. Ces «petits» âges glaciaires sont peut-être le résultat de variations de l'activité du Soleil lui-même. Ainsi, pendant la seconde moitié du XVIIe siècle, le cycle des taches disparut et, dans l'hémisphère nord, cette longue période d'inactivité coïncida avec de brefs intervalles anormalement froids. Une société prudente a intérêt à observer le comportement du Soleil, notre ultime source de lumière et de chaleur.

J'exprime toute ma gratitude aux nombreux spécialistes et amis qui ont relu et commenté les chapitres de ce livre, quant à leur exactitude et leur exhaustivité. Ils ont contribué à améliorer le manuscrit original et m'ont prodigué leurs encouragements: Loren Acton, John Bahcall, Dave Bohlin, Ron Bracewell, Raymond Bradley, Ed Cliver, Nancy Crooker, Brian Dennis, Peter Foukal, Mona Hagyard, David Hathaway, Gary Heckman, Mark Hodor, Bob Howard, Jim Kennedy, Jeff Kuhn, Judith Lean, Bill Livingston, John Mariska, Bill Moomaw, Gene Parker, Art Poland, Peter Sturrock, Einar Tandberg-Hanssen, Jean-Claude Vial, Bill Wagner et Wesley Warren.

On ne saurait leur imputer les erreurs qui demeureraient dans le texte!

Mes remerciements vont spécialement à toute ma famille – ma femme, Marcella, et mes trois enfants, Julia, David et Marina. Ils ont dû supporter un père déraisonnable qui aime écrire des livres et y sacrifie un temps énorme qu'il devrait plutôt leur consacrer.

Medford, Février 1995   Kenneth R. Lang

Table des matières

Oies sauvages devant le Soleil, en vol vers le sud à l'approche de l'hiver boréal. Dans la formation en V, caractéristique des migrateurs, l'oiseau de tête dévie les courants atmosphériques et facilite la progression de ceux qui suivent. De façon identique, le champ magnétique terrestre écarte le vent solaire. (James Tallon)

CHAPITRE 1

Bonjour Soleil

1.1 LE SOLEIL SE LÈVE

Depuis les temps les plus reculés, le Soleil a été révéré et a inspiré aux hommes un respect mêlé de crainte. Pour les Grecs de l'époque d'Aristote, parmi les quatre éléments de base – la terre, l'air, le feu et l'eau – la lumière personnifiait le feu, dont toute chose procède. A Louksor, cité enchanteresse au bord du Nil, les observatoires dédiés à Râ subsistent toujours. Les obélisques érigés, il y a des milliers d'années, à Louksor et à Heliopolis (la ville du Soleil), projettent aujourd'hui leurs ombres, tels de gigantesques gnomons, à Paris, Londres et Rome.

D'après une incantation de l'Egypte ptolémaïque :

En ouvrant ses deux yeux, (Râ, le dieu du Soleil)
fit jaillir la lumière sur l'Egypte et sépara la nuit
du jour. Les dieux sortirent de sa bouche et l'humanité
de ses yeux. Il fut à l'origine de tout ce qui existe.[1]

Dans le livre de la Genèse de l'Ancien Testament, la Terre était à l'origine un désert immense enveloppé de ténèbres, jusqu'à ce que Dieu dise «que la lumière soit» et le Soleil sépara le jour de la nuit. Depuis l'époque de Zarathoustra (Zoroastre pour les Grecs, VIIe siècle avant J.-C.), ce qui est bon, beau, vrai et sage est associé à la lumière et contraste de façon saisissante avec les forces démoniaques de l'ombre. Les Manuscrits de la Mer Morte décrivent la guerre entre les forces du bien et du mal comme un affrontement entre les Fils de la Lumière et les Fils de l'Obscurité.

En Amérique centrale, les Mayas, les Toltèques et les Aztèques possédaient une cohorte de dieux du Soleil. Rituellement, les Aztèques offraient au Soleil les coeurs de leurs victimes immolées, dans l'espoir de lui insuffler une plus grande force dans l'accomplissement de son trajet quotidien. Au Pays du Soleil levant, les Japonais pratiquent les rites du shintoïsme – religion basée sur le culte du Soleil – depuis des milliers d'années. A Bénarès, la cité sainte, on peut encore comme je l'ai fait, célébrer le lever du Soleil sur les berges du Gange, en compagnie des fidèles Hindous.

De nos jours, dans nombre de nos rituels, le feu éclaire symboliquement l'obscurité : la flamme des jeux olympiques, les chandelles ou les lumières en veilleuse qui marquent les événements tragiques et les temps

de crise. Pour la plupart d'entre nous, les jours ensoleillés sont plus heureux que les jours maussades; les personnes enjouées ont un tempéra-
ment «ensoleillé», tandis qu'un jour malheureux est un jour sombre.

Et dans le monde entier, les «adorateurs» du Soleil, enduits de crème,
s'étendent sur les plages et le laissent réchauffer leur corps afin de prendre des forces.

Les peintres ont souvent utilisé le Soleil, surtout ses levers ou ses cou-
chers, pour représenter un lien spirituel avec la nature (Fig. 1.1). Les artistes modernes expriment également les qualités variées et insaisissables
du Soleil – source de toute lumière et de toute couleur.

Chacun des chapitres de ce livre commence par un regard de peintre;
ces oeuvres ont été choisies pour leur valeur artistique mais aussi pour
les perspectives qu'elles ouvrent.

Dans une des peintures de Joseph M. W. Turner (Fig. 1.2), la lumière
semble tout dominer, tout consumer, tout absorber. Dans le tableau de
Vincent Van Gogh, c'est «une autre lumière, un soleil plus violent», un
soleil jaune et intense qui flamboie d'un rayonnement presque surnatu-
rel. Vous trouverez aussi des représentations du soleil levant peintes par
Claude Monet – le pionnier de l'école impressionniste. Il exécuta des
séries entières pour traduire les modifications subtiles induites par la lumière changeante du Soleil dans notre perception des objets: *Les Meules*
ou les *Cathédrale de Rouen*.

Pour Joan Miró le disque rouge et puissant du Soleil est lié aux jeunes
femmes sur Terre ou peut-être aux étoiles lointaines. Dans d'autres oeuvres, le Soleil est séparé de toute référence à la Terre ou au ciel, montrant
ainsi qu'à lui seul, il est une source intense de plaisir et de beauté.

Fig. 1.2. Regulus, Joseph M. W. Turner, 1837. Dans cette scène, tous les objets baignent dans une brume ardente; au centre, un Soleil puissant déverse ses rayons rouges et jaunes, absorbant et consummant toute chose. Le général romain Regulus fut puni pour avoir trahi les Carthaginois et fut condamné à regarder le Soleil après qu'on lui eût coupé les paupières. Au premier regard, Regulus semble être absent, mais il a été identifié avec le spectateur qui fixe le Soleil. (Tate Gallery, Londres)

Les écrivains, eux aussi, ont été fascinés par la lumière du Soleil, de Ralph Waldo Emerson, l'essayiste et philosophe américain, pour qui la lumière pure était «la réapparition de l'âme originelle», à Friedrich Nietzsche qui écrivait dans *Ainsi parlait Zarathoustra* :

L'histoire d'amour de la Lune arrive à son terme!
Regardez! Elle se tient là, blême et abattue –
devant l'aurore!
Car déjà il monte, le Soleil ardent – son amour monte
à la Terre! Il n'est amour solaire qui ne soit innocence
et désir créateur!
Regardez-le donc, comme il monte impatiemment sur la mer!
Sentez-vous la soif et le souffle brûlant de son amour?[2]

Le Soleil vivifie notre âme, il illumine et réchauffe nos jours!

Aujourd'hui, les astronomes peuvent décrire le Soleil et les mécanismes de notre dépendance avec plus de détails scientifiques que ne le font jamais les artistes ou les écrivains; mais cela ne peut amoindrir, ni la crainte mêlée de respect que nous ressentons pour le Soleil dispensateur de vie, ni même son pouvoir mythique.

1.2 LE FEU DE LA VIE

Fig. 1.3. Tournesols. Le Soleil maintient la vie sur terre et les têtes des tournesols suivent à l'unisson le mouvement de notre étoile. (Charles E. Rodgers)

Sans la chaleur du Soleil, sans sa lumière, la vie disparaîtrait rapidement sur notre planète. La lumière absorbée par la chlorophylle des plantes vertes fournit l'énergie nécessaire à la dissociation des molécules d'eau et alimente la photosynthèse. Les plantes utilisent donc l'énergie solaire pour vivre et croître; elles rejettent de l'oxygène, sous-produit de ce processus (Fig. 1.3). Les herbivores mangent les plantes et, en définitive, la photosynthèse est la source de toute nourriture. L'oxygène que nous respirons et les aliments que nous consommons dépendent de la présence du Soleil.

Il nous dispense aussi, directement ou indirectement, presque toute notre énergie. En brûlant du charbon ou du pétrole, nous utilisons son énergie. Au cours des temps géologiques, sa lumière a été captée par les plantes grâce à la photosynthèse, puis celles-ci se sont accumulées, elles ont été enfouies, comprimées et se sont décomposées pour former des carburants fossiles. C'est encore la chaleur du Soleil qui alimente la force du vent et recycle l'eau, des océans aux précipitations.

Ainsi, nos vies dépendent de sa présence constante et de la stabilité de sa chaleur. Si celle-ci augmentait légèrement, l'eau s'évaporerait et la

Terre, trop chaude, deviendrait inhabitable; une diminution pourrait faire geler les océans et ramener une grande période de glaciation.

Nous recevons juste assez d'énergie sur notre planète pour que l'eau soit en majeure partie sous forme liquide, il semble même que cela constitue la différence expliquant le développement de la vie chez nous et son absence apparente, ailleurs dans le système solaire. A la surface de Vénus, notre voisine plus proche du Soleil, la température est celle du plomb en fusion et il y a longtemps que tout océan primitif s'est évaporé. Plus éloignée du Soleil, la planète Mars est gelée, elle connaît un âge glaciaire global et l'eau sous forme liquide ne peut y exister.

1.3 LA LUMIÈRE DU SOLEIL

Parfois, un rayon de Soleil est étalé devant nos yeux selon une bande présentant les couleurs de l'arc-en-ciel. Dans l'arc-en-ciel, les gouttes d'eau en suspension dans l'atmosphère agissent comme de minuscules prismes, elles dévient et décomposent la lumière et forment une succession de plages différemment colorées (Fig. 1.4). Notre oeil et notre cerveau

Fig. 1.4. Tableau de lumière. Des cristaux ont été utilisés pour séparer les différentes radiations colorées du spectre visible, puis celles-ci ont été réfractées directement sur une plaque photographique. Le cliché a été obtenu en atmosphère raréfiée, au sommet du volcan Mauna Kea à Hawaii. C'est là que l'on trouve la plupart des meilleurs télescopes du monde. (Eric J. Pittmann, Victoria, Colombie Britannique)

transcrivent la lumière visible en couleurs. En fonction des longueurs
d'onde décroissantes, celles-ci correspondent au rouge, à l'orange, au
jaune, au vert, au bleu et au violet. Par exemple, les plantes sont vertes parce
qu'elles absorbent le rouge et réfléchissent la portion verte de la lumière.

Cependant, nous voyons chaque couleur de notre monde quelque
peu différemment. Les variantes subtiles dans les nuances que nous percevons dépendent des molécules présentes dans le système de détection
de notre oeil. Ainsi, tous les individus ayant une vision «normale» ne
voient pas exactement de façon identique.

Pourquoi l'oeil humain répond-t-il juste à la lumière visible? Il s'agit
d'une adaptation. Le rayonnement solaire le plus intense est émis aux
longueurs d'onde correspondant à la lumière visible, notre atmosphère
lui est transparente et lui permet d'atteindre le sol. Si nos yeux ne lui
étaient pas sensibles, il nous serait difficile d'identifier les objets ou de
nous déplacer. La sensibilité de notre oeil est appropriée au travail de la
vision.

Toutefois, les serpents à sonnettes ont des yeux sensibles au rayonnement infrarouge et la nuit, ils peuvent déceler la présence d'un animal à
la chaleur qu'il rayonne. (La longueur d'onde du rayonnement infrarouge est un peu plus grande que celle de la lumière visible.) De la même
façon, nous pouvons utiliser des détecteurs et des télescopes infrarouges pour localiser des concentrations importantes d'individus ou de
véhicules, ou encore des fusées, à la chaleur rayonnée par leurs gaz
d'échappement.

1.4 L'ÉTOILE DU JOUR

Toutes les étoiles sont des soleils et font partie de la même famille. Bien
sûr, le Soleil n'est qu'une des 100 milliards d'étoiles de notre galaxie,
la Voie lactée, et celle-ci l'une des milliards de galaxies réparties dans un
univers apparemment sans limite. Mais le Soleil est une étoile singulière!
Comme le dit Francis Bourdillon:

> La nuit a des yeux par milliers,
> Le jour lui n'en a qu'un seul;
> Mais la lumière de ce monde brillant s'éteint,
> Avec le Soleil couchant.[3]

Le Soleil est 250 mille fois plus proche que la plus proche étoile et sa
proximité en fait un astre 100 milliards de fois plus lumineux. La quantité
de lumière que nous en recevons nous permet de réaliser les études les
plus exigeantes concernant ses constituants chimiques, ses champs magnétiques et ses oscillations superficielles. Mais lorsque la lumière est
concentrée avec trop d'intensité, la chaleur peut fondre les miroirs ou
détruire les équipements électroniques et cette faveur devient une cala-

Fig. 1.5. Des yeux fixés sur le Soleil. (*En haut*) La lumière crépusculaire colore le télescope solaire McMath d'un rouge surprenant, tandis que les étoiles tracent leur chemin dans le ciel. (*En bas*) Au sommet de l'édifice, l'héliostat suit le mouvement du Soleil et renvoie les rayons lumineux sur un miroir situé à la base du télescope fixe où le faisceau est réfléchi et focalisé vers la salle d'observation. Le télescope est enterré aux 3/5e et son axe est parallèle à l'axe de rotation de la Terre. Un système de régulation thermique par circulation d'eau permet de réduire la turbulence de l'air et de conserver une image stable. (William C. Livingston, National Optical Astronomy Observatories)

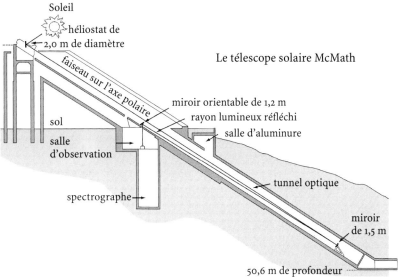

mité. Afin de limiter ces effets, on utilise des configurations particulières de miroirs qui permettent d'obtenir de grandes images avec une bonne résolution spatiale (Fig. 1.5).

La proximité du Soleil permet une étude très minutieuse de sa surface. Depuis le sol, les télescopes optiques peuvent résoudre des structures de 700 kilomètres de large, soit Paris-Marseille à vol d'oiseau; ce qui reviendrait à distinguer l'effigie d'une pièce de monnaie observée à un kilomètre.

Cependant, la résolution des images obtenues depuis le sol est limitée par les turbulences de notre atmosphère. (Ce sont des variations semblables qui font scintiller les étoiles la nuit ou qui entraînent une diminution de la résolution lorsque nous regardons au-dessus d'une route surchauffée.) Depuis l'espace, les télescopes à bord de satellites ne sont plus soumis à ces limitations et on peut obtenir des images plus précises.

Les autres étoiles sont si éloignées qu'elles demeurent pour la plupart de simples points, même dans nos plus grands télescopes. Le Soleil est la seule étoile permettant une analyse fine des phénomènes et des processus physiques qui s'y déroulent. En outre, ses propriétés fondamentales sont des repères et fixent des conditions aux limites, indispensables à l'étude de la structure et de l'évolution stellaires.

Tous les astronomes ne sont pas des observateurs nocturnes; nombreux sont ceux qui auscultent notre étoile et déchiffrent ainsi quelques uns des secrets les plus fondamentaux de la nature.

1.5 UN LABORATOIRE COSMIQUE

Le Soleil permet de tester des théories physiques, dans des conditions qui ne sont pas aisément accessibles dans nos laboratoires. Par exemple, contrairement aux matériaux terrestres, le coeur du Soleil renferme de petites quantités de particules d'antimatière à période de vie courte. Lorsque les particules de matière et d'antimatière entrent en collision, elles s'annihilent et libèrent une pure énergie radiative. D'autres particules subatomiques, les neutrinos, s'échappent directement du coeur du Soleil où ils sont créés, et, lorsqu'ils atteignent la Terre, la traversent sans être arrêtés. Les observations récentes de ces neutrinos fantomatiques peuvent nous aider à tester les théories de la physique subatomique, mieux que ne le permettent nos plus puissants accélérateurs de particules. La théorie qui doit unifier toutes les forces de la nature verra probablement s'ouvrir de nouveaux horizons.

Notre étoile nous offre aussi une image des bouleversements et de la violence cosmiques. Depuis la Terre, le Soleil semble stable, calme et serein, un phare qui brille de façon immuable dans le ciel; mais les observations détaillées révèlent un astre actif, sujet à d'incessantes fluctuations. Des tempêtes violentes et des éruptions explosives donnent naissance à des bourrasques qui affectent son flux de lumière et de chaleur. Le Soleil nous fournit donc, avec une acuité exceptionnelle, un aspect du changement perpétuel et de l'activité violente qui caractérisent presque tout l'Univers.

Nous percevons le Soleil comme un astre unique, si proche qu'il est en quelque sorte le laboratoire de l'astronomie stellaire, mais aussi celui de l'Univers. Tout ce que nous apprenons concernant le Soleil peut avoir des conséquences applicables à la Terre ou au cosmos considéré dans son ensemble. Par exemple, les analyses du rayonnement visible ont révélé la

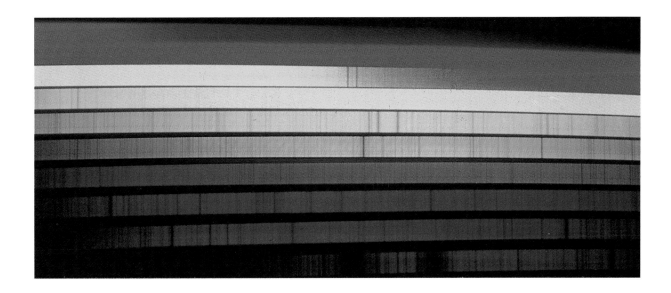

Fig. 1.6. Le spectre solaire dans le visible. Les différentes radiations composant la lumière visible sont dispersées par un spectrographe, en fonction des longueurs d'onde croissantes. De bas en haut, on passe du violet, au bleu, au vert, au jaune, à l'orange et au rouge. Les raies sombres, appelées raies de Fraunhofer, résultent de l'absorption de certaines radiations par les atomes présents dans les couches extérieures du Soleil. Les longueurs d'onde des raies permettent de déterminer la nature des atomes et leur intensité nous renseigne sur leur abondance relative. (National Solar Observatory, Sacramento Peak, NOAO)

chimie de l'Univers et les recherches concernant le foyer central du Soleil ont ouvert la voie de l'énergie nucléaire.

1.6 LES CONSTITUANTS DU SOLEIL

Comme la Terre ou nous mêmes, les objets célestes sont constitués de particules de matière : les atomes. Les atomes sont essentiellement vides, comme semble l'être la pièce où vous êtes assis. Au coeur d'un atome se trouve un noyau lourd et minuscule, de charge positive, entouré d'un halo d'électrons, de charge négative. Les électrons occupent l'essentiel de l'espace de l'atome et gouvernent son comportement chimique.

Le noyau est composé de deux types de particules de masse égale, 1840 fois plus grande que celle de l'électron, les unes positives, les protons et les autres sans charge, les neutrons. (En 1911, Ernest Rutherford établit l'existence d'un noyau positif de petite taille au centre de l'atome, le neutron fut découvert par James Chadwick en 1932.) La charge d'un proton est rigoureusement égale à celle d'un électron, si bien que l'atome, qui compte le même nombre de protons et d'électrons, est électriquement neutre.

L'atome d'hydrogène est le plus simple et le plus léger : il ne compte qu'un seul électron en orbite autour d'un noyau constitué d'un seul proton. Le noyau d'hélium, autre élément léger et abondant dans l'Univers, contient deux neutrons et deux protons et possède deux électrons.

Les électrons circulent autour du noyau à des distances relativement grandes. Dans le cas de l'hydrogène, le noyau est 40 000 fois plus petit que l'atome ; à une échelle plus familière, si le noyau avait la taille d'une orange, l'atome aurait un diamètre de cinq kilomètres.

ENCADRÉ 1A

La composition des étoiles

Au milieu du XIXe siècle, Gustav Kirchhoff, qui travaillait avec Robert Bunsen, découvrit le moyen de déterminer la composition des étoiles (c'est à cette occasion que ce dernier inventa le bec bunsen). Kirchhoff montra que tous les éléments chimiques chauffés à l'incandescence émettaient des raies brillantes dont les longueurs d'onde coïncidaient avec celles des raies d'absorption des spectres stellaires. Il compara ces raies d'émission avec les raies d'absorption du Soleil et identifia dans son atmosphère plusieurs éléments connus sur Terre, comme le sodium, le calcium ou le fer. Cela lui permettait de penser que notre planète et les étoiles sont constituées des mêmes éléments. En 1859, Bunsen écrivait :

> En ce moment, avec Kirchhoff, nous sommes occupés à une recherche qui nous empêche de dormir.
> De façon inattendue, Kirchhoff vient de découvrir l'origine des raies sombres du spectre solaire. Il peut produire ces raies, intensifiées artificiellement, à la fois dans le spectre solaire et dans le spectre continu d'une flamme, et leurs positions sont identiques à celles des raies de Fraunhofer. Le chemin vers la détermination de la composition chimique du Soleil et des autres étoiles s'ouvre donc à nous.[4]

Dans une brillante dissertation doctorale publiée en 1929, Cecilia Payne montra que presque toutes les étoiles d'âge moyen ont la même composition. Ses calculs indiquaient aussi que l'hydrogène était de très loin l'élément le plus abondant dans le Soleil et dans les autres étoiles. Cependant elle ne parvenait pas à croire que leur composition fût si différente de celle de la Terre, et mettait en doute sa compréhension de l'atome d'hydrogène. Ses calculs n'étaient pas faux, et aujourd'hui, nous savons que l'hydrogène est l'élément le plus abondant dans l'Univers. Mais la gravité de la Terre est insuffisante pour retenir l'hydrogène dans son atmosphère et celui-ci s'est échappé dans l'espace au moment où notre planète s'est formée.

D'autres observations montrent que les très vieilles étoiles, dont l'existence remonte probablement à l'origine de notre galaxie, contiennent presque exclusivement de l'hydrogène et de l'hélium. Les étoiles d'âge moyen, comme le Soleil, se sont formées à partir des restes d'étoiles des générations précédentes et renferment des traces d'éléments lourds qui ont été synthétisés par la fusion des éléments plus légers.

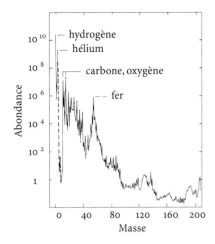

Fig. 1.7. La composition du Soleil. L'hydrogène, l'élément le plus léger en est le principal constituant; le second élément est l'hélium. On observe une diminution exponentielle des abondances en fonction de la masse atomique croissante. L'allure du diagramme s'explique si on admet que tous les éléments plus lourds que l'hélium ont été synthétisés à l'intérieur d'étoiles aujourd'hui éteintes et qui les ont rejetés dans l'espace interstellaire. L'échelle logarithmique représente 12 ordres de grandeurs (10^{12}).

Un rayonnement est émis ou absorbé par les atomes lorsqu'un électron saute d'une orbite à une autre, chaque saut étant associé à une énergie spécifique et à une seule longueur d'onde, comme une pure note de musique. Si un électron passe d'une orbite de basse énergie à une orbite de plus haute énergie, il absorbe du rayonnement à cette longueur d'onde; du rayonnement est émis exactement à la même longueur d'onde quand l'électron accomplit le saut en sens inverse. Cette longueur d'onde unique est liée à la différence entre les deux niveaux d'énergie des orbites.

Lorsqu'un gaz froid, sous faible pression est placé devant un gaz chaud, plus dense, les atomes du gaz froid absorbent du rayonnement à des longueurs d'onde spécifiques et produisent sur le fond continu brillant, des raies sombres, dites raies d'absorption : l'ensemble constitue un spectre (Fig. 1.6). Lorsque le même gaz sous faible pression est chauffé à l'incandescence, les électrons acquièrent de l'énergie et produisent des raies d'émission brillantes, précisément aux mêmes longueurs d'onde que les raies d'absorption. C'est en 1814, que le physicien allemand Fraunhofer découvrit les raies sombres du spectre solaire sur le fond continu et coloré. (Depuis cette époque, elles sont connues de tous les astrophysiciens sous le nom de raies de Fraunhofer).

Les raies d'absorption et d'émission nous apportent des messages provenant de l'intérieur de l'atome et nous aident à déterminer son comportement. Dans le spectre d'un atome, les raies successives présentent une étrange régularité – elles sont systématiquement plus serrées et deviennent plus intenses aux courtes longueurs d'onde. Ces espacements réguliers ne peuvent s'expliquer que si les électrons occupent des orbites correspondant à des valeurs de l'énergie très spécifiques et quantifiées.

Pour qu'un électron reste à l'intérieur d'un atome, il doit obéir aux lois et ne peut occuper que des orbites bien définies correspondant à des niveaux d'énergie déterminés.

Les raies spectrales ne sont produites qu'à des longueurs d'onde spécifiques qui caractérisent ou identifient l'atome, parce que seules des orbites quantifiées sont permises. Un atome ou une molécule ne peut absorber ou émettre un type particulier de lumière que s'il est en résonance avec cette énergie lumineuse. En l'occurence, les longueurs d'onde en résonance ou les énergies de chaque atome sont uniques; elles représentent la signature propre d'une élément et codifient sa structure interne, comme les empreintes digitales d'une personne. Chaque élément donne une série unique de raies d'absorption ou d'émission. Les raies spectrales du Soleil permettent de déterminer sa composition chimique (Fig. 1.7); de plus, elles nous fournissent de l'information sur sa température, sa densité, ses mouvements et son magnétisme.

Le Soleil et les autres étoiles sont essentiellement constitués d'hydrogène, l'élément le plus léger et le plus abondant dans l'Univers (voir l'encadré 1A, la composition des étoiles.) Dans le Soleil, les atomes sont pour

92,1 % de l'hydrogène, 7,8 % de l'hélium et 0,1 % des éléments plus lourds;
l'hydrogène y est un million de fois plus abondant que le fer. Au contraire, la Terre est essentiellement constituée d'éléments lourds et le fer
est un de ses principaux constituants, mais elle n'est pas assez massive
pour avoir pu retenir l'hydrogène dans son atmosphère.

L'hélium, le second élément le plus abondant, était inconnu sur la
Terre, lorsqu'il fut découvert dans le spectre solaire par le Français Jules
Janssen et le Britannique Joseph Lockyer, lors de l'éclipse de 1868. Comme on pensait alors que cet élément n'existait que dans le Soleil, Lockyer
le baptisa hélium, d'après le dieu grec *Helios*, qui chaque jour traverse le
ciel dans un chariot de feu tiré par quatre chevaux rapides. En 1895, le
grand physicien britannique Sir William Ramsay, effectua l'analyse d'un
gaz produit par un minerai uranifère et y détecta la signature spectrale
de l'hélium; vingt-sept ans s'étaient écoulés depuis sa découverte dans le
Soleil. Aujourd'hui, nous l'utilisons couramment: sous forme gazeuse
pour gonfler les ballons des fêtes foraines ou sous forme liquide, pour
réfrigérer des composants électroniques sensibles.

1.7 ENFANTS DES ÉTOILES

Notre corps est composé des mêmes éléments que le Soleil et les
atomes d'hydrogène y sont les plus nombreux. Mais les éléments
lourds comme le carbone, l'azote et l'oxygène sont proportionnellement
plus abondants que dans le Soleil.

Ne délaissons pas les autres étoiles, nous sommes authentiquement
leurs enfants. Tous les éléments plus lourds que l'hélium furent synthétisés dans le creuset nucléaire de vieilles étoiles très lointaines, bien
longtemps avant que le Soleil ne fût né.

Ces étoiles épuisèrent leur combustible et en explosant rejetèrent
leurs «cendres» dans l'espace interstellaire. Le Soleil, la Terre et nous
mêmes, sont formés à partir de ces éléments recyclés. Le calcium de nos
dents, le sodium de notre sel ou le fer qui donne sa couleur rouge à
notre sang, proviennent de ces restes.

1.8 DESCRIPTION DU RAYONNEMENT SOLAIRE

Le Soleil rayonne continûment de l'énergie sous forme d'ondes électromagnétiques qui se propagent par le jeu combiné d'un champ
électrique et d'un champ magnétique oscillant périodiquement dans
l'espace. Elles voyagent dans le vide toutes à la même vitesse constante –
la vitesse de la lumière. (Symbolisée par la lettre c minuscule, elle est égale
à 300 000 km s^{-1} environ – plus précisément 299 793 km s^{-1}.) Aucune
énergie ne peut être transportée plus rapidement.

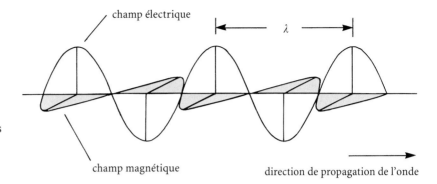

Fig. 1.8. Les ondes électromagnétiques. Tous les rayonnements se manifestent comme un ensemble de deux champs de forces: un champ électrique et un champ magnétique, perpendiculaires l'un à l'autre et à la direction de propagation. Les ondes électromagnétiques se déplacent dans le vide à la vitesse de la lumière; comme les vagues, elles présentent des crêtes (maxima) et des creux (minima). La distance entre deux maxima ou deux minima successifs est la longueur d'onde du rayonnement, on la désigne par la lettre grecque *lambda* minuscule (λ).

Un rayon de lumière solaire peut persister indéfiniment, il n'a pas la possibilité de marquer le temps. Aussi longtemps qu'il traversera l'espace sans rencontrer d'atomes ou d'électrons, il subsistera sans modification et transmettra son message jusqu'aux confins de l'Univers.

Cependant, une partie du rayonnement est interceptée par la Terre où les astronomes peuvent le décrire en termes de longueur d'onde, de fréquence ou d'énergie. Lorsque la lumière se propage d'un endroit à un autre, elle semble se comporter comme les rides qui se forment à la surface d'une mare à la suite d'une perturbation (Fig. 1.8). Les ondes lumineuses ont des longueurs d'onde caractéristiques, qui représentent la distance entre deux maxima successifs.

Bien qu'ils se déplacent à la même vitesse, les différents types de rayonnements électromagnétiques diffèrent par leurs longueurs d'onde; ainsi, les ondes qui interagissent avec notre oeil et celles captées par notre poste de radio ou notre antenne de télévision. (Les ondes radio sont trop longues pour agir sur notre oeil et n'ont pas assez d'énergie pour affecter notre vision.)

Comme dans le cas des ondes sonores, les longueurs d'onde d'un rayonnement émis ou réfléchi par un objet sont modifiées si celui-ci se déplace par rapport à l'observateur. Cet effet fut découvert en 1842 par Christian Doppler qui étudia le phénomène et expliqua comment la perception de la hauteur d'un son est modifiée par le mouvement de la

Fig. 1.9. Le spectre de fréquence. Correspondances entre les fréquences des ondes électromagnétiques (*en haut*), le domaine du spectre (*au milieu*) et leurs utilisations les plus habituelles (*en bas*). L'échelle des fréquences est divisée en deux domaines: les ondes de basses fréquences, qui ne possèdent pas assez d'énergie pour ioniser un atome, et les ondes de hautes fréquences dont l'énergie est suffisante pour arracher un ou plusieurs électrons à un atome et le transformer en ion.

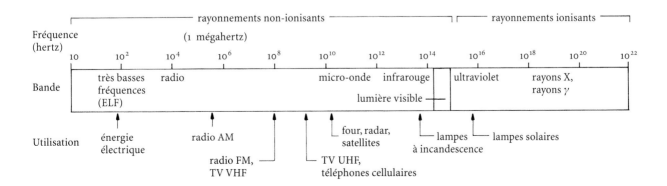

source émettrice; par exemple, le son de la sirène d'une ambulance est plus aigu lorsque le véhicule s'approche de nous et plus grave lorsqu'il s'éloigne. En 1848, le Français Hippolyte Fizeau étendit ce principe à l'optique. Dans l'Univers, tous les astres sont en mouvement et l'effet Doppler-Fizeau est un outil très important pour les astronomes; il permet par exemple de mesurer les vitesses radiales.

Parfois le rayonnement est décrit en terme de fréquence plutôt qu'en terme de longueur d'onde (Fig. 1.9). Ainsi, on identifie les stations de radio par leur indicatif et par la fréquence de leur émetteur; en général, pour la modulation de fréquence, en unité de millions de cycles par seconde ou mégahertz.

La fréquence d'une onde représente le nombre de maxima qui défilent chaque seconde devant un observateur immobile; elle nous renseigne sur la vitesse d'oscillation du rayonnement. Le produit de la longueur d'onde et de la fréquence est égal à la vitesse de la lumière (c); quand la longueur d'onde augmente, la fréquence diminue et vice versa.

Lorsque de la lumière est absorbée ou émise par des atomes, elle se comporte comme un flux de paquets d'énergie appelés photons. Les photons sont les corpuscules associés à l'onde électromagnétique, ils sont créés chaque fois qu'un objet matériel émet un rayonnement et sont absorbés lorsque l'onde rencontre de la matière. En outre, chaque atome ne peut absorber ou rayonner qu'un ensemble très spécifique de photons d'énergie déterminée.

Au niveau atomique, l'unité d'énergie est l'électron-volt (eV); elle est égale à l'énergie acquise par une particule ayant la charge de l'électron, accélérée par une différence de potentiel de 1 volt. Un photon de lumière visible a une énergie autour de deux électron-volts (2 eV). Des énergies beaucoup plus grandes sont associées aux processus nucléaires et elles sont souvent exprimées en millions d'électron-volts (MeV). Le kilo électron-volts (keV) correspond à l'énergie des photons du rayonnement X.

L'interaction entre un rayonnement électromagnétique et la matière dépend de l'énergie de ses photons. Du point de vue de l'astrophysicien, cette propriété est la plus importante pour distinguer les différents types de rayonnements et souvent il préfère décrire ceux-ci (rayons X ou rayons gamma), en terme d'énergie plutôt qu'en termes de longueurs d'onde ou de fréquence.

L'énergie du photon est inversement proportionnelle à la longueur d'onde et directement proportionnelle à la fréquence. Un rayonnement de plus courte longueur d'onde (ou de plus grande fréquence) correspond à des photons d'énergie plus importante. Les photons associés aux ondes radio sont moins énergétiques que les photons du rayonnement X; ils ne peuvent exciter facilement les atomes de notre atmosphère et la traversent facilement. Au contraire, les photons X sont absorbés après avoir parcouru une très courte distance dans l'atmosphère.

A une longueur d'onde donnée, l'énergie du rayonnement peut être reliée à l'énergie thermique ou à la température du gaz émetteur. Par exemple, une étoile plus froide que le Soleil émet davantage aux grandes longueurs d'onde et de ce fait paraît plus rouge; en revanche, une étoile plus chaude paraît plus bleue. Ainsi, le maximum de rayonnement se produit à des fréquences et des énergies qui croissent avec la température superficielle de l'étoile; la longueur d'onde qui correspond au maximum est inversement proportionnelle à la température et ceci s'applique à tous les astres gazeux de l'Univers. L'espace interstellaire, froid, rayonne plus intensément en ondes radio, tandis qu'un gaz à des millions de degrés émet presque toute son énergie dans le domaine des rayons X.

1.9 DES FEUX INVISIBLES

On peut observer le Soleil beaucoup mieux qu'avec nos seuls yeux! A la lumière visible s'ajoutent les rayons gamma (longueurs d'onde comparables à la taille d'un noyau atomique), les rayons X, l'ultraviolet, l'infrarouge et les ondes radio (longueurs d'onde jusqu'à quelques kilomètres). Le Soleil est si lumineux que l'on peut l'étudier dans tous les domaines du spectre et les observations réalisées dans les longueurs d'onde invisibles ont permis d'élargir et d'améliorer notre connaissance.

Cependant, comme notre atmosphère est opaque aux rayonnements gamma, X et ultraviolet (Fig. 1.10) et transparente aux ondes radio, la radioastronomie a été la première fenêtre ouverte directement sur le Soleil.

Fig. 1.10. La transparence de l'atmosphère terrestre. Pour les différents domaines de longueur d'onde, la courbe indique l'altitude dans l'atmosphère où l'énergie du rayonnement incident a diminué de 50 %. Seules les fenêtres optique et radio permettent aux ondes d'atteindre le sol. L'infrarouge est absorbé par les molécules atmosphériques comme le dioxyde de carbone et la vapeur d'eau. Les télescopes terrestres installés en altitude, sous climat sec, peuvent capter l'infrarouge avant qu'il ne soit complètement absorbé. Les rayonnements X et ultraviolet nécessitent des altitudes d'observation encore plus importantes, atteintes par ballons, fusées sondes et satellites en orbite.

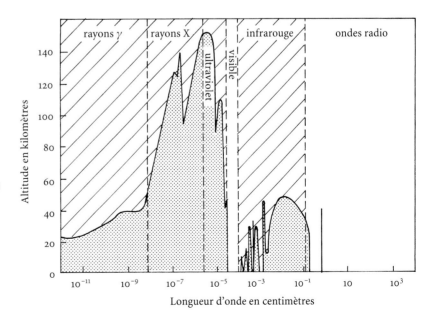

Pour étudier le Soleil, les astronomes utilisent des radiotélescopes conventionnels (Fig. 1.11), mais ces derniers l'écoutent plutôt qu'ils ne l'observent. Ces radiotélescopes sont constitués d'un réflecteur, disque de forme parabolique recouvert d'un grillage métallique, dont la fonction est de focaliser les ondes radio, et d'un récepteur qui amplifie le signal reçu. (L'antenne de votre automobile ou de votre poste radio chez vous interceptent les signaux radio de la même façon.) Le Soleil est non seulement l'astre le plus lumineux, mais aussi le plus bruyant en radio, et, comme notre atmosphère ne déforme pas les signaux radio, nous pouvons l'observer en permanence, les jours nuageux, les jours de pluie ou de neige.

Les autres longueurs d'onde invisibles absorbées par notre atmosphère nécessitent des altitudes d'observation élevées. Tout d'abord, on a utilisé des ballons et des fusées sondes, puis par la suite, des télescopes à bord de satellites en orbite autour de la Terre.

Avec l'aide de ces nouveaux instruments et d'ordinateurs puissants, les astronomes ont maintenant les moyens d'obtenir de nouvelles images

Fig. 1.11. Un arc-en-ciel double au-dessus du VLA (*Very Large Array*). Le VLA est un ensemble de radiotélescopes interconnectés, équivalents à 351 paires de radiotélescopes. La combinaison des signaux permet de recevoir 200 000 bits d'information par heure et des ordinateurs puissants sont nécessaires pour dépouiller les observations radio du Soleil. (Douglas Johnson, Batelle Observatory, Washington)

dans tous les domaines de longueurs d'onde et collectent une quantité toujours croissante d'informations inattendues.

La majeure partie de ce livre porte sur la description du Soleil invisible, monde de changement perpétuel et de violence. Mais, comme le titre l'indique – *Le Soleil et ses relations avec la Terre* – il évoque aussi l'interaction entre le Soleil et notre planète, dans la perspective ouverte par l'ère spatiale.

Commençons notre voyage en explorant l'intérieur du Soleil, domaine caché et fascinant dont l'étude nécessite des techniques spéciales.

Impression, Soleil levant, 1872. Cette
toile de Claude Monet inspira à un
critique le qualificatif impressionniste, qui allait donner son nom au
célèbre mouvement. (Musée Marmot-
tan, Paris)

CHAPITRE 2

Fournir de l'énergie au Soleil

2.1 UNE PUISSANCE IMPRESSIONNANTE, DES DURÉES CONSIDÉRABLES

Inexorablement, le Soleil perd par son rayonnement une énergie colossale. En une seconde, il émet plus d'énergie que les humains n'en ont consommée depuis le début de la civilisation. Sa chaleur est trop intense pour se maintenir indéfiniment; tout s'épuise avec le temps et un feu ordinaire de cette puissance devrait s'éteindre rapidement.

Pourquoi le Soleil reste-t-il chaud? S'il était entièrement constitué de charbon, brûlant dans l'oxygène, il ne pourrait produire de la lumière et de la chaleur, au rythme actuel, que pendant quelques milliers d'années avant d'être entièrement consumé.

William Thomson – qui devint Lord Kelvin par anoblissement – montra que si le Soleil tirait son énergie de sa propre et lente contraction gravitationnelle, son éclat pouvait avoir persisté pendant 100 millions d'années. S'il se contractait peu à peu, en chutant vers le centre, la matière solaire serait comprimée et les collisions entre les atomes chaufferaient le gaz jusqu'à l'incandescence. En termes physiques, l'énergie gravitationnelle du Soleil serait convertie en énergie cinétique. Ainsi, à l'intérieur d'une pompe à pneumatique, l'air s'échauffe lorsqu'il est comprimé. (William Thomson établit l'échelle absolue des températures, le zéro absolu étant la température à laquelle les atomes et les molécules cessent de se mouvoir et n'ont plus d'énergie cinétique; c'est l'échelle Kelvin fréquemment utilisée par les astronomes.)

Dans un article publié en 1862 et intitulé «A propos de l'âge de la chaleur du Soleil», Thomson écrivait:

> Il semble donc tout à fait probable que le Soleil n'a pas illuminé la Terre pendant 100 millions d'années et presque certain qu'il ne l'a pas fait pendant 500 millions d'années. Quant au futur, nous pouvons dire avec la même certitude que les habitants de la Terre ne profiteront pas de la lumière et de la chaleur indispensables à leur vie pendant encore des millions d'années, à moins que des sources inconnues ne soient prêtes dans le grand magasin de la création.[5]

Quelques dizaines d'années plus tard, avec la découverte de la radioactivité, on se rendit compte que l'âge du Soleil, estimé par Thomson, était inférieur à celui des plus anciennes roches terrestres.

Sur terre, presque toute la matière est stable, cependant quelques atomes radioactifs, comme l'uranium, se transforment spontanément en émettant des particules énergétiques et conduisent à des noyaux stables, comme le plomb. On utilise ces transformations nucléaires pour dater les roches.

La méthode de datation par radioactivité est semblable à celle employée pour calculer le temps de combustion d'une bûche, en mesurant la quantité de cendres et la vitesse à laquelle elles sont produites. La quantité de matériau stable obtenue et la valeur du taux de désintégration permet de déterminer l'âge des roches; il n'est même pas nécessaire de connaître la quantité de matériau radioactif restante. Ces techniques appliquées au système solaire donnent un âge de 4,6 milliards d'années pour les roches les plus anciennes (Lune, météorites) et on estime que cet âge est aussi celui du Soleil.

Les fossiles les plus primitifs ont plus de 3 milliards d'années et à cette époque, le Soleil était déjà suffisamment chaud pour que la vie se développât. Enfin, le paradoxe fut résolu avec la découverte d'une nouvelle source d'énergie : seule la fusion nucléaire peut produire de l'énergie, au rythme actuel, pendant des milliards d'années.

2.2 LE FOYER CENTRAL DU SOLEIL

Au centre du Soleil règnent des conditions extrêmes et les atomes perdent leur identité! Ils sont animés de mouvements très rapides et désordonnés, ils entrent en collision et se fragmentent. La matière est ionisée, elle est essentiellement sous forme de protons (noyaux d'hydrogène) et d'électrons libres.

Ce mélange ionisé, appelé plasma, n'a pas de charge nette (il est globalement neutre); les électrons de charge négative neutralisent les protons de charge positive. Le Soleil n'est qu'une gigantesque sphère de plasma chaud. (Pour les physiciens, un plasma représente le quatrième état de la matière, qui le distingue des trois états familiers, gazeux, liquide et solide.) La flamme d'une bougie ou le gaz électrisé d'une enseigne lumineuse sont des plasmas.

A l'intérieur du Soleil, les protons, dépouillés de leurs électrons, peuvent être très condensés car ils sont 40 000 fois plus petits que l'atome.

Pour comprendre cet effet, imaginez un empilement d'une centaine de matelas. Les matelas de la base supportent le poids de ceux qui sont au-dessus et sont aplatis, alors que ceux du sommet conservent leur épaisseur originelle. Le centre du Soleil est à l'image de cet empilement, les protons sont comprimés par le poids du gaz des couches supérieures; ils sont plus denses et plus chauds.

Au centre, la température dépasse 15 millions de kelvins et la densité est plus de 10 fois celle du plomb. Les protons sont animés de grandes vitesses et leurs collisions sont plus fréquentes, ils exercent donc une poussée plus vigoureuse vers l'extérieur. (Dès 1870, Jonathan Homer Lane, physicien américain de l'U. S. Patent Office, pensa que la force due à la pression du gaz supportait le poids du Soleil – dû à la gravité.) Cette force, appelée pression gazeuse, empêche le Soleil de s'effondrer sur lui-même. Les particules rapides émettent aussi un rayonnement électromagnétique qui exerce une force supplémentaire dirigée vers l'extérieur, c'est la pression de radiation; celle-ci joue un rôle prépondérant dans les étoiles géantes, mais négligeable dans le Soleil.

Au coeur de la fournaise solaire, la pression gazeuse nécessaire pour résister au poids des couches supérieures est égale à 233 milliards de fois la pression atmosphérique terrestre au niveau de la mer.

Plus loin du centre, les couches extérieures exercent une pression plus faible, le plasma devient moins dense et moins chaud (Fig. 2.1). A mi-chemin à partir du centre, la densité est celle de l'eau, 1 gramme par centimètre cube; aux 9/10e du rayon, le gaz est aussi ténu que l'air que nous respirons. A la surface, le gaz raréfié est 10 000 fois moins dense que l'air, la pression est inférieure à celle qu'exerce la patte d'une araignée et la température n'est plus que de 5 780 kelvins.

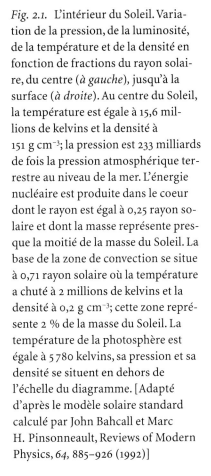

Fig. 2.1. L'intérieur du Soleil. Variation de la pression, de la luminosité, de la température et de la densité en fonction de fractions du rayon solaire, du centre (*à gauche*), jusqu'à la surface (*à droite*). Au centre du Soleil, la température est égale à 15,6 millions de kelvins et la densité à 151 g cm^{-3}; la pression est 233 milliards de fois la pression atmosphérique terrestre au niveau de la mer. L'énergie nucléaire est produite dans le coeur dont le rayon est égal à 0,25 rayon solaire et dont la masse représente presque la moitié de la masse du Soleil. La base de la zone de convection se situe à 0,71 rayon solaire où la température a chuté à 2 millions de kelvins et la densité à 0,2 g cm^{-3}; cette zone représente 2 % de la masse du Soleil. La température de la photosphère est égale à 5 780 kelvins, sa pression et sa densité se situent en dehors de l'échelle du diagramme. [Adapté d'après le modèle solaire standard calculé par John Bahcall et Marc H. Pinsonneault, Reviews of Modern Physics, *64,* 885–926 (1992)]

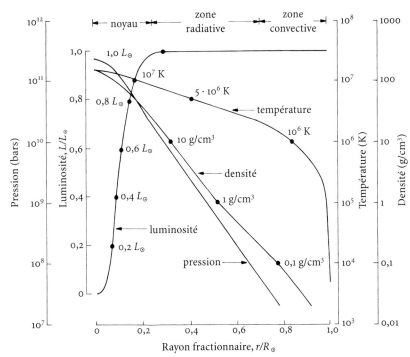

Table 2.1. Données numériques de référence sur le Soleil*

Rayon $R_\odot$	$6,9598 \times 10^8$ m ($109 R$ terrestres)
Masse $M_\odot$	$1,989 \times 10^{30}$ kg (3×10^5 M terrestres)
Luminosité $L_\odot$	$3,854 \times 10^{26}$ J s^{-1}
Age	$4,55 \times 10^9$ ans
Volume	$1,412 \times 10^{27}$ m^3($1,3 \times 10^6$ vol.terrestres)
Densité moyenne	$1,409 \times 10^3$ kg m^{-3}
Abondance de l'hélium Y	$0,28 \pm 0,01$ (en masse)
Température au centre	$1,557 \times 10^7$ kelvins
Densité au centre	$1,513 \times 10^5$ kg m^{-3}
Pression au centre	$2,334 \times 10^{16}$ Pa ($2,334 \cdot 10^{11}$ bars)
Profondeur de la zone de convection	$0,287 R_\odot$ (rayon $0,713 \pm 0,003 R_\odot$)
Masse de la zone de convection	$0,022 \pm 0,002 M_\odot$
Température à la base de la zone de convection	$2,12$ à $2,33 \times 10^6$ kelvins
Température de la photosphère	5 780 kelvins
Pression de la photosphère	10 Pa (10^{-4} bars)
Température de la couronne	2 à 3×10^6 kelvins
Distance moyenne à la Terre (U.A.)	$1,4959787 \times 10^{11}$ m
Diamètre angulaire (à la distance moyenne)	32 min. d'arc (1920 secondes d'arc)
Echelle angulaire	1 seconde d'arc = $7,253 \times 10^5$ m

*Adapté d'après K. R. Lang, Astrophysical Data: Planets and Stars, Springer-Verlag, 1991, J. N. Bahcall et M. H. Pinsonneault, Reviews of Modern Physics *64*, 885–926 (1992), J. Christensen-Dalsgaard et al., Astrophysical Journal *378*, 413–437 (1991), D. B. Guenther et al., Astrophysical Journal, *387*, 372–393 (1993) et I.-J. Sackmann et al., Astrophysical Journal *418*, 457–468 (1993). Le rayon de la photosphère est donné pour une profondeur optique de $(\tau) = 2/3$, l'incertitude sur la masse est de $\pm 0,02\%$, l'incertitude sur la luminosité est égale à $1,5\%$, celle-ci se situe entre 3,846 et 3,857 pour une valeur de la constante solaire comprise entre 1,368 et 1,378 J m^{-2}s^{-1}, les plus vieilles météorites sont vieilles de 4,55 milliards d'années, mais peut-être de 4,6 ou 4,7 milliards d'années, l'âge du Soleil d'après son modèle d'évolution est égal à $4,52 \pm 0,4$ milliards d'années, les données concernant les oscillations indiquent que l'abondance de l'hélium dans la zone de convection est $Y = 0,23$ à $0,26$, la valeur de Y est obtenue d'après le modèle standard; la température centrale, la densité et la pression sont calculées également d'après le modèle standard, sans diffusion de l'hélium.

2.3 LA FUSION NUCLÉAIRE, L'ANTIMATIÈRE ET LA COMBUSTION DE L'HYDROGÈNE

Les conditions extraordinaires de température et de pression du coeur du Soleil furent les premiers indices qui nous mirent sur la piste des mystérieux processus lui permettant de briller. D'autres indices importants vinrent du Laboratoire Cavendish, à Cambridge, en Grande-Bretagne. Tout d'abord, Ernest Rutherford montra que la radioactivité était liée à une transformation nucléaire, puis Francis Aston, que la masse d'un atome d'hélium est légèrement inférieure à la somme des masses de quatre atomes d'hydrogène. (Rutherford et Aston obtinrent tous deux le Prix Nobel, respectivement en 1908 et en 1922.)

Au même moment, l'astronome britannique Arthur Stanley Eddington essaya de comprendre ce qui se passait à l'intérieur du Soleil. Grand amateur de romans à énigmes, il compara cette analyse à celle des indices d'un crime. Il savait déjà, qu'en laboratoire, on avait réalisé la transmutation de certains éléments et pensa que les étoiles étaient les creusets dans lesquels tous les éléments étaient synthétisés. Par la suite, il comprit que l'énergie stellaire pouvait provenir de cette «alchimie», c'est-à-dire de la transformation de l'hydrogène en hélium, la différence de masse produisant l'énergie.

En 1920, Eddington put donc établir les bases de la théorie et trouver une solution au problème de l'origine de l'énergie solaire :

> Ce qui est possible dans le Laboratoire Cavendish n'est
> peut-être pas trop difficile à l'intérieur du Soleil . . . . La réserve
> d'énergie d'une étoile ne peut guère être autre chose que l'énergie
> subatomique . . . . Il y en a suffisamment dans le Soleil pour que sa
> chaleur se maintienne pendant 15 milliards d'années.[6]

Dans le même article, il poursuivait avec prescience :

> Si de fait, l'énergie subatomique est en action dans les
> étoiles pour entretenir leur grande fournaise, cela
> semble nous rapprocher de la réalisation de notre rêve,
> contrôler cette puissance latente pour le bien-être
> de l'espèce humaine – ou pour son suicide.[7]

Curieusement, les idées fécondes se font jour presque simultanément en des lieux différents. Dans un essai intitulé «Atomes et lumière», le physicien français Jean Perrin, montra la possibilité d'obtenir de l'énergie à partir de la transformation «radioactive» des éléments et pensa que l'énergie des réactions nucléaires pouvait maintenir la luminosité du Soleil pendant plusieurs milliards ou dizaines de milliards d'années. D'après l'équation d'Einstein, la masse perdue (m), au cours de la fusion de quatre noyaux d'hydrogène en un noyau d'hélium, est transformée en énergie : $E = mc^2$, où c est la vitesse de la lumière.[8]

Eddington contribua probablement à faire accepter aux astronomes l'idée que la source de l'énergie stellaire était d'origine nucléaire. Au cours des années suivantes, on découvrit que l'hydrogène était le constituant majeur du Soleil et que cet élément jouait vraisemblablement le rôle prépondérant dans les réactions. Les protons devaient fusionner pour former des noyaux d'hélium, mais les détails du processus n'étaient pas connus et le problème restait entier. En effet, ce n'est qu'en 1919, juste

un an avant la publication de l'article d'Eddington, que Rutherford avait
montré que le noyau de l'atome d'hydrogène était constitué d'un proton;
à cette époque, une grande partie de la physique subatomique était encore inconnue.

Néanmoins, les physiciens étaient sceptiques. Deux particules se re-
poussent lorsqu'elles sont de charges positives et lorsque les protons fu-
sionnaient pour former des noyaux d'hélium, on ne savait pas comment
cette violente force de répulsion était vaincue. On pensait que la
température au centre du Soleil était insuffisante pour permettre des
réactions nucléaires.

Cependant, Eddington était sûr qu'il était sur la bonne voie et dans
les années 1925, il répliqua d'un ton de défi :

> L'hélium que nous manipulons doit avoir été fabriqué
> à une certaine époque, en un certain endroit. Nous ne
> discutons pas avec les détracteurs qui insistent sur
> le fait que les étoiles ne sont pas assez chaudes
> pour réaliser cette transformation; nous leur disons
> d'aller chercher *un endroit plus chaud* ... .[9]

Il s'avéra que Eddington avait raison contre les physiciens. (Plus tard, on
découvrit que dans l'Univers, presque tout l'hélium était d'origine primordiale et avait été synthétisé à très haute température lors du big-
bang, qui a donné lieu à son expansion; de l'hélium est aussi synthétisé
dans les étoiles, mais en quantité moindre.)

C'est à l'avènement de la mécanique quantique que le problème de la
fusion de l'hydrogène fut résolu. Cette nouvelle théorie physique unit les
aspects ondulatoire et corpusculaire de la matière; individuellement, aucun des deux aspects ne peut décrire les événements aux niveaux atomique ou subatomique. Dans ce monde d'incertitude, la magie des probabilités entre en jeu et la sphère d'influence d'une particule devient plus
importante qu'on ne le pensait auparavant.

Un proton se comporte comme une onde étendue qui n'a pas de position bien définie et son énergie thermique fluctue autour d'une valeur
moyenne. Cela signifie que la probabilité pour qu'un proton s'approche
suffisamment d'un autre proton et réussisse à franchir sa barrière de répulsion est très faible mais non nulle; le processus se réalise par effet tunnel. (A l'inverse, des particules peuvent sortir d'un noyau par effet tunnel;
des éléments radioactifs comme le radium ou l'uranium se débarrassent
des protons en excès en émettant des particules très rapides. Ces particules n'ont pas l'énergie nécessaire pour vaincre la barrière nucléaire,
mais quelques unes parviennent à passer à l'extérieur par effet tunnel.)

Dans ce monde surréaliste de probabilités subatomiques, on pourrait imperturbablement lancer une balle contre un mur, la regarder re-
bondir d'innombrables fois, jusqu'à ce qu'elle finisse par passer à travers
(ou dessous). A la suite du capitaine Achab dans *Moby Dick* :

> Comment un prisonnier peut-il rejoindre le monde extérieur
> si ce n'est en passant à travers le mur?[10]

Ainsi, des protons peuvent se rapprocher et fusionner, même si leur énergie moyenne est très inférieure à celle qui est nécessaire pour vaincre leur répulsion électrique. Mais ce curieux effet tunnel n'intervient pas à chaque fois; il faut que les protons se précipitent l'un sur l'autre, presque de front, avec des vitesses exceptionnellement élevées. Dans le Soleil les réactions nucléaires sont très lentes et c'est une chance pour nous. Si la température était suffisante pour permettre un taux de fusion plus élevé, le Soleil exploserait! Tout bien pesé, ces processus nucléaires produisent l'énergie explosive des bombes à hydrogène.

Contrairement à ce qui se passe dans une bombe, les réactions, sensibles à la température, agissent comme un thermostat et libèrent l'énergie de façon stable, contrôlée, et au rythme nécessaire pour que le Soleil reste en équilibre. Si une étoile s'effondre sur elle-même, elle devient plus chaude et produit une plus grande quantité d'énergie; elle entre alors en expansion et la température originelle se rétablit. Si elle est en expansion, la température centrale diminue, le rythme des réactions nucléaires ralentit, l'étoile s'effondre de nouveau et son équilibre se rétablit une nouvelle fois.

La série des réactions qui, en partant de noyaux d'hydrogène, conduit à la synthèse de noyaux d'hélium (appelés aussi particules alpha) est dite chaîne proton-proton (voir l'encadré 2A). A la fin des années trente, elle fut énoncée en détail par Hans A. Bethe et ses collègues.

ENCADRÉ 2A

La chaîne proton-proton

Dans le Soleil, le processus de fusion s'effectue selon une succession de réactions nucléaires : la chaîne proton-proton. Chaque transmutation de 4 protons en un noyau d'hélium représente une perte de masse de 0,7 % et produit une énergie de 25 MeV, soit $4 \cdot 10^{-12}$ joule.

L'énergie créée est donnée par la formule $E = mc^2$. Comme la vitesse de la lumière (c) est très grande ($3 \cdot 10^8$ m s^{-1}), la conversion d'une faible masse permet de produire une énergie (E) tout à fait considérable. De plus, l'énergie est multipliée par le nombre gigantesque de réactions qui se passent au coeur du Soleil par unité de temps; on estime que 10^{38} noyaux d'hélium sont créés chaque seconde, correspondant à une perte totale de masse de 5 millions de tonnes. Cette quantité d'énergie est suffisante pour conserver au Soleil sa luminosité actuelle, égale à $4 \cdot 10^{26}$ joules par seconde.

Au départ, deux protons (p) fusionnent pour donner un deutéron ou noyau de deutérium (^{2}D), formé d'un proton et d'un neutron. Un des protons participant à la réaction se transforme en neutron en émettant un positron (e$^+$), qui emporte la charge du proton, et un neutrino de faible énergie (ν)$_e$, qui équilibre l'énergie de la réaction :

$$p + p \rightarrow {}^2D + e^+ + (\nu)_e \ . \tag{2.1}$$

Chacun des protons entre en collision avec les autres protons des millions de fois par seconde ; cependant, seuls quelques uns animés de vitesses formidablement élevées auront la chance de pouvoir vaincre leur répulsion électrique par effet tunnel et de fusionner. Une seule collision sur 10^{25} initie la chaîne proton-proton.

Une partie de l'énergie dégagée au cours de cette chaîne de réactions est convertie en rayonnement gamma, de courte longueur d'onde, lorsqu'un positron (e$^+$) s'annihile avec un électron (e$^-$) :

$$e^+ + e^- \rightarrow 2\,(\gamma) \ . \tag{2.2}$$

L'étape suivante ne demande qu'un délai assez court. En moins d'une seconde, le deutéron entre en collision avec un autre proton pour former un noyau d'hélium léger, ^{3}He, accompagné d'un autre photon gamma :

$$^2D + p \rightarrow {}^3He + (\gamma) \ . \tag{2.3}$$

(Cette réaction se réalise si facilement que le deutérium ne peut être synthétisé à l'intérieur des étoiles, il est rapidement utilisé pour former des éléments plus lourds.)

Au cours de l'étape finale de la chaîne, qui demande en moyenne un million d'années, deux hélium 3 fusionnent pour donner un noyau d'hélium 4 (^{4}He), constitué de 2 protons et de 2 neutrons et cette transformation s'accompagne de la restitution de 2 protons :

$$^3He + {}^3He \rightarrow {}^4He + 2p \ . \tag{2.4}$$

Au total, six protons sont nécessaires pour créer les deux ^{3}He qui interviennent dans la dernière réaction, tandis que deux protons sont restitués. Le bilan se solde ainsi :

$$4p \rightarrow {}^4He + \text{rayonnement gamma} + 2\,\text{neutrinos} \ . \tag{2.5}$$

La chaîne proton-proton, qui transforme l'hydrogène en hélium, est le processus dominant dans les étoiles comme le Soleil dont la température centrale est inférieure à 20 millions de degrés.

En Avril 1938, George Gamow rassembla en un colloque à Washington, des physiciens et des astronomes pour discuter de la production d'énergie dans les étoiles. A cette époque, Hans Bethe était familiarisé avec les développements récents de la physique nucléaire, mais n'était pas au courant de ces problèmes astrophysiques. Il fut si enthousiasmé par le colloque qu'il acquit les connaissances astrophysiques nécessaires et énonça la suite des réactions nucléaires qui étaient à l'origine de l'énergie du Soleil et des étoiles brûlant de l'hydrogène. (Hans Bethe reçut le Prix Nobel en 1967.)

Dans la combustion de l'hydrogène, on part de quatre protons pour aboutir à un noyau d'hélium formé de deux protons et de deux neutrons. Donc, deux des protons doivent se transformer en neutrons; quelque chose doit être enlevé à la charge du proton pour laisser un neutron ayant quasiment la même masse : ce mystérieux agent est l'antiparticule de l'électron.

En 1930, Paul A. M. Dirac était à l'Université de Cambridge lorsqu'il prédit l'existence de l'antimatière. Pour lui, la beauté mathématique était l'aspect le plus important des lois physiques. Il remarqua que les équations décrivant l'électron avaient deux solutions possibles et qu'une des deux seulement suffisait à le caractériser. L'autre solution en donnait une sorte d'image miroir, une antiparticule, que l'on a appelée positron.

La confiance qu'il ressentait dans la beauté et la symétrie de ses équations le menèrent à prédire :

> une nouvelle sorte de particule, inconnue en physique
> expérimentale, qui a la même masse que l'électron
> et une charge opposée.[11]

Le positron était alors inconnu. C'est en étudiant les rayons cosmiques, particules de haute énergie provenant de l'espace, que Carl D. Anderson le découvrit en 1932. Lorsque les rayons cosmiques entrent en collision avec les noyaux des atomes de la haute atmosphère, ils créent des positrons et de nombreuses autres particules subatomiques. (Paul Dirac reçut le Prix Nobel de physique en 1933. En 1936, Carl Anderson et Victor Hess le partagèrent, le premier pour la découverte du positron, le second pour celle des rayons cosmiques.)

Si on crée de l'antimatière, celle-ci ne peut subsister longtemps car elle s'annihile lorsqu'elle rencontre de la matière. Cette propriété joue en notre faveur car nous vivons dans un monde matériel. La chanteuse Madonna l'exprime avec une connotation différente :

> We are living in a material world
> And I am a material girl.[12]

Lorsqu'un positron et un électron entrent en collision, ils s'annihilent et libèrent une bouffée de rayonnement énergétique. C'est ainsi qu'une partie de l'énergie nucléaire est convertie en rayonnement. (Le rayonnement caractéristique produit par cette annihilation – la raie à 0,511 MeV – a été détectée lors de violentes éruptions solaires.)

Comme Eddington le suggérait, c'est en transformant de la masse en énergie que le Soleil rayonne. La célèbre équation d'Einstein $E = mc^2$ traduit la transformation d'une forme à l'autre. La masse, m et l'énergie E sont deux aspects non distincts et non permanents de l'Univers; ils sont totalement interchangeables : toute masse a son équivalent en énergie.

Au cours de la transmutation de quatre protons en un noyau d'hélium, la masse perdue crée une énergie thermique de 25 MeV. Le taux de production est intrinsèquement faible, mais si on tient compte du nombre de réactions qui s'opèrent chaque seconde, la quantité d'énergie obtenue est suffisamment importante pour expliquer le rayonnement solaire. La diminution de la quantité d'hydrogène (le combustible nucléaire) est plus significative; chaque seconde, 600 millions de tonnes d'hydrogène sont «brûlées» et transformées en hélium et une fraction de cette masse égale à 5 millions de tonnes est convertie en énergie.

Le Soleil se consume à un rythme prodigieux, mais la quantité de matière perdue est insignifiante en regard de sa masse totale. (La masse du Soleil est égale à deux milliards de milliards de milliards de tonnes, soit $2 \cdot 10^{30}$ kg ou encore trois cent mille fois la masse de la Terre – voir la Table 2.1.) La transmutation de l'hydrogène en hélium s'accompagne d'une perte de masse de 0,007, soit 0,7 %. Depuis sa formation, il y a 4,6 milliards d'années, le Soleil n'a perdu que quelques centièmes de pourcent de sa masse originelle.

En moyenne, chaque gramme de matière solaire ne libère qu'une faible quantité de chaleur – très inférieure à celle que rayonne notre corps. Relativement à son volume gigantesque, la surface rayonnante du Soleil est faible. De la même façon, un éléphant retient si efficacement sa chaleur interne que ses grandes oreilles doivent l'aider à la rayonner; au contraire, pour une minuscule souris, les pertes sont relativement plus importantes et elle doit s'alimenter sans arrêt pour entrenir sa chaleur.

On estime qu'aujourd'hui le Soleil a transformé 37 % de son hydrogène en hélium. Cependant, seules les régions centrales ont une température suffisante pour que les réactions puissent s'y dérouler et elles auront épuisé leurs réserves dans 5 milliards d'années. A ce moment là, le Soleil se dilatera et deviendra une étoile géante qui englobera la Terre; mais n'anticipons pas.

Fig. 2.2. Anatomie du Soleil. Le Soleil ▷ est une gigantesque sphère de gaz incandescents. Au centre se trouve le noyau, très dense et très chaud, où se déroulent les réactions thermonucléaires. Celui-ci est entouré de deux coquilles emboîtées. Dans la première, la zone radiative, le transport de l'énergie se fait sous forme de rayonnement (par l'intermédiaire des photons); au-dessus, dans la zone convective, l'énergie est transportée par le mouvement turbulent du gaz chaud. Dans la photosphère, zone de faible épaisseur, le transfert radiatif réapparaît de nouveau. Le Soleil entretient une colossale différence de température entre le coeur ($15 \cdot 10^6$ K) et la photosphère (5 780 K). La partie la plus externe est la couronne dont la température atteint $2 \cdot 10^6$ K. Le magnétisme façonne la structure de l'atmosphère externe du Soleil, il confine la matière chaude dans les boucles coronales et la matière plus froide dans les protubérances. Les trous coronaux offrent des voies de sortie au vent solaire. (NASA)

1   chromosphère
2   spicules
3   zone radiative
4   zone convective
5   coeur
6   couronne
7   photosphère
8   vent solaire rapide
9   trou coronal
10 température coronale égale
    à 2 millions de degrés
11 taches solaires
12 protubérance en boucle

2.4 DILUTION DU RAYONNEMENT

L'énergie nucléaire est produite exclusivement dans la région centrale dont le rayon représente le quart de celui du Soleil, le volume seulement 1,6 % et la masse 50 %. Vers l'extérieur, la température n'est pas suffisante pour créer de l'énergie, même en faible quantité.

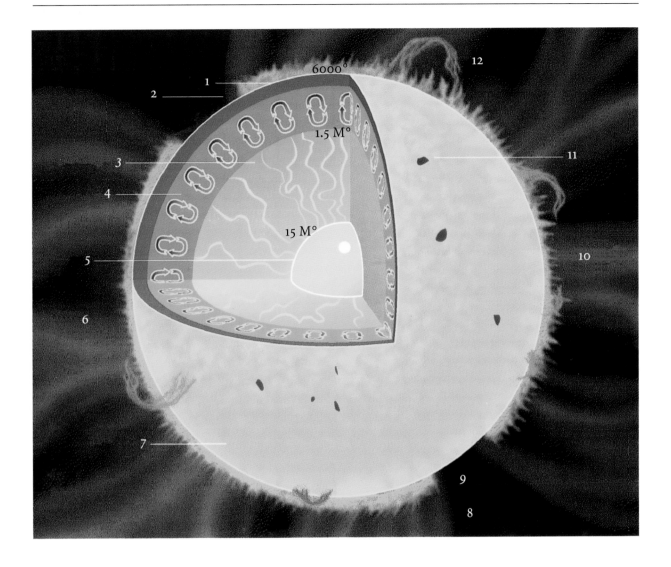

L'intérieur du Soleil ne nous est pas accessible; il faut calculer des modèles de structure interne en combinant les équations théoriques de l'évolution stellaire (équilibres, création et transport de l'énergie) avec les données observationnelles (masse, luminosité, rayon). D'après ces modèles, deux coquilles emboîtées surmontent le noyau (Fig. 2.2). La première est la zone radiative où l'énergie est transportée par les photons; en partant du centre, sa limite supérieure se situe à 0,71 rayon solaire. La seconde au-dessus est la zone convective où le transport de l'énergie se fait par l'intermédiaire du mouvement turbulent de la convection.

Bien que les photons se déplacent à la vitesse de la lumière, en raison de la densité très forte, ils doivent se frayer un chemin pour parvenir à la surface et s'échapper. Les photons produits au centre, tous de haute énergie, se propagent dans tous les sens et entrent en collision avec le plasma de la zone radiative; ils ricochent de façon aléatoire et sont tour à tour absorbés, réémis et diffusés un nombre considérable de fois.

Chaque fois que les photons sont réémis, ils changent de direction et peuvent même revenir en arrière. Cependant, au cours de leur odyssée au hasard, ils s'éloignent de leur point de départ et se dirigent vers l'extérieur où la température et la densité sont plus faibles.

Sur son trajet en zigzag, le rayonnement perd peu à peu de l'énergie, comme un ivrogne, qui en titubant au milieu d'une foule finit par s'exténuer. Les rayons gamma émis au cours de la fusion ne parcourent qu'une distance de l'ordre du millimètre, avant de rencontrer un des nombreux électrons du plasma; ils sont absorbés et réémis sous forme de rayons X de plus grande longueur d'onde et d'énergie un peu plus faible. Chaque interaction subie par les photons leur soustrait un peu d'énergie. Comme la longueur d'onde d'un rayonnement augmente lorsque son énergie diminue, avant d'atteindre la photosphère, les photons X sont devenus d'abord des photons ultraviolets, puis finalement des photons visibles.

Il s'ensuit que le rayonnement met en moyenne 170 000 ans pour atteindre la base de la zone convective. (La convection transporte l'énergie plus efficacement.) La lumière que nous recevons aujourd'hui a été produite au coeur du Soleil avant l'apparition des Néanderthaliens. A l'inverse, celle-ci se déplace librement dans l'espace et ne met que huit minutes pour parvenir à la Terre.

Dans la zone de convection, la matière stellaire n'est plus assez chaude et trop opaque pour que les photons puissent passer. (A la base de cette zone la température a chuté à 2 millions de kelvins.) Les ions absorbent de grandes quantités de rayonnement sans le réémettre; comme des voitures dans un gigantesque embouteillage, l'énergie radiative est bloquée. La matière se met à bouillonner et le Soleil doit trouver un autre moyen pour véhiculer l'énergie refoulée.

De gigantesques courants de convection écoulent la chaleur vers l'extérieur. Des bulles de gaz chaud et ionisé montent directement vers les niveaux plus élevés, se dilatent, se refroidissent et redescendent; elles sont alors de nouveau chauffées et remontent, comme l'eau dans un récipient chauffé par dessous ou comme les courants d'air chaud dans notre atmosphère. Les bulles convectives atteignent la surface en une dizaine de jours (Fig. 2.3).

La convection assure un brassage continu et général du gaz. Les vastes courants convectifs profonds se subdivisent en une multitude de plus petits et forment en surface un réseau cellulaire observable en lumière blanche : la granulation (Fig. 2.4) (on parle de lumière blanche lorsqu'on la reçoit dans tout le domaine des radiations visibles). Les granules chauds et brillants ont des tailles de l'ordre de 1 000 kilomètres et des durées de vie de l'ordre d'une dizaine de minutes. Leurs changements très rapides sont l'indice d'une turbulence vigoureuse à petite échelle, dans le gaz immé-

Fig. 2.3. Cellules de Bénard. Quand un gaz ou un liquide sont chauffés uniformément par dessous, la convection prend place dans des cellules verticales appelées cellules de Bénard. La matière chaude monte au centre des cellules et le réseau intercellulaire correspond à de la matière plus froide qui redescend. La figure montre un réseau de cellules convectives hexagonales obtenues dans un bain d'huile de silicone, chauffé uniformément par dessous et dont la surface est exposée à l'air ambiant. La lumière réfléchie par des copeaux d'aluminium montre les mouvements réguliers de la matière et les formes polygonales des cellules. Dans la zone convective du Soleil, la turbulence crée des distorsions. (Manuel G. Velarde et M. Yuste, Universidad Nacional de Educacion a Distancia, Madrid, Espagne)

Fig. 2.4. La granulation photosphérique. Les photographies de la surface visible du Soleil, prises au télescope depuis la Terre, montrent sa texture granulaire. Les granules ont en moyenne 1 500 kilomètres de diamètre. La matière chaude monte au centre des granules à la vitesse de 500 mètres par seconde (1 800 km h^{-1}), comme des bulles supersoniques dans un immense chaudron en ébullition; elle se refroidit en montant et redescend le long des lignes du réseau intergranulaire; certains granules donnent l'impression d'exploser. Parfois, des structures brillantes associées à des champs magnétiques sont observables dans le réseau intergranulaire. Cette photographie a été prise à 430,8 nanomètres avec un filtre interférentiel de 1 nm. La résolution spatiale est exceptionnelle, elle est égale à 0,2 seconde d'arc et correspond à 150 kilomètres sur le Soleil. (Richard Muller, Observatoire du Pic du Midi et Thierry Roudier, Observatoire de Toulouse)

diatement sous-jacent. A plus grande profondeur, la supergranulation représente d'énormes cellules convectives de 30 000 kilomètres de diamètre caractérisées par des mouvements horizontaux de la matière; ces unités semblent indiquer une circulation qui prend naissance à des dizaines de milliers de kilomètres. La théorie permet de penser qu'à des profondeurs encore plus importantes, la zone convective est organisée en unités de plusieurs centaines de milliers de kilomètres (Fig. 2.5), mais l'existence de ces dernières n'a jamais été confirmée par l'observation.

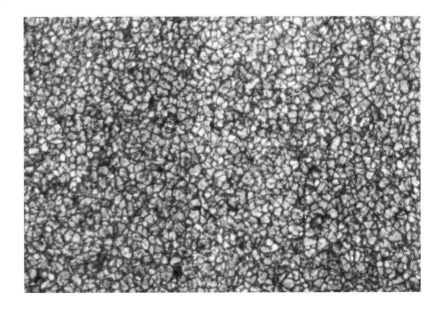

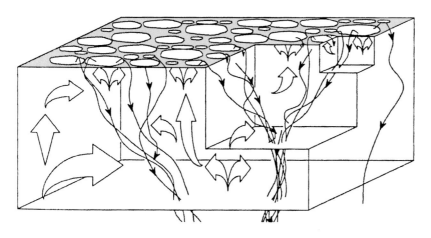

Fig. 2.5. La hiérarchisation des flux convectifs. La granulation correspond à une convection superficielle. Lorsque l'on suit la matière plus froide qui descend, on arrive à des cellules convectives de plus en plus grandes; cette structure est à l'image des affluents qui alimentent un fleuve. Les coupes effectuées dans le diagramme montrent cette organisation à trois échelles différentes. [Adapté d'après H. C. Spruit, A. Nordlund et A. M. Title, Annual Review of Astronomy and Astrophysics *28*, 263–301 (1990), voir aussi R. F. Stein et A. Nordlund, Astrophysical Journal (Letters) *342*, L95–L98 (1989)]

Dans la photosphère (sphère émettant la lumière visible, du Grec *photos*, lumière), de nouveau, le rayonnement prend le relais pour assurer le transport de l'énergie; cette couche de quelques centaines de kilomètres d'épaisseur, représente moins du millième du rayon solaire.

Le Soleil est une sphère de plasma qui n'a pas de surface bien définie séparant l'intérieur de l'extérieur. Le plasma est comprimé dans les régions centrales, il devient de plus en plus ténu vers l'extérieur et se dilue peu à peu dans l'espace; il s'étend jusqu'à la Terre et même au-delà. Cependant, dans un but pratique, on considère que la photosphère représente la surface visible du Soleil; de fait, la plupart des phénomènes qui se déroulent en dessous ne sont pas sensibles aux conditions extérieures, mais l'inverse n'est pas vrai.

Dans la photosphère, le rayonnement de la lumière visible vers l'espace est commandé par certains ions inhabituels. La température y est suffisamment basse pour que la plupart des électrons libres se lient aux protons pour former des atomes d'hydrogène. Toutefois, de rares collisions permettent aux atomes d'hydrogène de capturer brièvement un électron supplémentaire et de devenir des ions hydrogène négatifs; ces derniers absorbent l'énergie radiative provenant de l'intérieur et la réémettent sous forme de lumière visible.

Bien que leur concentration soit seulement le millionième de celle des atomes d'hydrogène, les ions hydrogène négatifs sont si absorbants qu'ils jouent le rôle principal dans le transfert du rayonnement. La photosphère est un milieu raréfié qui serait aussi transparent que l'atmosphère terrestre s'il n'était constitué que d'atomes d'hydrogène et ne contenait aucun ion hydrogène négatif.

La photosphère coiffe la zone convective et permet d'achever le modèle standard de la structure interne du Soleil. Ce modèle simplifié, basé sur des hypothèses astrophysiques et sur la connaissance des réactions nucléaires qui produisent l'énergie solaire, rend compte des observations et donne une description assez correcte de ses propriétés globales. Cependant, un examen détaillé montre que le résultat n'est pas entièrement satisfaisant. Actuellement, les astronomes essayent de tester le modèle standard à la lumière des études des oscillations profondes et des flux de neutrinos, particules créées au cours de la fusion nucléaire.

Contrastes simultanés : le Soleil et la Lune, 1912–13. Dans ce tableau, Robert Delaunay a représenté le Soleil sans référence au monde terrestre, source de pure lumière et de pure couleur. (Musée d'Art Moderne de New York, fonds Mme Simon Guggenheim, huile sur toile, 1,35 m de diamètre)

CHAPITRE 3

Les neutrinos, particules fantomatiques

3.1 L'INSAISISSABLE NEUTRINO

Les neutrinos ou petits «neutres» sont bien près de n'être rien du tout. Ce sont de minuscules et invisibles paquets d'énergie, sans charge et de masse très faible, voire nulle, qui se déplacent approximativement à la vitesse de la lumière. Ces particules subatomiques sont si peu substantielles et elles ont une probabilité si faible d'interagir avec la matière que rien ne les arrête sur leur chemin; semblables aux fantômes, ce sont de véritables passe-murailles.

Contrairement à la lumière ou aux autres formes de rayonnement, les neutrinos se déplacent librement partout dans l'Univers; le Soleil, la Terre leur sont transparents. Chaque seconde, jour et nuit, des milliards de neutrinos nous traversent sans que nous nous en apercevions.

Comme l'exprime John Updike, les neutrinos sont les cavaliers fantômes de l'Univers:

> Les neutrinos sont très petits.
> Ils n'ont ni charge, ni masse
> Et n'interagissent pas du tout.
> Pour eux, la Terre n'est qu'une boule
> Insignifiante, qu'ils traversent simplement,
> Comme des fées de poussière dans
> Un corridor ouvert au vent.[13]

Comment savons-nous que de telles particules existent? C'est la loi fondamentale de la conservation de l'énergie qui est à l'origine de l'hypothèse de leur existence : l'énergie totale d'un système doit rester toujours la même, si le système est isolé, et nous ne connaissons aucun processus qui viole cette loi.

Cependant, dans une forme de radioactivité, appelée radioactivité bêta, le noyau de l'atome émet un électron dont l'énergie est plus faible que celle perdue par le noyau; l'énergie manquante semble s'être volatilisée. Les premières mesures effectuées pour essayer de la retrouver échouèrent et on en vint à penser, que dans ce type de radioactivité, l'énergie n'était peut-être pas conservée.

Il y a plus de cinquante ans, l'éminent physicien autrichien Wolfgang Pauli proposa l'existence du neutrino, comme «une issue désespérée» à la

«crise de l'énergie» que vivait la physique nucléaire (Fig. 3.1). La solution de Pauli était l'hypothèse de l'existence d'une seconde particule neutre, émise en même temps que l'électron et emportant avec elle la fraction de l'énergie que l'électron n'emportait pas. La somme des énergies des deux particules demeurait constante et permettait d'équilibrer le bilan; la loi de conservation était sauvée. En 1933, Wolfgang Pauli écrivait :

> Les lois de la conservation demeurent valides; l'expulsion
> de particules bêta (électrons) étant accompagnée d'un
> rayonnement très pénétrant de particules neutres, qui,
> jusqu'à maintenant n'a pas été observé.[14]

Lorsque les électrons émis au cours de la désintégration bêta furent découverts, on les appela tout d'abord rayons bêta pour les distinguer des rayons alpha (noyaux d'hélium) et des rayons gamma émis également au cours de phénomènes de radioactivité naturelle. D'après les mesures de leur charge et de leur masse, nous savons qu'il ne s'agit pas de rayons, mais d'électrons ordinaires se déplaçant à des vitesses proches de celle de la lumière.

Pauli pensait qu'en proposant l'existence d'une particule invisible que l'on ne pouvait détecter, il avait fait «une chose terrible». Surnommé neutrino par le physicien italien Enrico Fermi, la nouvelle particule ne pouvait être observée avec la technologie du moment. Cependant, déjà à l'époque de Pauli et de Fermi, la forme du spectre de l'énergie de l'électron émis permettait de penser que le neutrino avait une masse infime, comparée à celle de l'électron.

Enrico Fermi formula de façon magistrale la théorie de la radioactivité bêta. Cette désintégration se produit lorsque dans un noyau radioactif, un neutron se transforme en proton avec émission simultanée d'un électron et d'un neutrino, tous deux de haute énergie. Hors du noyau, un neutron n'a qu'une durée de vie assez brève; il se détruit spontanément, avec une vie moyenne de 10 minutes, en donnant un proton, plus un électron pour équilibrer la charge et un neutrino qui emporte une partie de l'énergie.

Le noyau d'un atome n'est constitué que de protons et de neutrons, et pour autant que l'on puisse le dire, l'électron et le neutrino semblaient venir de nulle part. Ils n'existent pas à l'intérieur du noyau et sont créés au moment de la transformation nucléaire. Personne ne savait exactement comment les neutrinos étaient créés.

Comment observer quelque chose qui apparaît spontanément, venant de nulle part et qui interagit si peu avec la matière? Pour qu'un neutrino soit détectable, il faut qu'une interaction se produise. Les calculs semblaient indiquer une probabilité si faible pour qu'un tel événement se produisît, que l'on pensait être à jamais incapable de les détecter. Pour augmenter les chances de capter un neutrino, il fallait construire un détecteur très massif et en produire presque simultanément un nombre gigantesque, espérant qu'une rare collision avec d'autres particules subatomiques laisserait une trace.

Les premiers réacteurs nucléaires furent construits dans les années quarante, pour fabriquer du plutonium destiné aux armes nucléaires. Ces réacteurs fonctionnent selon une chaîne contrôlée de réactions dans laquelle des noyaux d'uranium sont soumis à un bombardement de neutrons; la fission des noyaux d'uranium crée d'autres neutrons (qui alimentent la chaîne), une énorme quantité d'énergie et un flux gigantesque de neutrinos. (Le même processus se produit dans une bombe atomique (dite bombe A), mais la réaction en chaîne s'emballe et libère une énergie explosive.)

Afin d'essayer de prouver l'existence du neutrino, Frederick Reines et Clyde Cowan du Laboratoire National de Los Alamos, au Nouveau Mexique, eurent l'idée d'exploiter les réacteurs nucléaires : ce fut le Projet Poltergeist. Ils placèrent un réservoir contenant 10 tonnes d'eau à proximité d'un puissant réacteur. Pour le protéger des effets parasites susceptibles de fausser les mesures, le piège à neutrinos était enterré. Après cent jours de fonctionnement, Reines et Cowan détectèrent quelques petits flashes synchronisés de rayonnement qui signalaient la présence de neutrinos. En juin 1956, ils télégraphièrent la nouvelle à Pauli :

> Nous sommes heureux de vous apprendre que nous avons
> sûrement détecté des neutrinos provenant de résidus de
> fission, en observant la désintégration bêta inverse de protons.[15]

(Dans la désintégration bêta inverse mentionnée dans le télégramme, un proton absorbe un (anti)neutrino en émettant un neutron et un positron; ce dernier s'annihile immédiatement avec un électron et produit le rayonnement observé.)

Le neutrino, que de nombreux physiciens imaginaient ne jamais pouvoir détecter, avait été observé. Les pensées se tournèrent immédiatement vers le Soleil et on conçut des expériences pour essayer de capter les neutrinos produits en son coeur, au cours des réactions nucléaires.

3.2 LES NEUTRINOS SOLAIRES

Chaque fusion de quatre protons en un noyau d'hélium crée deux neutrinos. Pour fabriquer l'énergie solaire au rythme actuel, 10^{38} noyaux d'hélium et $2 \cdot 10^{38}$ neutrinos sont produits chaque seconde (voir le paragraphe 2.3). Bien que la Terre n'en intercepte qu'une faible fraction, c'est encore un nombre gigantesque. Les neutrinos traversent la Terre à raison de 70 milliards par centimètre carré et par seconde et ils ressortent librement de l'autre côté.

Le Soleil nous baigne autant de neutrinos que de lumière. Contrairement aux autres rayonnements dissipés depuis le coeur du Soleil, et qui mettent 170 000 ans pour émerger, les neutrinos ne subissent pas de modification importante au cours de leur traversée et ils nous renseignent sur les phénomènes qui s'y déroulent actuellement, ou plus précisément, il y a 500 secondes – temps nécessaire pour parcourir la distance Soleil-Terre à la vitesse de la lumière.

Ainsi, en captant les neutrinos et en mesurant leur flux, on plonge directement dans le foyer nucléaire du Soleil. Mais la possibilité de les détecter dépend de la nature exacte des réactions nucléaires, de la composition, de la structure précises du Soleil et de son évolution au cours du temps.

Le flux et les énergies des neutrinos dépendent des éléments qui participent à la fusion nucléaire (Fig. 3.2). La plupart des neutrinos sont de faible énergie et sont produits au cours du cycle proton-proton (voir l'encadré 2A); ils ont des énergies qui ne dépassent pas 0,42 MeV.

Les astrophysiciens ont identifié plusieurs autres réactions qui créent des neutrinos; celles-ci n'ont pas été mentionnées plus tôt car elles interviennent peu dans la production d'énergie solaire. Ce sont ces réactions secondaires, moins fréquentes, qui produisent les neutrinos les plus énergétiques. Au cours de la chaîne proton-proton, dans 15 % des cas, un noyau d'hélium 3 et un noyau d'hélium 4, fusionnent pour former un noyau de béryllium 7 et du rayonnement gamma; dans 0,02 % des cas, un noyau de béryllium 7 fusionne avec un proton pour former du bore 8 radioactif, qui à la fin du processus se désintègre en donnant deux noyaux d'hélium 4 et un neutrino dont l'énergie peut atteindre 15 MeV, 36 fois supérieure à celle des neutrinos de la chaîne proton-proton. (William Fowler,

Fig. 3.2. Spectre d'énergie des neutrinos solaires. Les neutrinos sont produits au coeur du Soleil par les réactions nucléaires. Cependant, le nombre et l'énergie des neutrinos dépendent de la nature des éléments qui participent à la fusion et du modèle de structure interne du Soleil. Le flux le plus important correspond aux neutrinos de faible énergie produits par la réaction primaire de la chaîne proton-proton. Les neutrinos d'énergie élevée proviennent de la réaction secondaire du bore 8, peu fréquente. Les lignes pointillées verticales indiquent les seuils de détection des différentes expériences; les détecteurs sont sensibles aux neutrinos qui ont des énergies supérieures à ces seuils. Les détecteurs au gallium (GALLEX et SAGE) peuvent aussi bien détecter les neutrinos (pp) que ceux de plus haute énergie; les détecteurs au chlore (Homestake) et par diffusion d'électrons (Kamiokande II) ne sont sensibles qu'aux neutrinos de la réaction secondaire du bore 8. Les flux de neutrinos provenant de sources continues sont donnés en nombre, par centimètre carré, par seconde et par million d'électronvolts (MeV), à une distance de une unité astronomique. Les neutrinos seraient aussi produits à deux niveaux d'énergie spécifiques, lorsque le béryllium 7 capture un électron et très rarement au cours de la réaction proton-électron-proton (pep); leurs flux sont donnés en nombre, par centimètre carré et par seconde. (Adapté d'après John Bahcall, Neutrino Astrophysics, Cambridge University Press, 1989)

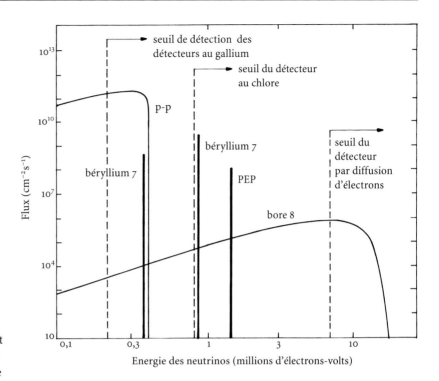

astrophysicien nucléaire du California Institute of Technology, fut un des premiers à comprendre les ramifications de ces réactions secondaires; en 1983, il reçut le Prix Nobel de physique pour ses travaux théoriques sur la nucléosynthèse dans les étoiles et sur l'Univers primordial.)

Les neutrinos les plus énergétiques sont produits par les réactions qui combinent entre eux les noyaux issus de la chaîne proton-proton; ils interagissent un peu plus facilement avec la matière, mais malheureusement, ils sont extrêmement rares. Ainsi, si vous vous engagez dans la détection des neutrinos, vous allez jouer à un jeu de gagne petit, et quelle que soit leur énergie, votre chance d'en capter est très faible.

La démarche employée pour prédire le flux de neutrinos consiste à calculer, grâce à des ordinateurs puissants, des séquences évolutives de modèles théoriques; ces séquences aboutissent au modèle standard qui décrit le mieux les caractéristiques actuelles du Soleil : taille, masse, luminosité (voir Table 2.1). Ces calculs ont été développés et améliorés au cours des trente dernières années, surtout par John Bahcall, de l'Institut des Etudes Avancées de Princeton, et ses collègues, spécialement Roger Ulrich de l'Université de Californie, à Los Angeles et plus récemment, Marc Pinsonneault, de l'Université Yale et Sylvaine Turck-Chièze du Service d'Astrophysique de Saclay, en France.

Les modèles informatiques comportent trois hypothèses de base :

(1) L'énergie est produite au coeur du Soleil au cours des réactions de combustion de l'hydrogène et il n'y a pas de mélange de matière entre

la région centrale et les couches plus externes. Le rythme des réactions nucléaires dépend de la densité, de la température et de la composition, mais aussi de coefficients extrapolés à partir d'expériences de laboratoire.

(2) La pression thermique, due aux réactions produisant de l'énergie, équilibre exactement la force de gravité et s'oppose à l'effondrement du Soleil sous son propre poids.

(3) Le transfert de l'énergie, depuis les régions centrales jusqu'à la surface, s'opère par l'intermédiaire du rayonnement (des photons) et de la convection. Dans le transport radiatif – le plus important – l'opacité du milieu est déterminée par des calculs de physique atomique. (L'opacité rend compte de la transparence du milieu; les éléments lourds sont à l'origine d'une opacité qui bloque le flux de rayonnement, tout comme une fenêtre sale empêche la lumière d'illuminer pleinement une pièce.)

Au moment de sa formation, le Soleil a une composition homogène et une abondance en éléments lourds qui est celle observée actuellement à sa surface. On fait évoluer le modèle initial sur une durée de 4,6 milliards d'années, en transformant de l'hydrogène en hélium dans la région centrale. Les réactions nucléaires fournissent la luminosité rayonnée et la chaleur locale (pression thermique), elles créent aussi des neutrinos et entraînent une évolution de la composition chimique du coeur. Si au cours de cette longue évolution, 37 % de l'hydrogène central sont transformés en hélium, on aboutit aux caractéristiques actuelles du Soleil.

Plusieurs groupes de recherche ont développé des codes numériques d'évolution solaire dans lesquels on introduit des paramètres libres. Lorsque chacun des modèles numériques est ajusté aux mêmes paramètres initiaux, les flux de neutrinos prédits s'accordent tous à quelques pour-cent près. Les incertitudes dans les prévisions dépendent plus des paramètres initiaux que des méthodes de calcul informatique.

Différentes séquences évolutives ont été calculées avec de faibles variations des composants originels. Un corollaire important de ces calculs est la détermination précise de l'abondance de l'hélium dans le Soleil. On obtient une proportion de 28 % en masse; ce résultat qui dépend essentiellement de la masse, de la luminosité et de l'âge du Soleil est compatible avec la quantité d'hélium primordial synthétisée au moment du big-bang (25 % environ).

En première approximation, le modèle standard rend compte également de façon convenable, des fréquences (ou des périodes) des oscillations superficielles du Soleil (voir le paragraphe 4.3). Ce modèle répond donc à deux tests indépendants et, pour la plupart, les astronomes sont convaincus que les prédictions des flux de neutrinos sont correctes.

Après avoir spécifié le flux théorique à partir du modèle standard, on essaye de vérifier les prédictions grâce à des expériences de détection des neutrinos solaires de différentes énergies. Le taux d'interaction du neutrino avec une particule de matière est si faible que l'on utilise une unité spéciale pour en quantifier le flux : le SNU (*Solar Neutrino Unit*). Un flux de 1 SNU correspond à une interaction par seconde dans une cible constituée de 10^{36} atomes. Et, même alors, les théories ne prévoient que quelques SNU par mois dans nos plus grands détecteurs.

3.3 DÉTECTER QUASIMENT RIEN

Les neutrinos ont une probabilité si faible d'interagir avec la matière que les capter n'est pas tâche facile. Mais quand cette chance infime est multipliée par le nombre prodigieux de neutrinos qui nous parviennent du Soleil, on peut espérer que quelques uns pourront, à l'occasion, entrer en collision avec des atomes et produire une réaction signalant leur présence. Pour permettre une interaction, les détecteurs doivent renfermer des tonnes de matière.

Il existe d'autres contraintes : les détecteurs doivent être à l'abri des rayons cosmiques, particules de haute énergie susceptibles de produire des signaux parasites. Pour mesurer les flux de neutrinos sans ambiguïté, on enterre profondément les détecteurs, au fond d'une mine ou sous une montagne, où seuls les neutrinos peuvent pénétrer ; les rayons cosmiques primaires et leurs émissions atmosphériques secondaires sont arrêtées par l'épaisseur de la couche rocheuse. Le premier détecteur fut conçu en 1967 par Raymond Davis Jr. : un énorme réservoir cylindrique de 600 tonnes, enterré à 1,5 kilomètre de profondeur, au fond de la mine d'or désaffectée de Homestake, dans le Dakota du Sud (Fig. 3.3). Le réservoir est rempli de 400 m^3 de tétrachloroéthylène, un détergent utilisé en teinturerie, dont la molécule est formée de 2 atomes de carbone et de 4 atomes de chlore (C_2Cl_4).

De temps en temps un neutrino heurte directement un atome de chlore et produit une réaction qui transforme celui-ci en un isotope radioactif de l'argon ; un des neutrons du chlore se change en proton, avec émission d'un électron pour assurer la conservation de la charge. Seuls les neutrinos ayant une énergie supérieure à 0,814 MeV peuvent provoquer cette transmutation nucléaire, or ce sont les neutrinos issus de la transformation du bore 8 ; les neutrinos issus de la chaîne proton-proton ne sont pas assez énergétiques et pourtant ce sont les plus abondants (Fig. 3.2).

La transformation se fait avec une énergie suffisante pour que l'atome d'argon se sépare de la molécule de tétrachloroéthylène et se disperse dans le liquide. Comme l'argon est chimiquement inerte, on peut l'extraire en faisant circuler de l'hélium gazeux dans le réservoir ; le nombre d'atomes d'argon produit mesure le flux de neutrinos.

Fig. 3.3. Détecteur de neutrinos. Raymond Davis – sur la passerelle – et ses collègues conçurent ce piège à neutrinos, installé dans l'ancienne mine d'or de Homestake, près de la ville de Lead, dans le Sud-Dakota. Le réservoir est rempli de 400 m³ de détergent (tétrachloroéthylène). Un neutrino de haute énergie interagit avec le noyau d'un atome de chlore pour former un atome d'argon radioactif que l'on extrait du détergent; le nombre d'atomes d'argon permet de mesurer le flux de neutrinos. Le détecteur est enterré à 1 500 mètres de profondeur afin de le protéger des rayons cosmiques qui pourraient fausser les mesures; par précaution supplémentaire, l'ensemble est placé dans un bassin rempli d'eau qui sert de bouclier contre d'éventuels signaux parasites. Après 25 ans de fonctionnement, les flux mesurés ont toujours été inférieurs à ceux que prévoit le modèle standard du Soleil. (Brookhaven National Laboratory)

Tels des chasseurs qui tendent un piège, Davis et ses collègues ont opéré pendant plus de 25 ans. Tous les deux mois, ils purgaient le réservoir avec de l'hélium et recueillaient en moyenne 24 atomes d'argon; c'est une opération remarquable si on considère que le réservoir a la taille d'une piscine olympique et renferme plus de 10^{30} atomes de chlore. Après avoir extrait les atomes d'argon, on dose leur radioactivité; chaque mois, la moitié d'entre eux se change de nouveau en chlore par capture d'un électron.

Grâce à cette expérience, on détecte en moyenne une réaction induite par un neutrino tous les 2,5 jours et on en déduit un flux moyen de 2,55 ± 0,25 SNU, où l'incertitude représente une déviation standard. (Une déviation standard est l'évaluation statistique de l'incertitude d'une mesure; une bonne mesure doit être supérieure à trois déviations standard ou mieux encore, à cinq.)

Le modèle solaire standard prédit qu'un flux de 8,0 ± 1,0 SNU devrait être détecté. Pendant ces 25 ans, on n'a réussi à capter que 30 % du nombre de neutrinos prévu (Fig. 3.4). L'écart entre les valeurs théoriques et les valeurs observées ainsi que l'interprétation des neutrinos manquants, constituent l'énigme des neutrinos solaires.

En 1987, un autre piège à neutrinos totalement nouveau fut mis en place dans l'île de Kamioka, au Japon; il confirma de façon indépendante que le flux observé était inférieur aux prévisions des astrophysiciens et que les neutrinos provenaient bien du Soleil. Ce détecteur, Kamiokande II, est un réservoir de 4 500 tonnes d'eau pure, dont les parois sont munies d'une batterie d'un millier de photomultiplicateurs, permettant de mesurer les signaux émis par les électrons de l'eau, accélérés par les neutrinos. (Seules les 680 tonnes d'eau au centre du réservoir sont utilisées pour la détection des neutrinos; les zones périphériques enregistrent de trop nombreux signaux parasites provenant des roches du substratum.)

Lorsqu'un neutrino entre en collision avec un électron de l'eau, il l'éjecte de son orbite, dans la direction de propagation du neutrino incident et l'accélère à une vitesse proche de celle de la lumière. L'électron est si rapide qu'il émet une onde de choc électromagnétique; ce phénomène présente quelque analogie avec l'onde de choc produite par un avion se déplaçant à une vitesse supersonique dans l'air. (Dans l'eau, l'électron se déplace plus vite que la lumière qu'il rayonne.)

A l'instant précis de la collision, le mouvement de l'électron s'accompagne de l'émission d'une onde lumineuse de forme conique : c'est le rayonnement Tcherenkov. L'axe du cône donne la direction de l'électron; l'intensité du rayonnement mesure l'énergie de l'électron de recul et celle du neutrino.

Le flux de neutrinos solaires de haute énergie observés par Kamiokande II est très légèrement inférieur à la moitié des prévisions du modèle standard, soit exactement 0,49 ± 0,06.

Le seuil de détection est plus élevé que celui du détecteur de Homestake (0,814 MeV), puisque les neutrinos incidents doivent avoir au

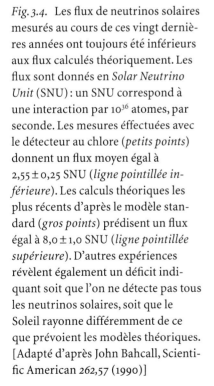

Fig. 3.4. Les flux de neutrinos solaires mesurés au cours de ces vingt dernières années ont toujours été inférieurs aux flux calculés théoriquement. Les flux sont donnés en *Solar Neutrino Unit* (SNU) : un SNU correspond à une interaction par 10^{36} atomes, par seconde. Les mesures effectuées avec le détecteur au chlore (*petits points*) donnent un flux moyen égal à 2,55 ± 0,25 SNU (*ligne pointillée inférieure*). Les calculs théoriques les plus récents d'après le modèle standard (*gros points*) prédisent un flux égal à 8,0 ± 1,0 SNU (*ligne pointillée supérieure*). D'autres expériences révèlent également un déficit indiquant soit que l'on ne détecte pas tous les neutrinos solaires, soit que le Soleil rayonne différemment de ce que prévoient les modèles théoriques. [Adapté d'après John Bahcall, Scientific American *262*,57 (1990)]

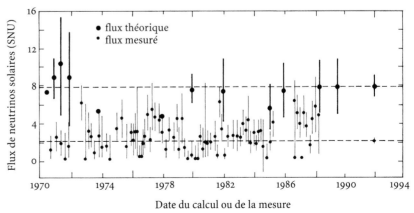

moins une énergie de 7,5 MeV pour produire un électron de recul détectable. Ces deux expériences utilisent les rares neutrinos produits par la réaction secondaire du bore 8. Indépendamment, toutes deux confirment un déficit apparent en neutrinos de haute énergie.

Kamiokande II donne la direction de l'électron de recul et met en évidence l'origine solaire des neutrinos détectés. Les électrons sont diffusés dans la direction de propagation des neutrinos, essentiellement selon l'axe Soleil-Terre. En 1991, après 1 000 jours d'observation, Yoji Totsuka pouvait rapporter :

> L'information concernant la direction nous montre que
> les neutrinos proviennent du Soleil et nous fournit
> la première preuve directe que des processus de fusion
> s'y déroulent.[16]

Le détecteur au chlore mesure un flux de neutrinos sans en connaître la direction. Cependant, le Soleil est si proche qu'il doit en être la source principale ; nulle autre source ne peut être à l'origine des neutrinos détectés depuis si longtemps à Homestake.

L'incertitude sur les prédictions du flux de neutrinos de haute énergie produits par la désintégration du bore 8 est importante – 37 % environ – car il dépend de façon cruciale de la température au centre du Soleil ; il est fonction de la puissance 18 de la température (T^{18}). Les physiciens ont donc développé une méthode permettant de détecter les neutrinos les plus nombreux, ceux de basse énergie produits par la réaction initiale de la chaîne proton-proton. Le taux de production de ces neutrinos étant peu sensible à la température, l'incertitude sur les prédictions n'est que de 2 %. Dans ces détecteurs, on utilise du gallium, un métal rare, au prix de revient très élevé, qui sert à fabriquer les lampes témoins et autres pièces des appareils électroniques.

Lorsqu'un neutrino de basse énergie entre en collision avec le noyau d'un atome de gallium 71 (31 protons et 40 neutrons), un de ses neutrons se change en proton et l'émission d'un électron assure la conservation de la charge ; l'atome de gallium se transforme en un atome radioactif de germanium 71 (32 protons, 39 neutrons). Le seuil d'énergie de cette transmutation nucléaire est égal à 0,233 MeV, si bien que l'expérience est sensible à une part importante des neutrinos produits par la réaction proton-proton (dont l'énergie est comprise entre 0 et 0,422 MeV), mais aussi à ceux, plus énergétiques, de la réaction du bore 8 (Fig. 3.2). Les atomes de germanium produits sont extraits chimiquement et leur désintégration radioactive permet d'en effectuer le comptage ; tous les 11 jours, 50 % d'entre eux capturent un électron et se transforment de nouveau en gallium. Le nombre d'atomes de germanium produits permet de calculer le flux de neutrinos ayant traversé le détecteur.

Malheureusement, une tonne de gallium coûte 2,5 millions de francs et 30 tonnes sont nécessaires pour obtenir un signal détectable – le coût

est exorbitant si on le compare au prix de revient d'un solvant de teintu-
rier! A cela s'ajoute le fait que l'on n'observe en moyenne qu'une interaction par jour. Deux collaborations internationales se sont engagées dans
ce considérable travail de détection et elles ont déjà dépensé des centaines de millions de francs.

L'expérience SAGE (Soviet-American Gallium Experiment) débuta
en 1990, dans le laboratoire installé à 2 kilomètres de profondeur, à
l'aplomb du Mont Andyrchi, dans le nord du Caucase. SAGE utilise
60 tonnes de gallium sous forme métallique, maintenu à l'état de fusion,
à une température de 30 °C. La seconde expérience, GALLEX (Gallium
Experiment) démarra en 1991 au laboratoire souterrain du Gran Sasso,
en Italie. Le détecteur est installé à 1,4 kilomètre de profondeur, sous un
pic de la chaîne des Apennins. GALLEX utilise 30 tonnes de gallium en
solution sous forme d'une solution concentrée de 100 tonnes de chlorure
de gallium.

Grâce à ces différents détecteurs, on pensait pouvoir résoudre l'énigme des neutrinos solaires; actuellement tout espoir s'est évanoui, GAL-
LEX et SAGE établissent la réalité du déficit.

Avec GALLEX et SAGE on a enregistré des flux de 79 ± 12 SNU et de
73 ± 19 SNU respectivement, alors que le modèle standard du Soleil prédit 132 ± 7 SNU.

En outre, si on accepte les résultats obtenus à Homestake et à Kamiokande II, indiquant un déficit en neutrinos de haute énergie, cela signifie
que les expériences au gallium ont détecté, de façon incontestable, les
neutrinos moins énergétiques de la chaîne proton-proton. Le bilan est
d'importance car il confirme l'hypothèse selon laquelle les réactions
nucléaires de fusion de l'hydrogène fournissent l'énergie du Soleil. (Le

Fig. 3.5. Arrivée, au Laboratoire du
Gran Sasso, de la cuve de 70 m³ destinée à recevoir la solution de chlorure
de gallium (T. Kirsten, Max-Planck-
Institut für Kernphysik)

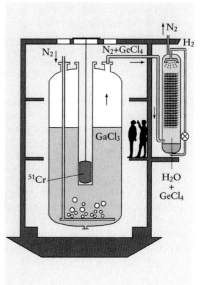

Fig. 3.6. Vue de l'expérience GALLEX dans le hall A du laboratoire souterrain du Gran Sasso. Les expériences sont mises au point dans deux grandes salles: au second plan, la salle principale où se trouvent la cuve et les installations d'extraction; au fond, presque caché, le laboratoire où s'effectuent les opérations de comptage des neutrinos (T. Kirsten, Max-Planck-Institut für Kernphysik)

Fig. 3.7. Coupe schématique du réservoir du détecteur GALLEX. Les circuits annexes permettent la circulation des gaz nécessaires à l'extraction du chlorure de germanium. Ce dernier, volatil, est entraîné par un courant d'azote dans un piège à eau. Au centre de la cuve, une cavité permet de loger une source artificielle de neutrinos destinée au calibrage du détecteur (T. Kirsten, Max-Planck-Institut für Kernphysik)

flux de neutrinos issus de la chaîne proton-proton est légèrement supérieur à la moitié des prédictions, 74 SNU environ au lieu de 132 SNU; celui des neutrinos de haute énergie représente le tiers.)

Les résultats de ces quatre expériences sont résumés dans la Table 3.1 et comparés aux valeurs théoriques calculées à partir du modèle stan-

Table 3.1. Expériences de détection des neutrinos solaires[*]

cible	expérience	seuil de détection (MeV)	flux mesuré (SNU)	flux prédit (SNU)	taux comparé aux prédictions	nombre de neutrinos
chlore 37	Homestake	0,814	2,55 ± 0,25	8,0 ± 1,0	0,32 ± 0,05	750
électron diffusé dans l'eau	Kamiokande II	7,5			0,49 ± 0,06	380
gallium 71	SAGE	0,2	73 ± 19	132 ± 7	0,55 ± 0,14	100
gallium 71	GALLEX	0,2	79 ± 12	132 ± 7	0,60 ± 0,09	136

[*] Adapté d'après J. N. Bahcall: Two solar neutrino problems. Physics Letters B *338*, 276–281 (1994). Les erreurs indiquées sont au niveau de un sigma. Voir aussi J. N. Bahcall and M. H. Pinsonneault, Astrophysical Journal (Letters) *395*, L119-L122 (1992) et Reviews of Modern Physics *64*, 885–926 (1992)

dard; ils confirment que des neutrinos solaires manquent à l'appel et que le problème est réel.

3.4 RÉSOUDRE L'ÉNIGME DES NEUTRINOS SOLAIRES

Après un quart de siècle consacré à des mesures et à des calculs délicats, le compte n'est pas bon et l'énigme persiste!

Mais pourquoi toute cette agitation? La différence entre les prédictions du modèle standard et les observations ne représente qu'un facteur deux ou trois, peut-être quatre. C'est l'importance des enjeux qui excite les esprits! Faut-il remettre en question le modèle standard du Soleil ou celui de la physique des particules élémentaires?

Face à ce problème, deux méthodes peuvent nous apporter la solution. La première consiste à élaborer un modèle non-standard qui modifie la description astrophysique du Soleil et produit les flux de neutrinos observés. La seconde considère que les prédictions du modèle standard sont correctes, mais que notre compréhension du comportement des particules est imparfaite; dans ce cas, il faut envisager l'existence de nouvelles propriétés pour le neutrino.

Avons – nous une bonne compréhension des phénomènes internes du Soleil? Lorsque le problème se posa pour la première fois, quelques astrophysiciens tourmentés s'absorbèrent dans la réflexion, perdirent le sommeil et proposèrent toutes sortes d'explications. La plupart envisageaient une réduction de la température au centre du Soleil. Si celle-ci était plus basse de 1 million de degrés, le rythme des réactions nucléaires serait plus lent et l'énigme serait résolue.

Plusieurs mécanismes ont été envisagés pour diminuer la température. Le coeur du Soleil serait animé d'un mouvement de rotation très rapide ou posséderait un champ magnétique intense, permettant au Soleil de résister à sa propre gravité, et de ce fait, la température et la pression centrales s'en trouveraient réduites; enfin, un brassage avec les couches de l'enveloppe extérieure aurait appauvri le coeur en éléments plus lourds que l'hydrogène. On a aussi évoqué l'existence de particules hypothétiques, les WIMPs (Weakly Interacting Massive Particles, c'est-à-dire particules massives interagissant faiblement) qui pourraient extraire de l'énergie de la partie centrale et participer à son refroidissement. (Si les WIMPs existaient en grande quantité dans l'Univers, ils pourraient contribuer à la masse cachée et en définitive, stopper son expansion.) Mais toutes ces spéculations se sont avérées assez faibles; les modèles ainsi obtenus ne permettant pas de rendre compte des oscillations superficielles du Soleil (voir les paragraphes 4.3 et 4.4).

De plus, le nombre relatif des neutrinos en fonction de leur spectre d'énergie écarte les erreurs du modèle standard. Même une réduction de 5 % de la température centrale ne peut concilier les observations avec un

Les leptons, les quarks et la théorie électrofaible

Les électrons, les muons, les particules tau et les neutrinos qui leur sont associés sont connus sous le nom de leptons (du Grec *leptos*, léger); ce sont des particules de masse beaucoup plus faible que celle de la plupart des autres particules élémentaires. Les leptons sont les constituants de base de l'Univers, ils sont sans structure.

Le muon se comporte souvent comme un électron bien qu'il soit 210 fois plus lourd. Mais, contrairement à ce dernier, il est instable et se désintègre avec une vie moyenne de 2,2 millionièmes de seconde; la désintégration donne un électron et deux neutrinos (un neutrino électronique et un neutrino muonique).

On n'a pas encore obtenu de preuve directe de l'existence du neutrino tau, mais sa présence est fortement soupçonnée dans la désintégration d'une particule tau. Cette particule fut découverte en 1974 par Martin Perl et ses collègues en observant une annihilation électron-positron avec l'accélérateur linéaire de l'Université de Stanford. La particule tau est 18 fois plus lourde que le muon, mais elle est très éphémère, avec une vie moyenne de $3 \cdot 10^{-13}$ seconde.

Les protons et les neutrons ne sont pas des particules élémentaires; ils sont eux-mêmes constitués de quarks, liés par l'interaction forte. (Leur nom vient de l'oeuvre de James Joyce, Finnegans Wake – «Three quarks for Master Mark».) Les protons et les neutrons sont constitués de deux types de quarks, appelés up (*u*) et down (*d*); la transmutation d'un proton en un neutron implique qu'un quark *u* se change en un quark *d*. Chaque fois qu'un quark se change en un autre, il y a production d'un neutrino.

Parfois les neutrinos peuvent interagir avec d'autres particules subatomiques par l'intermédiaire de la force faible (1000 fois plus faible que la force électromagnétique et 100 000 fois plus faible que l'interaction forte). La force électromagnétique lie les électrons aux protons et l'interaction forte lie entre eux les protons et les neutrons dans le noyau. Les forces nucléaires faibles et les forces électromagnétiques sont unifiées et constituent la théorie électrofaible établie par Sheldon Glashow, Abdus Salam et Steven Weinberg; ils reçurent tous trois le Prix Nobel en 1979, avant même la découverte des forces faibles prédites par leur théorie.

Dans le modèle standard de la théorie électrofaible, la masse des neutrinos est supposée nulle, bien qu'aucune donnée observationnelle ne permette de l'affirmer; en effet, les neutrinos pourraient avoir une masse infime. Les expériences n'ont pu la mesurer, mais on estime quelle est cent mille fois plus faible que celle de l'électron.

modèle raisonnable. Si les résultats de Homestake et de Kamiokande II sont exacts, un modèle non-standard ne peut aisément les expliquer.

En 1990, John Bahcall, qui faisait équipe avec Hans A. Bethe, affirmait :

> Aucune des modifications des calculs astrophysiques
> de la structure interne du Soleil ne nous a appris que
> nous pourrions réconcilier les résultats de Homestake
> et de Kamiokande II avec les calculs théoriques sans
> une nouvelle physique des neutrinos.[17]

(A la fin des années 30, Hans Bethe fut le premier à élucider les processus de fusion nucléaire qui sont à l'origine de l'énergie du Soleil.)

Bahcall et Bethe montrèrent que, tout modèle non-standard compatible avec les résultats obtenus à Kamiokande II, prédisait un flux de 4 SNU pour Homestake, flux situé hors de l'intervalle observé.

Le modèle solaire standard et l'explication de l'origine de l'énergie stellaire semblent construits sur des bases solides et les astronomes peuvent dormir sur leurs deux oreilles.

Mais où sont donc les neutrinos manquants? Au cours de leur voyage depuis le centre du Soleil, ils pourraient se transformer, changer de caractère et échapper ainsi à toute détection. Ils ne disparaissent pas mais ils se métamorphosent. Après tout, d'autres particules, comme le neutron, se transforment aussi lorsqu'elles sont isolées.

Il existe trois types de neutrinos, ou saveurs, chacun d'eux ayant le nom de la particule avec laquelle il a le plus de chance d'interagir. Tous les neutrinos produits au coeur du Soleil sont des neutrinos électroniques, ceux dont l'existence fut prédite par Pauli pour expliquer la désintégration bêta. Les deux autres saveurs – le neutrino muonique et le neutrino tau – interagissent avec les muons et les particules tau. Muon et tau sont les cousins de l'électron, ils sont plus massifs et ont une durée de vie moyenne plus courte (voir l'encadré 3A).

Selon toute vraisemblance, les neutrinos vivent une «crise d'identité»! Les différents types de neutrinos ne sont pas complètement dis-tincts, ils s'interconnectent l'un l'autre. En langage quantique, les neutrinos n'occupent pas un état bien défini, mais plusieurs états associés à des masses différentes. Lorsque les neutrinos se déplacent, des déphasages entre ces états apparaissent et leurs proportions varient en fonction du temps.

Sous une forme mieux connue de la théorie, en se propageant à travers la matière, les neutrinos peuvent osciller, changer de famille et devenir indétectables, comme le Chat du Cheshire qui disparut avant qu'on lui ait coupé la tête. Ce mécanisme d'oscillation des neutrinos est connu sous le nom de effet MSW, d'après les travaux de Lincoln Wolfenstein, de l'Université Carnegie Mellon, qui créa la théorie et des Russes Stanislas P. Mikheyev et Aleksei Y. Smirnov, qui la développèrent.

D'après l'effet MSW, au cours de leur voyage vers la Terre, les neutrinos électroniques changeraient de famille et deviendraient des neutrinos muoniques. Dans le vide, cette transformation serait extrêmement rare, mais sa fréquence pourrait être amplifiée par les interactions avec les électrons à l'intérieur du Soleil. Lorsque la densité énorme des électrons serait juste adéquate, l'état de masse du neutrino se modifierait, autorisant le changement. Une fois formé, le neutrino muonique ne redevient pas un neutrino électronique et reste invisible pour les détecteurs.

Cette solution peut sembler quelque peu ésotérique à ceux qui ne sont pas des familiers de la physique des particules, mais les spécialistes sont prêts à souscrire. Par exemple, dans leur article publié en 1990, Bahcall et Bethe concluaient :

> L'explication du problème du neutrino solaire
> nécessite probablement une physique qui va au-delà
> de la théorie standard électrofaible où la masse
> du neutrino est nulle. Les résultats expérimentaux
> sont en parfait accord avec l'effet MSW.[18]

D'autres chercheurs pensent que des explications différentes restent à trouver ou bien que les résultats sur lesquels Bahcall et Bethe étayent leur conclusion sont peut-être inexacts. Cependant, si on accepte l'influence de l'effet MSW sur la propagation des neutrinos, les résultats des quatre expériences de détection cadrent bien avec le modèle standard du Soleil.

L'oscillation des neutrinos, d'une forme à l'autre, impose que l'un au moins des trois types de neutrinos ait une masse, si infime soit-elle; celle-ci pourrait être un million de fois plus faible que la masse de l'électron, ou encore moins. On ne pourra probablement jamais mesurer une masse si petite, mais on pourra la déduire de l'effet MSW. En traversant la matière et en changeant de forme, le neutrino acquiert une masse qui vient s'ajouter à celle qu'il peut déjà posséder. (C'est la raison pour laquelle Bahcall et Bethe demandèrent une extension de la théorie électrofaible avec des neutrinos ayant une masse non nulle – voir l'encadré 3A.)

La confirmation de cet effet peut avoir des implications insoupçonnables. Beaucoup de physiciens pensent qu'une théorie d'unification de toutes les interactions nucléaires nécessite que les neutrinos aient une masse. Les neutrinos solaires prennent une importance cosmique car la présence d'innombrables neutrinos ayant une masse pourrait avoir un effet crucial sur l'évolution de l'Univers dans son ensemble et pourrait infléchir son destin.

Astronomes et physiciens des particules attendent avec impatience les résultats du nouveau détecteur de Sudbury dans l'Ontario. Enterré à deux kilomètres de profondeur dans une ancienne mine de nickel, il sera achevé en 1996. La cuve transparente contiendra 1000 tonnes d'eau lourde très pure, elle-même immergée dans un réservoir renfermant 5000 tonnes d'eau normale et comportant une batterie de photomultiplicateurs. (L'eau lourde est composée de deutérium et d'oxygène; elle était utilisée dans les réacteurs nucléaires, mais ceux-ci ne sont plus demandeurs et le Canada en possède en surplus.)

Comme les détecteurs de Homestake et de Kamiokande II, Sudbury détectera les neutrinos émis au cours de la réaction secondaire du bore 8, mais pas ceux de plus faible énergie. Cependant, contrairement à toutes les expériences précédentes, celle-ci pourra enregistrer des milliers d'événements par an. Sudbury captera plus de neutrinos en un an que tous les autres détecteurs au cours du dernier quart de siècle; il étudiera la diffusion des électrons produite par les trois types de neutrinos, la diffusion des neutrinos muoniques et tau étant toutefois sept fois moins probable que celle des neutrinos électroniques. On pourra donc tester directement les théories qui prévoient l'oscillation des neutrinos et on réduira aussi, de façon importante, les marges d'incertitude des mesures précédentes.

Saules têtards au coucher du Soleil, 1888. Dans ce tableau, Vincent Van Gogh restitue la couleur de soufre et d'or pâle du Soleil. L'artiste vénérait le Soleil, source de vie et de bien-être. Dans sa démence, ce bien-être lui échappait; cependant, même à travers les barreaux d'un asile d'aliénés, il ne se lassa jamais de contempler «le lever du Soleil dans toute sa gloire». (Musée d'Etat Kröller Müller de Otterlo, Hollande)

CHAPITRE 4

Ausculter le Soleil

4.1 DES ONDES SONORES PIÉGÉES

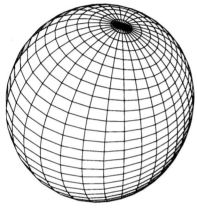

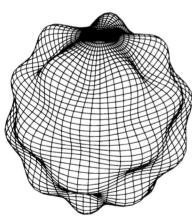

Fig. 4.1. Contorsions internes. Les oscillations du Soleil engendrent des millions de formes différentes. Deux d'entre elles sont représentées ici, mais leur amplitude est exagérée. (Arthur N. Cox et Randall J. Bos, Los Alamos National Laboratory)

Au plus profond de lui-même, en secret, le Soleil joue une mélodie, qui est à l'origine d'un vaste mouvement oscillatoire superficiel. Des ondes sonores se déplacent à l'intérieur et le font palpiter de façon rythmique, partiellement ou globalement, un peu comme le flux et le reflux des marées ou comme un coeur qui bat (Fig. 4.1)! Cette découverte surprenante fut le résultat d'échanges longs et féconds au cours desquels des observations inattendues furent confrontées aux prédictions théoriques.

En 1960, de nouvelles techniques instrumentales montrèrent que la photosphère était animée de mouvements d'oscillations verticaux dont l'amplitude, très faible, ne représentait que le cent millième du rayon solaire. Néanmoins, ces mouvements purent être décelés en observant le minuscule décalage spectral des raies d'absorption des gaz photosphériques, dû à l'effet Doppler-Fizeau.

Lorsqu'une zone de la photosphère se soulève, elle s'approche de l'observateur, et les raies sont décalées vers le bleu (les longueurs d'onde sont plus courtes); lorsqu'elle s'enfonce, elle s'en éloigne, et les raies sont décalées vers le rouge (les longueurs d'onde sont plus longues).

Ces mouvements sont mis en évidence grâce à des images Doppler obtenues par des techniques photographiques ou informatiques (procédé de soustraction photographique). Pour établir un «Dopplergramme», on soustrait une image d'une raie d'absorption au repos, prise du côté des grandes longueurs d'onde, d'une image de la raie prise vers les courtes longueurs d'onde. Si une région se soulève, cela se traduit à cet endroit sur le cliché, par une augmentation de la brillance; si elle s'enfonce, on observe un assombrissement. (On obtient le résultat opposé si on soustrait des négatifs photographiques.) Les images Doppler montrent que les oscillations affectent l'ensemble de la surface du Soleil (Fig. 4.2).

Ces techniques furent utilisées pour la première fois par Robert B. Leighton et ses étudiants, Robert W. Noyes et George W. Simon. Ils montrèrent que les mouvements verticaux ne variaient pas de façon aléatoire au cours du temps, mais avaient une périodicité de cinq minutes environ.

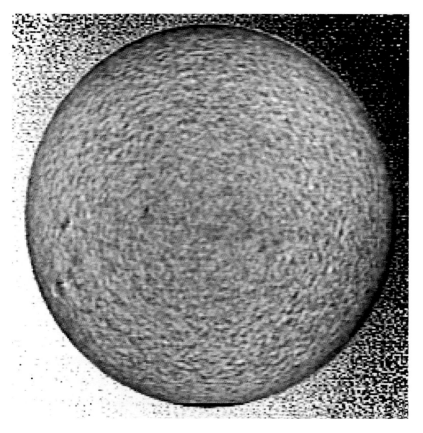

Fig. 4.2. La surface du Soleil agitée de mouvements chaotiques. Les régions qui s'approchent de l'observateur sont claires, celles qui s'en éloignent apparaissent sombres. On a obtenu ce cliché en mesurant la vitesse radiale, par effet Doppler-Fizeau, d'une seule raie spectrale (raie du nickel neutre à 676,8 nanomètres). On voit les cellules de la supergranulation, structures profondes atteignant 30 000 kilomètres de large, où les mouvements de convection sont horizontaux (le rayon du Soleil est égal à 700 000 kilomètres). Ces cellules sont absentes à proximité du centre du disque où les mouvements horizontaux sont transversaux par rapport à la ligne de visée. L'analyse informatique d'une séquence d'images montre les oscillations de cinq minutes produites par les ondes acoustiques, piégées à l'intérieur du Soleil. Ce cliché a été obtenu grâce à l'instrument prototype du réseau mondial GONG qui sera bientôt en mesure d'enregistrer ces oscillations en continu. (Jack Harvey, Jim Kennedy et John Leibacher, NOAO)

En 1960, au cours d'une conférence internationale, l'examen d'une série de «Dopplergrammes» permit à Leighton d'annoncer :

> Ces mouvements verticaux ont un très net caractère oscillatoire, avec une période de 296 ± 3 secondes.[19]

A tout instant, ces oscillations étaient localisées à l'intérieur de régions de quelques milliers de kilomètres de large et couvraient le tiers de la surface du Soleil; la vitesse radiale des gaz était de 500 mètres par seconde environ. Les oscillations n'étaient pas permanentes mais duraient quelques périodes avant de s'estomper.

Les premières observations permettaient de penser qu'il s'agissait d'un effet temporaire et purement local; peut-être était-ce parce que la structure semblait chaotique – chacune des zones oscillant indépendamment des régions voisines – que l'on attribua ces oscillations à des ondes sonores créées et commandées par les mouvements à petite échelle, d'ascension et de descente du gaz chaud dans les granules.

Mais le Soleil ne résonne pas selon une seule note pure – il en existe des millions et les ondes sonores ne sont pas confinées à l'intérieur de zones localisées à la surface du Soleil. Des observations minutieuses montrèrent qu'il s'agissait d'un phénomène global et qu'il n'existait pas de corrélation avec les mouvements de la granulation. Le développement spatial et le temps de cohérence de ces oscillations dépassaient de beaucoup la taille et la durée de vie moyenne des granules. Finalement, les observateurs comprirent que l'intérieur du Soleil était une cavité acoustique où les ondes sonores résonnaient et se propageaient jusqu'en son coeur et qu'il vibrait comme une cloche.

Entre temps, en 1961, F. D. Kahn avait montré que les ondes acoustiques pouvaient être piégées à proximité de la surface. La température croît au-dessus et en dessous de la photosphère et la matière solaire plus chaude se comporte comme un miroir. Les ondes se réfléchissent sur cette barrière et leurs interactions engendrent les mouvements verticaux alternés des gaz de la photosphère.

En 1962, Leighton et ses collègues s'appuyèrent sur ces résultats pour conclure :

> L'atmosphère peut agir comme un *guide d'onde* pour
> les ondes acoustiques se déplaçant obliquement.
> Les oscillations observées peuvent correspondre
> à la plus basse fréquence de coupure du guide.[20]

En 1968, grâce à une observation détaillée de ces oscillations, Edward N. Frazier, de l'Université de Berkeley (Californie), montra que la puissance oscillatoire était renforcée pour des combinaisons spécifiques de taille et de durée, comprenant celles où les ondes acoustiques ne se propageaient pas (on dit qu'elles sont évanescentes). Cette découverte lui permettait de penser que :

> Les oscillations de cinq minutes, bien connues, sont
> essentiellement des ondes acoustiques stationnaires
> en résonance. . .(Elles) ne se forment pas directement
> par l'action de piston d'une cellule convective (granule)
> heurtant la photosphère stable; elles prennent plutôt
> naissance (à plus grande profondeur) dans la zone de
> convection elle-même.[21]

D'après cette interprétation, une onde acoustique entre en résonance à l'intérieur de la zone de convection, elle reste à un endroit donné et augmente en puissance, comme la corde d'une guitare que l'on pince. Cet effet de résonance est analogue aux poussées répétées sur une balançoire; si à chaque balancement, les poussées se font toujours au même point, elles augmentent l'énergie cinétique. En l'absence de ce phénomène de résonance, les perturbations sont aléatoires et l'effet finit par s'amortir. Lorsque l'on déplace de l'eau de façon régulière dans une baignoire, la taille des vagues augmente; mais quand on l'agite au hasard, c'est un clapotis confus de vaguelettes qui se développe.

Au début des années 70, Roger Ulrich de l'Université de Californie (Los Angeles), John Leibacher, alors au Harvard College Observatory et

Robert F. Stein, alors à l'Université Brandeis, conclurent que la zone de convection se comportait comme une cavité résonante (ici, une couche sphérique). Les ondes sonores sont piégées à l'intérieur de ce guide d'onde à section circulaire – comme un écureuil dans sa roue – et sont contraintes à circuler en rebondissant indéfiniment, entre les limites de la cavité, en produisant des oscillations sur la partie supérieure de la cavité, sous la surface solaire.

La plupart des ondes acoustiques finissent par s'amortir et contribuent peu aux mouvements de la photosphère. Mais en se déplaçant autour du Soleil, par le jeu de ces réflexions répétées, certaines ondes sont amplifiées sous forme d'ondes stationnaires, qui exercent une poussée indéfiniment aux mêmes endroits (Fig. 4.3). Sous la surface solaire, une onde acoustique décrit ainsi une série d'arcs, semblables à des festons. Le degré l de l'onde représente le nombre de «rebonds» qu'elle décrit autour de la circonférence solaire. Les ondes de faible degré – ou de grande longueur d'onde – pénètrent profondément, on dit aussi qu'elles sont globales. En revanche, si le nombre de festons est important, l'onde pénètre peu, son degré l est élevé.

Lorsqu'une onde acoustique remonte vers la photosphère, elle la frappe obliquement. Aucune onde ne peut s'échapper à cause de la diminution brutale de la densité en surface. Au delà de ce niveau – le même pour toutes les ondes – elles deviennent évanescentes (les sons ne se propagent pas dans le vide). Ainsi, une onde acoustique se déplaçant vers le haut, revient vers l'intérieur, comme la lumière réfléchie par un miroir.

Le point de réflexion se situe juste sous la photosphère; celui où l'onde est renvoyée vers la surface marque la limite inférieure de la cavité et dépend de l'augmentation de la vitesse du son (vitesse de l'onde) avec la profondeur; comme celle-ci croît avec la température, elle est d'autant plus élevée que la profondeur est grande. Dans le Soleil, la partie la plus profonde d'un front d'onde se déplaçant obliquement est plus rapide que la partie la moins profonde et prend la tête. Graduellement, le front d'onde est réfracté, l'onde s'infléchit jusqu'à atteindre de nouveau la surface. (De la même façon, au-dessus d'un lac de montagne, l'air plus chaud en altitude réfracte le son vers la surface du lac, lui permettant de porter plus loin.)

La profondeur de la cavité dépend de la période de l'onde (Fig. 4.3). Les ondes sonores de grandes longueurs d'onde pénètrent profondément dans le Soleil avant d'être réfractées, alors que celles de courtes longueurs d'onde se propagent dans les régions moins chaudes, plus proches de la surface. De plus, comme nous le verrons, la profondeur de pénétration des ondes acoustiques dépend des conditions physiques qui règnent à l'intérieur du Soleil et on peut utiliser cette propriété pour déterminer comment ces conditions varient en fonction du rayon.

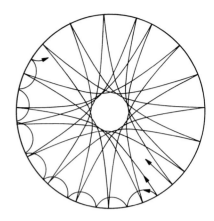

Fig. 4.3. Ondes acoustiques en résonance. Dans le Soleil, les ondes ne se déplacent pas en ligne droite. L'augmentation de la vitesse du son avec la profondeur réfracte progressivement celles qui se dirigent vers l'intérieur. (Cet effet est analogue à la courbure des ondes radio de grandes longueurs d'onde par l'ionosphère terrestre ou celle des rayons lumineux par l'air chaud dans un mirage ou encore lorsque ceux-ci traversent la lentille de notre oeil.) Vers la surface, la brusque diminution de la densité réfléchit les ondes vers l'intérieur; les ondes acoustiques sont donc piégées à l'intérieur d'une enveloppe sphérique. La profondeur de pénétration d'une onde et la distance qu'elle parcourt autour du Soleil avant de heurter la surface, dépendent de sa longueur d'onde. Quelques – unes ont juste la longueur adéquate pour décrire un nombre entier de rebonds autour de la circonférence solaire. Ces ondes interfèrent avec elles-mêmes de façon constructive et créent des résonances détectables sous forme d'oscillations superficielles. [Adapté d'après Douglas Gough et Juri Toomre, Annual Review of Astronomy and Astrophysics 24, 627–684 (1991)]

Chaque note est semblable au son que l'on produit en frappant un verre en cristal. Quelque chose fait vibrer le Soleil et doit entretenir ses oscillations, sinon, en perdant de l'énergie celles-ci devraient finir par s'amortir.

Les ondes acoustiques à l'origine des oscillations de cinq minutes sont probablement excitées par les violentes turbulences de la zone convective. En s'élevant, les bulles de convection perturbent le gaz qu'elles traversent et le font vibrer, tout comme les turbulences de l'air au bec d'une flûte fournissent l'énergie nécessaire à l'excitation du son. C'est aussi l'excitation turbulente des ondes sonores qui est responsable du bruit assourdissant des réacteurs d'avions dans un aéroport.

4.2 ODE AU SOLEIL

Dix millions de vibrations sont excitées simultanément dans le Soleil et composent une «symphonie» de notes. Chacune de ces vibrations possède en propre une longueur d'onde et un chemin de propagation, elle est piégée à l'intérieur d'une enveloppe sphérique bien définie. Le «son» résultant de toutes ces ondes superposées a été comparé aux résonances que produirait un gong frappé par les grains d'une tempête de sable.

Tout d'abord, la situation sembla désespérée tant cette cacophonie était chaotique et complexe. Cependant, dans ce bruit de fond, on parvint à découvrir un ordre caché et une structure régulière. Les premiers calculs théoriques développés en 1970 par Roger K. Ulrich, de l'Université de Californie, à Los Angeles, montrèrent que les ondes acoustiques se combinaient et se renforçaient l'une l'autre en faisant osciller la surface solaire régulièrement. Elles se comportent comme des voitures sur une autoroute, qui s'entassent puis se dispersent au fur et à mesure de leur progression.

En d'autres termes, les ondes acoustiques interfèrent de façon constructive et produisent des ondes stationnaires. Ce phénomène est analogue à la formation des notes dans un tuyau d'orgue où il n'y a résonance que pour quelques notes particulières. Toutefois, ce dernier résonne selon une dimension alors que le Soleil vibre selon trois dimensions et résonne en produisant une plus grande variété de tonalités.

Les oscillations de cinq minutes résultent de la superposition de millions de vibrations globales, de vies moyennes longues, qui se propagent dans la sphère solaire (Fig. 4.4). Chaque vibration individuelle déplace la surface verticalement, au plus de quelques dizaines de mètres, à des vitesses de quelques centimètres par seconde. Mais leur superposition crée des oscillations de grande amplitude avec une vitesse maximum de 500 mètres par seconde (plusieurs milliers de fois la vitesse des ondes individuelles). Les oscillations s'amplifient ou s'estompent selon que les ondes individuelles sont en phase ou non.

Fig. 4.4. Rythmes solaires. La photosphère est animée de mouvements de
palpitation qui résultent de la superposition de millions d'oscillations.
Les zones qui se soulèvent sont bleues,
celles qui s'enfoncent sont rouges.
(Jack Harvey, NOAO)

Un examen précis a révélé l'existence d'autres oscillations superficielles. De nombreuses vibrations simultanées font résonner le Soleil avec
des périodes comprises entre trois minutes et une heure. De plus, la
durée brève et la faible taille des oscillations de cinq minutes est une illusion due à la combinaison des nombreuses ondes individuelles; chacune
de ces ondes persiste plusieurs jours, voire même plus longtemps et se
réverbère en créant des oscillations dont les tailles sont comprises entre
celle d'un granule et celle du Soleil lui-même. Cette longévité permet
d'enregistrer un signal et d'en extraire des «notes» pures noyées dans le
bruit de fond. (On peut couramment détecter des oscillations ayant des
vitesses de quelques millimètres par seconde, susceptibles de persister
presque une année.) La taille de l'oscillation est fréquemment appelée la
longueur d'onde horizontale et la période est remplacée par son inverse,
la fréquence.)

Les mouvements verticaux de la surface du Soleil varient dans le
temps et dans l'espace, mais seulement à des échelles spécifiques. Ulrich
et par la suite, Hiroyasu Ando et Yoji Osaki établirent une relation théorique entre les longueurs d'onde horizontales et les fréquences permises et
prédirent que les oscillations, aléatoires en apparence, avaient une structure régulière. Pour une longueur d'onde horizontale donnée, seules cer-

taines valeurs de la fréquence donneront une cavité qui aura la profondeur apte à produire la résonance. Dans une représentation à deux dimensions, en fonction de la longueur d'onde horizontale et de la fréquence, la théorie prédit que les oscillations les plus fortes se trouvent
sur une série de bandes étroites. La majeure partie de ce diagramme est
couverte par les modes des oscillations de cinq minutes.

Cette conjecture, proposée par R. Ulrich, fut établie cinq ans plus
tard, en 1975, par l'astronome allemand Franz-Ludwig Deubner. Deubner
utilisa un télescope solaire à Capri et mesura les décalages Doppler-
Fizeau d'une raie d'absorption, dans une bande équatoriale du disque
solaire; quelques heures d'observation, à haute résolution (quelques secondes d'arc), lui permirent de montrer que la puissance oscillatoire était
concentrée dans des bandes spatio-temporelles étroites et de confirmer
les prévisions de façon remarquable. Les mouvements observés
signifiaient que les oscillations de cinq minutes résultaient de la superposition d'innombrables ondes acoustiques piégées à l'intérieur du Soleil.

En 1977, Edward J. Rhodes Jr., en collaboration avec Roger Ulrich et
George Simon recueillirent des données comparables. Quatre heures
d'observation avec le télescope de l'Observatoire solaire de Sacramento
Peak, au Nouveau Mexique, furent suffisantes pour valider les résultats
de Deubner. Puis, en 1983, Thomas L. Duvall et Jack W. Harvey élargirent
le champ des données; avec le télescope McMath de l'Observatoire Natio-

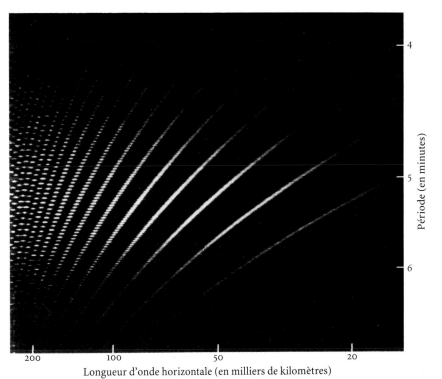

Fig. 4.5. Les tonalités du Soleil. En
profondeur, les ondes acoustiques
entrent en résonance et produisent
des oscillations en surface dont les
périodes sont de l'ordre de cinq minutes. Seules les ondes correspondant
à des combinaisons spécifiques de la
période et de la longueur d'onde horizontale sont susceptibles de produire
des résonances. Ces combinaisons
sont liées à la structure interne du
Soleil et donnent les courbes brillantes et finement délimitées du diagramme. [Jack Harvey, NOAO; voir
aussi Tom Duvall et Jack Harvey,
Nature *301*, 24–27 (1983)]

Longueur d'onde horizontale (en milliers de kilomètres)

Période (en minutes)

nal de Kitt Peak, en Arizona, ils obtinrent un spectre spatio-temporel comparable à celui de la Fig. 4.5 et purent distinguer plus de 20 bandes étroites couvrant un large éventail de profondeurs dans la zone de convection. Cela leur permit d'améliorer le modèle de la structure du Soleil et de mieux comprendre sa rotation interne.

Des observations plus longues permettent de sonder le Soleil à de plus grandes profondeurs et montrent qu'il vibre jusqu'en son coeur. On détecte ces résonances globales en enregistrant le décalage, par effet Doppler-Fizeau, d'une raie d'absorption unique, en lumière intégrée sur l'ensemble du disque; on peut ainsi faire la moyenne ou supprimer les crêtes et les dépressions d'oscillations aléatoires de plus faible amplitude qui se produisent souvent, ici ou là, dans le champ d'observation. La difficulté majeure vient du fait que les mesures nécessitent plus d'heures que n'en compte une journée.

Le problème de l'alternance jour-nuit a été résolu par Eric Fossat et Gérard Grec, de l'observatoire de Nice, en choisissant le pôle Sud comme site d'observation. (L'atmosphère froide et transparente et la suppression des effets parasites dus à la rotation de la Terre constituent d'autres avantages; cependant, les longues périodes nuageuses demeurent un inconvénient.) Les astronomes français, en collaboration avec Martin Pomerantz de la Bartol Research Foundation, de Delaware, effectuèrent un enregistrement ininterrompu de 120 heures des oscillations de cinq minutes; ils obtinrent un spectre de puissance qui montrait des paires de pics bien séparés (Fig. 4.6). Cela confirmait que le Soleil vibre comme une cloche de façon globale et que les vibrations peuvent durer des jours, voire des semaines. Duvall, Harvey et Pomerantz ont utilisé de longues périodes d'observation au pôle Sud, pour déterminer le taux de rotation de

Fig. 4.6. Séparation des différents modes. Spectre de puissance d'oscillations de faible degré (valeurs de l petites, modes-p) obtenu, depuis le Pôle Sud, à partir des mesures des vitesses radiales, pendant 5 jours ininterrompus. Ce spectre montre que la surface solaire oscille avec des périodes bien définies (indiquées sur l'axe des abscisses). La puissance est concentrée essentiellement dans des pics étroits dont les amplitudes maximales correspondent à des vitesses de 20 centimètres par seconde seulement. Dans le cartouche, les structures sont agrandies. Leur distribution par paires montre que l'on a détecté des modes globaux d'ordre faible; le Soleil vibre comme une cloche pendant des jours, voire des semaines consécutives. [Adapté d'après Gérard Grec, Eric Fossat et Martin Pomerantz, Solar Physics 82, 55–66 (1983)]

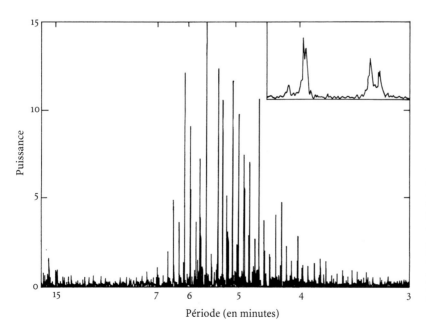

Période (en minutes)

l'intérieur du Soleil, en fonction de la latitude et de la profondeur (voir le paragraphe 4.3).

Une approche complémentaire a été initiée par George R. Isaak et ses collègues, de l'Université de Birmingham. Afin d'obtenir des centaines d'heures d'observation, en lumière intégrée sur l'ensemble du disque solaire, l'équipe a utilisé des télescopes espacés en longitude: Ténériffe, Hawaii et Pic-du-Midi, dans les Pyrénées. L'analyse spectrale de ces données a montré les mêmes structures discrètes et régulières, d'espacements uniformes, caractéristiques des oscillations globales de longue durée. Quelques années plus tard, les mesures des légères fluctuations de la brillance du Soleil, effectuées avec le radiomètre à bord du satellite Solar Maximum Mission, confirmèrent les résultats.

Ainsi, grâce à une remarquable succession d'événements: découverte accidentelle, prédictions théoriques et tests observationnels, l'héliosismologie était née (du Grec *Helios*, Soleil et *seismos*, choc ou secousse).

4.3 OBSERVER L'INTÉRIEUR DU SOLEIL

L'intérieur du Soleil est aussi opaque qu'un mur de pierre et reste inaccessible à l'observation directe! Mais l'étude des oscillations superficielles nous permet de l'ausculter en profondeur.

Certaines oscillations sont générées juste en dessous de la photosphère, d'autres à plus grande profondeur; leur analyse constitue une technique qui permet de sonder l'intérieur du Soleil et les informations recueillies donnent une image de sa structure, comme une tomographie par scanner permet, par exemple, de sonder notre cerveau.

Ces techniques d'analyse sont analogues à celles utilisées en sismologie terrestre. La plupart de nos séismes prennent naissance à faible profondeur, lorsque des blocs rocheux glissent et s'écrasent les uns contre les autres; les ondes sismiques se déplacent dans toutes les directions à travers les couches terrestres, comme les rides qui s'élargissent à la surface d'une mare, à partir d'une perturbation. En différents points de la surface, des sismomètres enregistrent l'arrivée des trains d'ondes, permettant de localiser avec précision leur lieu d'origine et de retracer leur trajectoire. Les géophysiciens peuvent ainsi construire des modèles de la configuration des enveloppes de notre planète, de même qu'une échographie permet de connaître la forme d'un foetus dans l'utérus de sa mère.

Les oscillations solaires sont une réponse aux turbulences aléatoires et incessantes qui se développent dans les zones externes du Soleil et – comme dans le cas de la Terre – elles peuvent le faire vibrer jusqu'en son coeur.

Par analogie avec la sismologie terrestre, on peut filtrer les oscillations de cinq minutes et isoler les ondes pénétrant à une profondeur

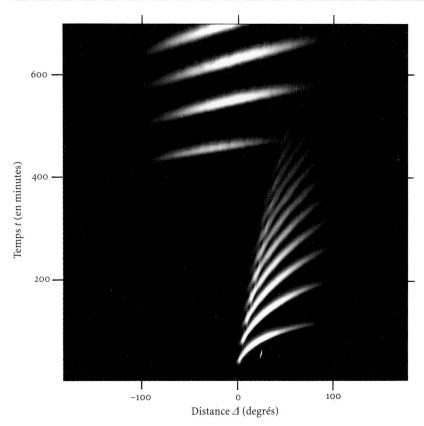

Fig. 4.7. Corrélation temps-distance. En filtrant les oscillations de cinq minutes, on peut mesurer directement les temps de trajet et les distances parcourues par les ondes qui se réverbèrent à l'intérieur du Soleil. Les ondes mettent un temps *t* pour aller du point de réflexion supérieur jusqu'au fond de la cavité acoustique et pour revenir à leur point de départ; les distances sont mesurées comme un angle entre les réflexions de «surface». La courbe inférieure représente un transit interne des ondes. Les courbes situées au-dessus de la première représentent les seconde, troisième, etc. . . réflexions depuis la surface. Les différents points répartis le long d'une courbe correspondent à des ondes pénétrant à des profondeurs différentes. [Tom Duvall, voir également Nature *362*, 430–432 (1993)]

donnée (Fig. 4.7), c'est-à-dire mesurer directement le temps mis par une onde pour atteindre le fond de la cavité acoustique et revenir, ainsi que la distance entre les deux points de réflexion.

Cependant, élucider la structure interne de la Terre ou du Soleil n'est pas aussi simple que cela semble l'être à priori. Un géophysicien a comparé la sismologie à la façon de déterminer comment un piano était construit en l'écoutant tomber dans un escalier. Dans le Soleil la situation est encore plus compliquée, puisque les oscillations résultent de la superposition de millions d'ondes acoustiques différentes, et qu'en permanence, de nouvelles ondes naissent pendant que d'autres meurent.

Il faut donc mesurer les fréquences des oscillations avec une extrême précision (Fig. 4.8), puis les comparer avec celles qui peuvent être prédites théoriquement grâce à des programmes informatiques complexes et des modèles simplifiés du Soleil. Les différences entre les valeurs théoriques et les valeurs observées permettent de tester et d'affiner les modèles.

Les théoriciens utilisent deux méthodes. La première, dite «problème direct», consiste à calculer les fréquences à partir d'une séquence de modèles dont les propriétés sont légèrement différentes. Avec la seconde, connue sous le nom de «problème inverse», on déduit les propriétés locales internes à partir des fréquences observées; le résultat est

Fig. 4.8. Modes-p. Les fréquences (ou les périodes) des ondes acoustiques sont déterminées avec une précision telle que les lignes verticales de ce diagramme représentent mille fois l'erreur standard. Ces oscillations sont parfois désignées sous le nom de modes-p, car la force de rappel est la pression. [Adapté d'après Kenneth Libbrecht et M. F. Woodard, Science *253*, 152–157 (1991)]

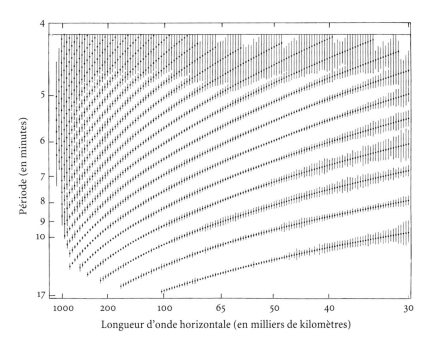

plus systématique et dépend moins des hypothèses que la première méthode.

Quels renseignements ces procédures élaborées nous apportent-elles? Tout d'abord, que les calculs utilisant le modèle standard fournissent une remarquable description des données. En première approximation, on peut donc adopter les hypothèses simplificatrices de ce modèle (voir le paragraphe 3.2); mais il faut remarquer que cela amplifie l'énigme des neutrinos, déjà mentionnée (voir le paragraphe 3.4).

On peut donc admettre que le Soleil est une sphère gazeuse en équilibre, dont la température augmente avec la profondeur; la pression thermique s'oppose à son effondrement gravitationnel sous son propre poids. Une analyse des écarts relativement minimes entre les valeurs théoriques et les valeurs observées permet d'affiner les modèles solaires et d'établir les variations de la température, de la densité, de la vitesse du son, de la composition chimique et de l'opacité en fonction du rayon. (Les structures radiales sont établies en supposant une symétrie sphérique, de façon à ce que toutes les orientations des axes de coordonnées soient équivalentes. Toutefois, comme nous le verrons dans le prochain paragraphe, la rotation détruit la symétrie et produit des effets secondaires qu'à leur tour on utilise pour déterminer comment la rotation varie en fonction de la profondeur et de la latitude.)

Ce scénario encourageant est pourtant insuffisant; les observations les plus détaillées des oscillations de cinq minutes dont nous disposons actuellement ne se réfèrent qu'aux zones les plus externes, essentiellement la zone de convection. L'héliosismologie sonde donc efficacement la moitié de la partie la plus superficielle du Soleil, soit 10 % de sa masse.

(La zone de convection ne renferme que 2 % de la masse du Soleil.) Au contraire le flux de neutrinos est plus sensible à une région entièrement différente : le coeur où se déroulent les réactions nucléaires productrices d'énergie.

Néanmoins, l'étude des oscillations de cinq minutes a déjà permis aux astronomes de faire des découvertes surprenantes. Par exemple, depuis les premières observations de Deubner, des écarts légers mais systématiques laissaient penser que la zone de convection était plus profonde que prévu. Pour cadrer avec les observations, les valeurs théoriques des périodes ont dû être augmentées de 5 %. Comme les notes produites par un tuyau d'orgue, les résonances solaires dépendent des dimensions de la cavité acoustique. En 1977, grâce à la méthode « directe », Douglas Gough compara les fréquences théoriques calculées à partir de modèles variés, aux fréquences observées ; il en déduisit que la zone de convection était plus profonde de 50 % que prévu et qu'elle représentait 30 % du rayon solaire.

Les mesures de la vitesse du son, obtenues à partir de l'observation des oscillations sans l'utilisation de modèles, permettent une estimation plus directe de la profondeur de la zone de convection. La profondeur à laquelle une onde se dirigeant vers l'intérieur est renvoyée vers la surface, dépend de l'augmentation de la vitesse du son. Si on considère une série d'ondes acoustiques ayant des longueurs d'onde de plus en plus grandes, qui pénètrent de plus en plus profondément à l'intérieur du Soleil, il est possible d'établir le profil radial de la vitesse du son (Fig. 4.9).

La limite inférieure de la zone de convection est marquée par une variation légère mais néanmoins nette de la vitesse du son (Fig. 4.9). En 1991, Jorgen Christensen-Dalsgaard et ses collègues obtinrent une inversion précise des données d'oscillations qui indiquaient que cette limite se situait à 0,713 rayon solaire.

Les ondes acoustiques sont également influencées par la composition du matériau qu'elles traversent ; on peut donc les utiliser pour déterminer l'abondance de l'hélium dans la zone de convection. Les comparaisons avec les fréquences observées donnent une quantité d'hélium en masse comprise entre 23 % et 26 % ; résultat compatible avec la quantité d'hélium synthétisée à partir de l'hydrogène primordial au moment du big-bang (25 %).

Correction faite de la profondeur de la zone de convection, des écarts légers demeuraient entre les fréquences observées et les fréquences théoriques. Des modifications de l'équation d'état qui relie la pression interne, la température et la densité, permirent d'expliquer ces différences. (Cette équation décrit les propriétés de la matière dans les conditions qui règnent à l'intérieur du Soleil, impossibles à réaliser sur terre.)

C'est essentiellement grâce aux corrections apportées au coefficient d'opacité que les astrophysiciens ont pu supprimer ces désaccords.

Fig. 4.9. Sondage en profondeur. L'observation des oscillations superficielles est une fenêtre qui s'ouvre sur l'intérieur du Soleil. Pour établir ce diagramme, on a représenté le carré de la vitesse du son en fonction de fractions du rayon solaire (zéro correspond au centre du Soleil et un à la photosphère). La vitesse du son augmente avec la profondeur; le ressaut observé à 0,713 rayon solaire correspond à la base de la zone de convection. La courbe en trait plein gras représente les données observationnelles, celles en trait plein et fin représentent une déviation standard; la courbe en tirets correspond à un modèle solaire théorique. A proximité du centre on observe des divergences importantes qui viennent essentiellement du fait que les oscillations de cinq minutes ne permettent pas de sonder efficacement à grande profondeur. [Adapté d'après Kenneth Libbrecht et M. F. Woodard, Science 253, 152–157 (1991)]

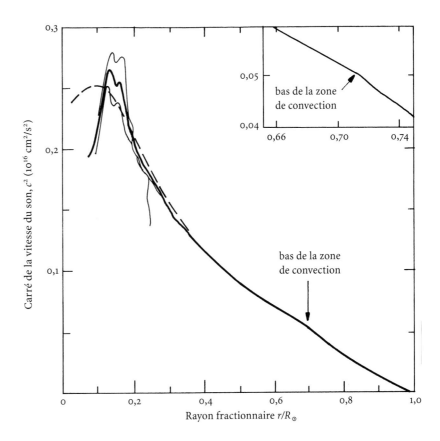

L'opacité est déterminée par la présence d'éléments plus lourds que l'hélium qui peuvent faire obstacle au flux de rayonnement (voir le paragraphe 3.2). Les calculs informatiques approfondis des opacités ont permis d'améliorer les modèles solaires et apparemment de résoudre tous les problèmes annexes. Les astronomes peuvent alors utiliser avec confiance les oscillations de cinq minutes pour déterminer des effets secondaires, tels que les mouvements internes et la structure magnétique du Soleil.

4.4 INTRODUCTION DE DISSYMÉTRIE

En première approximation, la structure interne du Soleil présente une symétrie sphérique et les fréquences des oscillations de cinq minutes ne dépendent que des variations de l'intérieur de la cavité acoustique en fonction du rayon. Cependant, un examen détaillé révèle l'existence d'effets secondaires susceptibles de détruire cette symétrie: la rotation, les champs magnétiques à grande échelle et les mouvements turbulents de la convection. Ces forces asymétriques, jusqu'ici négligées dans les calculs, peuvent cependant induire une structure fine dans les fréquences.

La cause principale de cette rupture de symétrie est la rotation ; on peut exprimer cette dernière comme une perturbation des ondes acoustiques dans une étoile sans rotation. Les ondes qui se propagent dans le sens de la rotation sont entraînées par le gaz, elles ont une vitesse plus élevée. (De même, un oiseau ou un avion se déplaçant dans le sens du vent va plus vite et met moins de temps pour accomplir un voyage.) Un observateur immobile voit les crêtes des ondes sonores défiler plus rapidement, les fréquences sont plus élevées et corrélativement, les périodes sont plus courtes. Celles qui se propagent en sens inverse de la rotation sont ralenties, les fréquences sont plus faibles et les périodes plus longues.

La rotation influence donc directement les périodes des oscillations, en les raccourcissant ou en les allongeant. Ces effets opposés entraînent un dédoublement des fréquences qui dépend à la fois de la profondeur dans le Soleil et de la latitude.

Le Soleil tourne sur lui-même dans le sens direct, avec une période de 25 jours environ à l'équateur. Comme les oscillations solaires ont une période de cinq minutes, le dédoublement rotationnel représente 5 minutes divisées par 25 jours, soit 0,01 % (un dix millième). Pour pouvoir déterminer les faibles variations dues à la rotation du Soleil, il faut donc mesurer les fréquences avec une précision dix ou cent fois plus grande, c'est-à-dire au millionième près.

Les propriétés rotationnelles du Soleil ont un rapport direct avec sa formation et son évolution primordiale. En réalité, on peut s'étonner que des étoiles en rotation puissent se former. Un objet qui s'effondre sur lui-même voit sa rotation accélérer à mesure que son rayon diminue, comme un patineur qui ramène ses bras vers l'intérieur.

Ceci parce qu'il y a conservation du moment angulaire – produit de la masse, du rayon et de la vitesse – lorsque le rayon diminue, la vitesse augmente. Un nuage de gaz interstellaire qui s'effondre sur lui-même pour atteindre la taille du Soleil devra avoir une vitesse de rotation supérieure à celle de la lumière et la force centrifuge due à la rotation stoppera la contraction bien avant que ce stade ne soit atteint. Quelque chose doit ralentir la rotation et emporter l'énergie en excès.

Les observations montrent que la rotation superficielle des étoiles jeunes est plus rapide que celle des étoiles âgées ; cela permet donc de penser qu'au début de sa vie, le Soleil tournait plus rapidement.

Au cours du temps, la rotation des couches superficielles aurait été ralentie de façon significative par le vent solaire ; en emportant une certaine quantité du moment angulaire, ce dernier aurait contribué à leur décélération. Le vent solaire est un flux de matière lié magnétiquement à la surface et qui s'échappe continûment du Soleil.

Si le vent solaire est à l'origine de ce phénomène, le Soleil doit s'être ralenti depuis l'extérieur et, par conséquent, la rotation de l'intérieur doit être plus rapide que celle des couches superficielles. Contre toute attente, les données de l'héliosismologie indiquent que la rotation de l'intérieur du Soleil n'est pas très différente de celle de la surface, voire même, qu'elle ralentit en profondeur, au moins dans les parties équatoriales de la zone de convection.

La rotation de l'intérieur fut tout d'abord déterminée à partir des données des oscillations en utilisant un filtre afin d'isoler les ondes acoustiques se propageant le long de l'équateur solaire (modes acoustiques sectoriels) et piégées à différentes profondeurs. Ces observations permirent de déduire la variation radiale de la rotation, là où la vitesse de rotation superficielle est la plus grande et où les écarts de fréquences sont les plus importants. Les résultats d'une telle inversion obtenus par Tom Duvall et Jack Harvey en 1981 montrèrent une lente décroissance de la rotation avec la profondeur, 15 % environ entre la surface et la moitié du rayon solaire (Fig. 4.10).

Cette découverte inattendue va à l'encontre à la fois de la théorie et du sens commun. Peut-être le brassage dû à la circulation à grande échelle dans la zone convective redistribue-t-il le moment angulaire et modifie-t-il l'effet de frein du vent solaire. Peut-être les couches profondes conservent-elles leur rotation originelle rapide, ce qui permettrait de sauver l'hypothèse de départ. Le coeur du Soleil devrait tourner plus vite que les couches superficielles et du même coup, un équilibre entre les moments angulaires des deux régions devrait exister.

De fait, de légers indices permettent de penser que le coeur a un mouvement de rotation plus rapide que le reste du Soleil (voir aussi la Fig. 4.10), mais les données des oscillations ne sont pas encore assez affinées pour répondre clairement à la question.

Fig. 4.10. Vitesse de rotation équatoriale en fonction de la profondeur. Des mesures précises des oscillations superficielles *(cartouche)* montrent que la rotation à l'intérieur du Soleil est plus lente qu'à l'extérieur, au moins dans la première moitié de la zone équatoriale. A une plus grande profondeur, la rotation pourrait s'accélérer, mais les données sont très incertaines. La ligne en tirets indique la fréquence de la rotation équatoriale au niveau de la photosphère. Le cartouche montre la rotation des zones externes de façon plus détaillée. [Adapté d'après Thomas Duvall et al., *Nature 310*, 22–25 (1984). Pour le cartouche, Sylvain Korzennik, Harvard Smithsonian Center for Astrophysics]

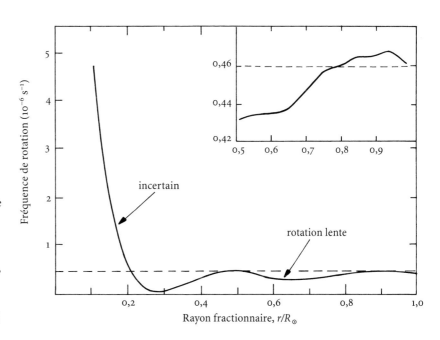

ENCADRÉ 4A
Confirmation de la théorie de la gravitation d'Einstein

Au lieu de décrire indéfiniment la même ellipse, l'orbite de la planète Mercure pivote autour du foyer occupé par le Soleil. Le périhélie (point de l'orbite le plus proche du Soleil) avance de 43 secondes par siècle, avance qui vient s'ajouter à celle produite par les perturbations planétaires.

Avec la théorie de la Relativité générale, Einstein proposa une interprétation entièrement nouvelle de la gravitation qui expliquait ce mouvement anormal du périhélie de Mercure.

D'après cette théorie, l'espace est courbé au voisinage des corps matériels et cette courbure est responsable de la gravité. L'effet gravitationnel qui en résulte s'écarte légèrement de celui de la théorie de Newton. Au lieu de revenir à son point de départ après une révolution complète et de décrire une ellipse fermée, la planète prend une légère avance; sa trajectoire est une ellipse en rotation. (Comme la courbure de l'espace induite par le Soleil décroît avec la distance, l'avance du périhélie des autres planètes est beaucoup plus faible.)

L'accord entre les observations et les prédictions d'Einstein est excellent, mais cet accord repose sur l'hypothèse de la sphéricité presque parfaite du Soleil. Si le Soleil avait une rotation interne très rapide, son diamètre équatorial devrait être plus grand que son diamètre polaire. Tout bien pesé, la Terre, astre solide, possède un bourrelet équatorial dû à sa rotation et cet effet devrait être plus prononcé dans le cas d'une sphère gazeuse comme le Soleil. L'importance de l'aplatissement et la façon dont celui-ci pourrait modifier le champ gravitationnel du Soleil, dépendent de la vitesse de rotation de l'intérieur.

L'influence gravitationnelle du renflement (appelé moment quadripôle) contribuerait aussi à l'avance du périhélie de Mercure et l'accord entre la théorie de la gravitation d'Einstein et les observations s'en trouverait amoindri. Heureusement, la rotation lente des couches superficielles du Soleil – déduite de l'étude des oscillations de cinq minutes – est insuffisante pour produire une dissymétrie importante, même si la rotation du coeur est rapide. Les mesures de l'avance du périhélie de Mercure confirment donc les prédictions de la théorie de la Relativité générale.

En fait, les données des oscillations ont permis de mettre en évidence un très faible moment quadripôle égal à un dix millionième. Contrairement à ce qu'Einstein supposait, celui-ci n'est pas nul et un écart infime entre les mesures radar de l'orbite de Mercure et les prédictions d'Einstein semble le confirmer. Tout compte fait, le Soleil doit posséder un renflement équatorial d'âge moyen, extrêmement faible.

L'enregistrement des oscillations de cinq minutes sur l'ensemble du disque solaire – au lieu d'une bande équatoriale – permet de déterminer les variations de la rotation en fonction de la latitude mais aussi en fonction de la profondeur. La rotation de la photosphère varie avec la latitude, elle est plus rapide à l'équateur que dans les régions polaires et les données des oscillations indiquent que cette rotation différentielle persiste sous les zones superficielles.

T. Duvall, J. Harvey et M. Pomerantz le remarquèrent pour la première fois en 1986, d'après des observations longues et ininterrompues faites depuis le pôle Sud. D'autres astrophysiciens le confirmèrent par la suite de façon plus détaillée, en particulier Timothy Brown (High Altitude Observatory) et Kenneth Libbrecht (Big Bear Solar Observatory). Dans l'ensemble, tous les résultats concordent, la rotation différentielle se maintient dans la zone de convection (Fig. 4.11), avec une faible variation de la rotation en fonction de la profondeur, mais l'intérieur du Soleil ne tourne pas plus vite que l'extérieur. Cette rotation relativement lente de l'enveloppe externe a aussi d'importantes implications pour la théorie de la gravitation (voir l'encadré 4A).

A des profondeurs plus importantes, la rotation différentielle disparaît. Juste en dessous de la zone de convection, la rotation équatoriale ralentit avec la profondeur et la rotation polaire accélère (Fig. 4.12). Les deux cadences deviennent égales dans la partie externe de la zone radia-

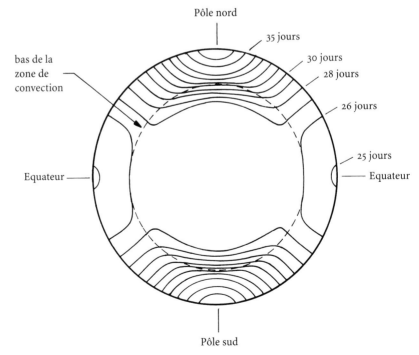

Fig. 4.11. La rotation différentielle à l'intérieur du Soleil. Contrairement aux corps solides, la vitesse de rotation de la surface (*cercle en trait plein*) varie en fonction de la latitude. Cette rotation différentielle persiste dans la majeure partie de la zone de convection et à ce niveau, elle devient indépendante de la profondeur. Toute la zone externe du Soleil a une rotation relativement lente; de 25 jours à l'équateur, elle devient égale à 35 jours vers les pôles. Au contraire, tous les points de la Terre ont la même vitesse de rotation, indépendante de la latitude. (Adapté d'après les données d'héliosismologie obtenues par Kenneth Libbrecht au Big Bear Solar Observatory)

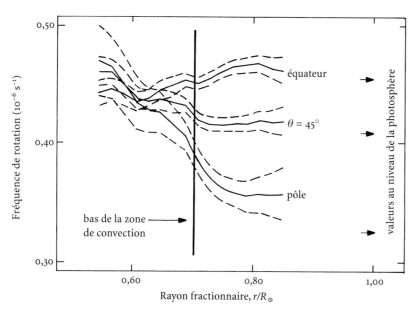

Fig. 4.12. Rotation de l'intérieur du Soleil. Le diagramme donne la fréquence angulaire de rotation en fonction du rayon solaire, dans les zones équatoriales, les zones polaires et à 45° de latitude. Dans la zone de convection profonde, on observe la même variation du taux de rotation en fonction de la latitude qu'en surface, il existe une faible variation avec la profondeur. Mais on constate un brusque gradient de rotation à la base de la zone de convection. Les taux de rotation des régions polaires et équatoriale deviennent égaux à mi-chemin du centre où la vitesse devient indépendante de la latitude. Les lignes en tirets représentent les incertitudes observationnelles pour une déviation standard; les flèches à droite du diagramme indiquent le taux de rotation de la photosphère mesuré par effet Doppler-Fizeau. [Adapté d'après M. J. Thompson, Solar Physics 125, 1–12 (1990), les données des oscillations de cinq minutes ont été obtenues par Ken Libbrecht]

tive où la rotation devient indépendante de la latitude, comme c'est le cas pour un corps solide, la Terre par exemple. La rotation des niveaux encore plus profonds demeure un mystère qu'il nous faudra résoudre.

4.5 RETOUR VERS LE FUTUR

Les mesures futures des oscillations nous donneront une image très détaillée de la rotation interne du Soleil et en même temps des informations concernant des effets plus faibles qui se superposent à elle. Parmi ceux que l'on devrait pouvoir détecter dans la zone de convection, on peut citer : la structure non sphérique de sa température, les flux de subsurface à grande échelle liés à d'éventuelles cellules de convection géantes, l'intensité et la structure de ses champs magnétiques. Tous ces éléments susceptibles de détruire la symétrie sont différents de la rotation car ils ne peuvent opérer la distinction entre des directions qui vont dans le même sens que la rotation ou dans le sens opposé.

Pour ces observations précises, l'obstacle majeur est l'interruption due à la nuit. Les lacunes dans les données introduisent une incertitude fondamentale dans la détermination des périodes des ondes acoustiques, elles créent aussi un bruit de fond qui masque toutes les oscillations de faible amplitude. Le Soleil ne se couche pas au cours des étés polaires et comme on l'a vu, une des solutions consiste à observer depuis le pôle Sud. Les instruments ont pu fournir des mesures sur cinq jours d'affilée, mais les conditions météorologiques défavorables n'ont par permis de poursuivre plus longtemps. Afin d'obtenir des observations longues et ininterrompues, deux autres solutions ont été envisagées :

utiliser l'espace ou un réseau d'observatoires au sol judicieusement répartis qui suivent le Soleil à mesure que la Terre tourne sur elle-même.

Ces observations permettent de réduire le bruit de fond des oscillations de cinq minutes, de scruter minutieusement la zone convective et peut-être aussi de détecter les signaux de faible amplitude des oscillations de longues périodes qui pénètrent plus profondément dans le Soleil. Cependant, même les ondes acoustiques globales restent peu de temps dans le coeur du Soleil – son rayon ne représente que 0,25 rayon solaire – si bien que ce dernier ne peut moduler que les effets les plus intenses engendrés dans les zones supérieures. C'est pourquoi des mesures précises des fréquences n'ont pas encore été utilisées pour sonder définitivement la rotation centrale.

Heureusement, il existe une classe complètement différente d'oscillations résonantes de longues périodes (des heures) qui devraient avoir des amplitudes maximales à proximité du coeur et être plus sensibles aux conditions qui y règnent: ce sont les ondes de gravité dites modes-g, car c'est la force de gravité qui détermine leur vitesse d'ascension et de descente. (Elles n'ont absolument aucun rapport avec les ondes gravitationnelles prédites par la théorie de la Relativité générale.) (Pour les ondes sonores, la force de rappel est la pression, on les désigne parfois sous le nom de modes-p.)

Les ondes de gravité ne se propagent que dans des régions où existe une stratification en densité stable. Elles sont produites quand une bulle de gaz oscille autour d'une position d'équilibre. Lorsqu'une bulle de densité élevée monte dans une région de densité plus faible, elle est tirée vers le bas par la gravité, puis remonte sous l'effet de la poussée d'Archimède.

Les ondes de gravité deviennent évanescentes dans des régions instables, comme la zone de convection; elles restent essentiellement confinées dans les zones profondes où elles sont plus intenses (Fig. 4.13). Celles qui parviennent à atteindre la surface ont des périodes d'une heure ou plus et leurs amplitudes sont très atténuées au cours de leur traversée de la zone convective; elles sont donc très difficiles à observer.

Cependant, des articles controversés concernant la détection de ces oscillations, ont déjà été publiés. Afin de pouvoir déterminer avec précision les propriétés du coeur du Soleil, les observations futures devront durer plusieurs mois consécutifs, voire même plusieurs années.

La sonde SOHO (Solar and Heliospheric Observatory) de l'ESA (European Space Agency) et de la NASA, est tout à fait appropriée pour effectuer des mesures globales (voir l'encadré 6B). Elle a été lancée en 1995, et placée sur orbite au point de Lagrange intérieur, point d'équilibre gravitationnel entre la Terre et le Soleil. Cette position, continuellement «au Soleil», permettra de faire des observations pendant plusieurs années. (De plus, ce point a une très petite vitesse radiale par rapport au Soleil, et les mesures Doppler des vitesses seront extrêmement précises.)

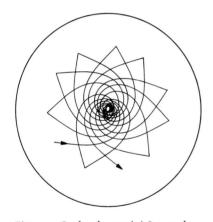

Fig. 4.13. Ondes de gravité. Les ondes de gravité n'atteignent jamais la surface, elles ne se propagent que dans les zones profondes et pourraient permettre de les sonder. Leur observation confirmerait ou infirmerait l'augmentation de la vitesse de rotation vers le centre. [Adapté d'après Douglas Gough et Juri Toomre, Annual Review of Astronomy and Astrophysics 24, 627–684 (1991)]

A bord de SOHO, deux expériences d'héliosismologie à faible résolution de l'ensemble du disque solaire, nous fourniront de nouvelles données concernant à la fois les ondes acoustiques (modes-p) et les ondes de gravité (modes-g) qui peuvent pénétrer jusqu'au coeur du Soleil; ces deux expériences sont connues sous le nom de GOLF (Global Oscillations at Low Frequencies) et de VIRGO (Variability of Solar IRradiance and Gravity Oscillations).

Depuis le sol, les turbulences atmosphériques brouillent les images et la résolution est insuffisante; à bord de SOHO, une troisième expérience permettra d'obtenir des mesures de vitesses radiales avec une bonne résolution spatiale, grâce au Solar Oscillations Imager (SOI). Ce nouvel instrument éclairera d'un jour nouveau les flux convectifs et les phénomènes magnétiques dont on peut déceler l'empreinte dans les oscillations superficielles à petite échelle et de courtes périodes.

Dans le même temps, un réseau global de stations au sol poursuivra des observations en continu et permettra ainsi d'améliorer énormément la précision des mesures plus conventionnelles. Le réseau GONG (Global Oscillations Network Group) est constitué de six télescopes modestes de 5 centimètres ayant une résolution de quelques secondes d'arc. Ils sont régulièrement espacés en longitude, de façon à ce qu'il y ait toujours au moins un site au Soleil, non perturbé par une météorologie défavorable. Les six stations sont installées en Californie, à Hawaii, en Australie, en Inde, aux îles Canaries et au Chili. (Avec une météorologie toujours parfaite, il suffirait de trois stations séparées par 120° de longitude.) Dans des conditions normales, les télescopes se mettent en marche chaque matin et s'arrêtent le soir sans intervention humaine.

Les instruments prendront une image par minute pendant au moins trois ans et si possible pendant un cycle complet de l'activité solaire. Il s'agit réellement d'un projet monumental impliquant une énorme quantité de données et des calculs considérables. Chaque station produira 200 mégabytes de données par jour si bien qu'après trois ans de fonctionnement, les données brutes dépasseront une terabyte (soit 10^{12} bytes) et une fois analysées, elles seront plusieurs fois supérieures à cela; de telles quantités de données sont chose courante en physique des particules de haute énergie.

Les télescopes du réseau GONG sont en train de mesurer les vitesses de 65 000 points répartis à la surface du Soleil, avec une précision supérieure à un mètre par seconde (au 10 millionième près)! Lorsque le programme sera terminé, la précision des mesures des oscillations de cinq minutes sera améliorée d'un facteur 10 au moins. On sera alors en mesure de sonder le coeur du Soleil avec une incroyable définition et de mieux comprendre ses mécanismes internes: mouvements, rotation différentielle, convection; on devrait aussi pouvoir accéder au champ magnétique interne. Cette recherche nous apportera vraisemblablement aussi des résultats inattendus.

En fait, les premières observations réalisées par Leighton et ses collègues montrèrent que l'amplitude des oscillations était moindre à l'intérieur des taches solaires. (Les taches sont des zones sombres et «froides» à la surface du Soleil, siège d'un magnétisme intense; leur nombre et leur distribution varie avec le cycle d'activité de 11 ans.) Les observations ultérieures montrèrent que les taches diminuaient l'énergie acoustique et absorbaient 50 % de la puissance des ondes qui se propageaient à l'intérieur.

Le fort magnétisme qui y règne doit s'étendre en profondeur où il crée une pression qui modifie la propagation des ondes acoustiques; cela engendre un décalage des fréquences qui dépend des variations de l'intensité de ce dernier. Nous savons maintenant que les taches solaires nouvelles dérivent lentement au cours du cycle de 11 ans, depuis les latitudes de 35° vers l'équateur, et ce mouvement superficiel reflète vraisemblablement la migration en profondeur du champ magnétique, en fonction des changements liés à la structure interne et à la rotation. Dans le futur, on pourra peut-être détecter ces changements comme des variations cycliques à long terme des fréquences des oscillations. Une des motivations principales des études héliosismologiques a été un désir de tester les théories de la dynamo du Soleil qui engendre son cycle magnétique d'activité.

Meule au coucher du soleil près de
Giverny, 1891. Claude Monet rend bien
l'affaiblissement et le rougeoiement
de la lumière, les ombres qui s'allon-
gent à la fin du jour. Dans les deux
séries, *Les meules* et les *Cathédrale de
Rouen*, il peignit le même sujet de
l'aube au crépuscule et de l'été à l'hiver afin de décrire les effets subtils
dus au jeu de la lumière changeante et
des ombres. (Museum of Fine Arts,
Boston, Juliana Edwards Collection)

CHAPITRE 5

Une étoile magnétique

5.1 DES ÎLOTS DE MAGNÉTISME INTENSE

Si on jette un coup d'oeil rapide vers le Soleil, on peut penser à priori, que son disque blanc, parfaitement rond et lisse, ne présente aucune imperfection, mais les apparences sont parfois trompeuses. Souvent, sa surface est piquetée de taches sombres, appelées taches solaires, qui se développent puis disparaissent en quelques heures ou en quelques mois. Ces taches éphémères montrent que le Soleil est le siège d'une agitation perpétuelle. Les objets de l'Univers sont loin d'être parfaits, ils varient tous au cours du temps.

On peut distinguer les taches à l'oeil nu, lorsque l'éclat du Soleil est très amoindri, à travers une brume ou quelques fois au moment de son coucher ou de son lever. (Dans les conditions normales, il est impossible de regarder le Soleil directement sans risquer de sérieux problèmes oculaires.) Des chroniques chinoises, vieilles de 2000 ans, rapportent l'observation de taches solaires.

Au début du XVIIᵉ siècle, la lunette astronomique venait d'être inventée et Galileo Galilei dirigea la sienne vers le Soleil. En mesurant très précisément les positions des taches, il apporta la preuve que celles-ci se trouvaient réellement sur le Soleil et non au-dessus. Il étudia leur mouvement apparent et montra ainsi que le Soleil tournait sur lui-même en 27 jours. Galilée nota que les taches changeaient de forme et de taille au cours de la rotation et, qu'à la longue, elles finissaient par s'affaiblir et par disparaître. Toutes ces observations prouvaient que le Soleil était «vivant», actif, changeant et ceci venait contredire la philosophie d'Aristote fondée sur la perfection et l'immuabilité du cosmos.

A peu près en même temps, on découvrit que les taches solaires proches de l'équateur tournaient plus rapidement que celles qui se développaient plus près des pôles; cela signifiait que les différentes zones de la surface ont des vitesses de rotation différentes. Ce phénomène, connu sous le nom de rotation différentielle, fut étudié en détail deux siècles plus tard par Richard C. Carrington, riche astronome amateur, depuis son observatoire privé de Redhill. En 1863, il établit que la période de rotation apparente croît systématiquement avec la latitude. De 27 jours à l'équateur, elle atteint 30 jours vers 45° de latitude. (Le Soleil tourne sur lui-même dans le sens direct, sa période intrinsèque de rotation est de 25

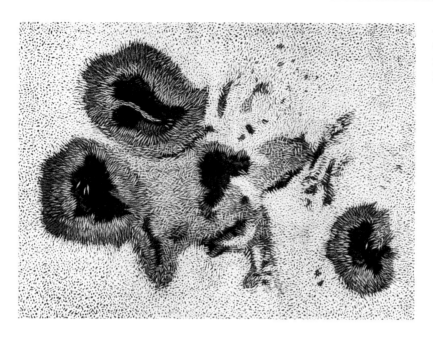

Fig. 5.1. Les taches solaires. Dessin exécuté il y a plus d'un siècle, en juin 1861 par J. Nasmyth. (Adapté d'après Le Ciel, Librairie Hachette, Paris 1877)

jours à l'équateur (rotation sidérale). Mais observée depuis la Terre qui parcourt son orbite dans le même sens, la rotation est plus longue de 2 jours (rotation synodique).)

Les taches sont relativement «froides» et elles apparaissent sombres par contraste avec la brillance des régions voisines. (La température d'une tache peut descendre jusqu'à 3 500 kelvins, alors que celle des régions avoisinantes de la photosphère est proche de 6 000 kelvins.) Cependant, là encore, les apparences sont trompeuses, car les taches solaires rayonnent quand même de la lumière. Si l'une d'elles pouvait être isolée dans l'espace, elle serait dix fois plus brillante que la pleine Lune.

Les observations en lumière blanche des grandes taches montrent une région centrale très sombre, l'ombre, entourée par la pénombre, toutes

Fig. 5.2. Détail d'une tache solaire. Ces deux photographies en lumière blanche ont été prises avec le télescope McMath de Kitt Peak, les temps d'exposition sont différents et le «seeing» est exceptionnel. La tache a 23 000 kilomètres de diamètre, soit deux fois celui de la Terre, les plus petits granules détectables, à la limite de résolution du télescope, ont 700 kilomètres. Le temps d'exposition plus long du cliché de droite permet de mettre des détails en évidence. L'ombre d'une petite tache est résolue en une structure filamenteuse; le «pont de lumière» qui la traverse partiellement, possède une assise plus large qui complète la séparation. (William Livingston, NOAO)

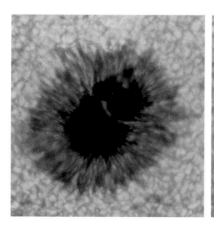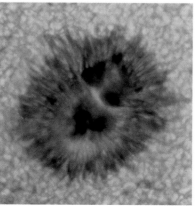

Fig. 5.3. George Ellery Hale. L'astronomie solaire commença véritablement, lorsqu'au début des années 1900, George E. Hale développa le premier observatoire solaire moderne au Mont Wilson, en Californie. Pour améliorer notre connaissance, il utilisa à la fois des instruments d'observation spéciaux et des expériences de laboratoire. Dans sa maison de Pasadena, il fit également installer un télescope solaire, mais aussi un bas relief représentant Apollon le dieu du Soleil. Grâce au spectrohéliographe qu'il inventa en 1892, Hale détecta l'effet Zeeman sur le Soleil; il compléta ses observations par des expériences de laboratoire qui lui permirent d'établir l'existence de champs magnétiques intenses dans les taches solaires. Dans des travaux postérieurs, Hale et ses collègues découvrirent que dans leur majorité, les taches solaires apparaissaient par paires de polarités magnétiques opposées. Ils remarquèrent qu'une tache qui précédait ou qui suivait une autre tache changeait de signe dans les hémisphères nord et sud, mais aussi d'un cycle à l'autre. (Archives du California Institute of Technology)

deux contrastant violemment sur le fond presque uniforme de la photosphère (Fig. 5.1). Bien qu'elle paraisse petite comparée au disque solaire, l'ombre d'une tache peut dépasser la taille de la Terre. Les zones de pénombre sont constituées de filaments qui sortent de l'ombre comme les tentacules d'une anémone de mer. Dans la pénombre, les fibrilles peuvent s'étendre presque jusqu'au centre de l'ombre (Fig. 5.2); quelques taches sombres assez petites, appelées pores, sont en général dépourvues de pénombre.

En 1892, George Ellery Hale (Fig. 5.3) inventa des techniques complètement nouvelles pour observer les taches et les zones adjacentes en utilisant les tours solaires du Mont Wilson, en Californie. Au lieu d'observer l'ensemble des couleurs du spectre, Hale conçut le spectrohéliographe, instrument qui pouvait photographier le Soleil dans une seule longueur d'onde (images monochromatiques), supprimant de ce fait l'éclat aveuglant de toutes les autres longueurs d'onde de la lumière visible. En isolant la bril-

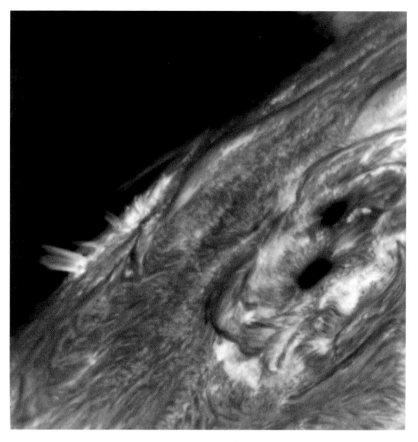

Fig. 5.4. Les régions actives. En optique, l'activité solaire est plus facilement observable en lumière monochromatique, en isolant la raie rouge de l'atome d'hydrogène, dite raie H-alpha à 656,3 nm. A cette longueur d'onde, la lumière provient de la chromosphère, couche située juste au-dessus de la photosphère. La moitié droite de l'image est une région active, on y voit deux taches solaires arrondies ayant chacune la taille de la Terre, et une plage brillante qui marque une zone fortement magnétisée. De longs filaments sombres sont soutenus par les lignes de force des champs magnétiques. Cette image du limbe nord-est fut prise le 26 avril 1978 avec un télescope de 25 cm; le champ représente 4×4 minutes d'arc. (Victor Gaizauskas, Ottawa River Observatory, Herzberg Institute of Astrophysics for the National Research Council of Canada)

lante raie rouge d'émission des atomes d'hydrogène, dite hydrogène-alpha (ou H-alpha) et la raie violette K du calcium, Hale ouvrit un nouveau champ d'observation et révéla un astre aux contrastes saisissants.

Le spectrohéliographe focalise sur une fine couche qui se situe juste au-dessus de la photosphère, la chromosphère (du Grec *chromos*, couleur), détectable en H-alpha à 656,3 nanomètres (6563 angströms) ou dans la raie K du calcium ionisé une fois à 393,3 et 396,7 nanomètres.

Sur les images monochromatiques en H-alpha, les taches solaires sont sombres, comme en lumière blanche, mais les régions avoisinantes rougeoient (Fig. 5.4). Ces zones brillantes, appelées plages, sont situées à proximité des taches, à l'intérieur de régions magnétiquement actives. Les plages représentent un phénomène chromosphérique, elles sont associées aux *faculae* (du Latin *facula*, petite torche) brillantes de la photosphère que l'on observe en lumière blanche près du limbe solaire – et sont souvent confondues avec elles. (Le limbe est le bord apparent de la surface visible.) On observe également de longs filaments sombres qui serpentent, vastes régions de gaz froid et dense, soutenues par des forces magnétiques. Le magnétisme solaire domine le domaine H-alpha, il est à l'origine de sa surprenante hétérogénéité (Fig. 5.5).

Les images monochromatiques de Hale révélaient des formes spirales autour des taches, lui permettant de penser à l'existence de mouvements tourbillonaires comparables à ceux que l'on rencontre dans l'oeil
d'un cyclone. Il supposait que les courants de particules électrisées donnaient naissance à un champ magnétique, et que par conséquent, les taches solaires étaient des aimants. Dans ses souvenirs présentés en 1913 à
la National Academy of Sciences, on peut lire :

> Une tache solaire, observée dans un télescope ou
> photographiée avec les moyens ordinaires, ne semble
> pas être un vortex . . . . Mais si on photographie le Soleil
> dans la lumière rouge de l'hydrogène, nous découvrons
> une situation très différente. Dans cette région plus
> haute de l'atmosphère solaire, photographiée pour la
> première fois en 1908 au Mont Wilson, on voit très
> nettement des tourbillons cycloniques centrés sur les
> taches . . . . C'est ainsi que nous avons été conduits à émettre
> l'hypothèse que les taches sont tout à fait analogues
> aux tornades ou aux trombes de l'atmosphère terrestre.
> Si cette hypothèse était exacte, les électrons piégés qui

Fig. 5.5. Le Soleil en H-alpha. Sur
cette image, on distingue de petites
taches solaires, de longs filaments
sombres qui serpentent et des plages
brillantes. (Observatoire Astrophysique Baïkal, Académie des Sciences de
Russie)

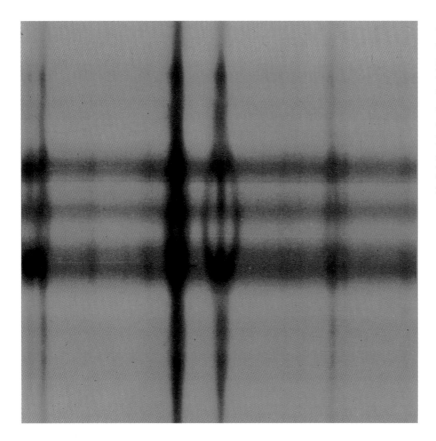

Fig. 5.6. L'effet Zeeman. Les raies spectrales caractéristiques d'une longueur d'onde sont décomposées sous l'action d'un champ magnétique. La distance qui sépare les composantes est proportionnelle à l'intensité du champ (4 000 gauss dans cette tache); le sens de la polarisation circulaire indique sa polarité. En 1908, George Ellery Hale appliqua, pour la première fois, l'effet Zeeman à l'étude du Soleil. (NOAO)

tourbillonnent dans le vortex de la tache devraient produire un champ magnétique. Heureusement, on pourra soumettre cette hypothèse à un test concluant grâce à l'influence bien connue du magnétisme sur la lumière, découverte par Zeeman en 1896.[22]

Les champs et les forces magnétiques sont invisibles. Comment alors peut-on espérer les «voir»? Comme Hale le suggérait, le magnétisme solaire peut être mesuré par l'intermédiaire de la décomposition et de la polarisation des raies spectrales d'un atome. Cette transformation sous l'effet d'un champ magnétique porte le nom d'effet Zeeman du nom du physicien hollandais, Pieter Zeeman, qui le découvrit en laboratoire (en 1902, il reçut le Prix Nobel de physique avec Hendrik A. Lorentz).

Lorsqu'un atome est placé dans un champ magnétique, il se comporte comme une minuscule boussole et ajuste les niveaux d'énergie de ses électrons. Si la «boussole atomique» est alignée dans la direction du champ magnétique, l'énergie des électrons augmente; si elle est alignée dans la direction opposée, l'énergie diminue. Une variation de l'énergie d'un électron correspond à un changement de la longueur d'onde émise par cet électron. Une raie spectrale émise par un groupe d'atomes orientés au hasard et soumis à un champ magnétique devient un groupe de deux ou trois raies de longueurs d'onde légèrement différentes (Fig. 5.6). L'ampleur des réajustements internes des atomes, et donc celle des divisions spectrales, augmentent avec l'intensité du champ magnétique. Si l'on observe dans la direction du champ magnétique, la raie se dédouble; perpendiculairement à la direction du champ, la raie se décompose en un triplet.

En outre, la lumière correspondant à chacune de ces composantes de longueurs d'onde différentes a une polarisation qui dépend, là encore, de la direction du champ magnétique. S'il est longitudinal et dirigé vers l'extérieur, la raie décalée a une polarisation circulaire droite; dans le sens opposé, vers l'intérieur, elle a une polarisation circulaire gauche; enfin, si le champ est perpendiculaire à la ligne de visée, la polarisation est linéaire.

L'effet Zeeman permet donc de mesurer la décomposition d'une raie d'un spectre sous l'effet d'un champ magnétique et avec des filtres polarisés, on peut déterminer à la fois l'intensité et la direction du champ.

Grâce au télescope de la tour solaire de 18 mètres du Mont Wilson, Hale montra en 1908, que les raies spectrales de la lumière provenant des taches solaires étaient décomposées et polarisées, prouvant par là que ces dernières étaient le siège de champs magnétiques intenses. En comparant l'intensité de l'effet Zeeman observé dans les taches solaires à celle d'expériences de laboratoire, il put déterminer la présence de champs magnétiques de l'ordre de 3 000 gauss (0,3 tesla), qui s'étendaient sur des régions plus vastes que la Terre. Le champ magnétique des taches est dix mille fois plus intense que celui qui, sur terre, oriente une boussole (0,3 gauss à l'équateur). Cette unité porte le nom du mathématicien allemand Karl Friedrich Gauss, qui pensa en 1838 que le champ magnétique dipolaire de la Terre devait être généré dans son noyau.

Comme cela arrive parfois, Hale était sur la bonne voie, mais ses arguments n'étaient pas tous bons. En effet, il n'existe pas de preuve de l'existence des courants de vortex qu'il envisageait. Le générateur des champs magnétiques du Soleil a des racines profondes; une tache solaire se forme lorsque des champs magnétiques intenses et concentrés émergent dans la photosphère. Lorsqu'ils ont cette intensité et de cette taille, ils dominent totalement la distribution et le mouvement des particules chargées dans leur voisinage; parfois, ils donnent naissance à une structure spirale et guident les particules dans des tubes de flux.

Les taches sont des régions plutôt calmes où le magnétisme concentré bloque les flux de chaleur et d'énergie (et par conséquent de lumière) provenant de l'intérieur du Soleil. Les champs magnétiques inhibent les courants de convection, ils agissent comme un isolant et permettent aux taches de conserver une température deux ou trois mille degrés plus basse que celle du gaz turbulent de la photosphère. Les parties les plus

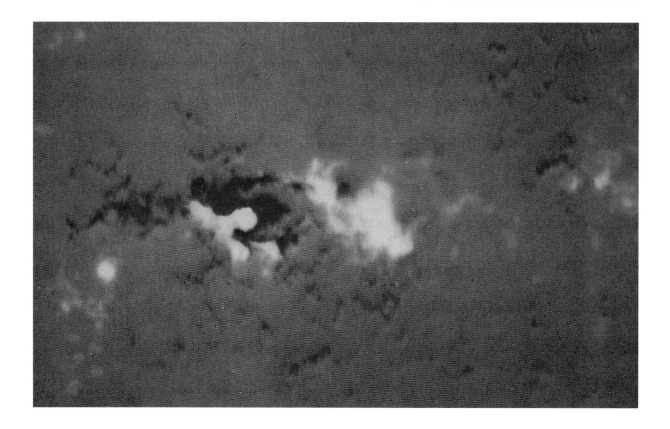

sombres et les plus froides d'une tache sont le siège du magnétisme le plus intense.

Au centre d'une tache, le champ magnétique atteint quelques milliers de gauss, sa direction est verticale avec une polarité fixée, nord ou sud. A mesure que l'on se rapproche des filaments de la pénombre, le champ s'affaiblit et s'étale pour former une structure semblable aux rayons d'un parapluie, avec une intensité de 1 000 gauss (0,1 tesla).

La matière s'écoule radialement le long des filaments de la pénombre avec des vitesses de quelques kilomètres par seconde; cet écoulement (nommé effet Evershed) fut observé pour la première fois en 1908 par John Evershed, depuis l'observatoire de Kodaikanal, en Inde. Ainsi les taches ne bloqueraient pas complètement le flux de chaleur et pourraient le rediriger vers les régions voisines comme les plages chromosphériques.

Aujourd'hui, des magnétographes enregistrent les variations continuelles du champ magnétique solaire. Il s'agit d'un réseau de minuscules détecteurs permettant de mesurer l'effet Zeeman en différents points de la surface du disque. On prend deux images de polarisation différente (gauche et droite) et la différence entre ces deux images permet d'établir un magnétogramme où les champs magnétiques les plus forts apparaissent sous forme de régions brillantes ou sombres, dépendant de leur polarité; les champs faibles sont gris (Fig. 5.7).

Fig. 5.7. Paire de taches solaires. Ce magnétogramme montre le réseau magnétique bipolaire d'extension variable; les régions sombres ont une polarité sud et les régions brillantes, une polarité nord. La taille de la tache centrale est comparable à celle de la Terre. Les structures bipolaires sont reliées par paires par des boucles magnétiques en forme d'arches qui s'étendent dans l'atmosphère solaire. (NOAO)

Fig. 5.8. Boucles à proximité du limbe. Les champs magnétiques canalisent le plasma solaire dans les protubérances en boucles, détectables au limbe en H-alpha; elles apparaissent brillantes hors du disque solaire. Ce dessin, réalisé il y a plus de 100 ans, représente probablement des boucles post-éruption qui restent brillantes plusieurs heures après que l'événement se soit produit. (Peter Foukal, d'après *General Astronomy* de Young)

5.2 TACHES BIPOLAIRES, BOUCLES MAGNÉTIQUES ET RÉGIONS ACTIVES

Les taches solaires se regroupent pour former les pôles d'aimants et souvent, on observe deux taches par groupe (Fig. 5.7). Dans chaque paire bipolaire, une des taches a une polarité nord, positive (champ magnétique dirigé vers l'extérieur) et sa partenaire a une polarité sud, négative (champ dirigé vers l'intérieur). En général, les groupes de taches sont orientés parallèlement à l'équateur solaire, dans la direction de rotation.

Les pôles magnétiques de signes opposés sont reliés l'un à l'autre – comme des jumeaux siamois – par des boucles magnétiques qui forment des arches et connectent les îlots bipolaires (Fig. 5.8). Les boucles représentent les lignes de force du champ magnétique, semblable à celui qui oriente la boussole sur terre. Les lignes de force émergent verticalement à partir d'une tache de polarité nord (positive) et décrivent une boucle dans l'atmosphère avant de rentrer dans la photosphère, dans la tache de polarité sud (négative). Tout se passe comme si un aimant puissant, orienté dans la direction est-ouest, était enfoui profondément sous chaque paire de taches.

On peut observer les boucles magnétiques (ou protubérances) sur les clichés en H-alpha, pris à proximité du limbe. Elles apparaissent brillantes, par contraste avec l'arrière plan sombre (Fig. 5.9) et atteignent parfois une altitude de plusieurs dizaines de milliers de kilomètres (Fig. 5.10). Ces images montrent également que les boucles apparaissent sous forme de filaments sombres, lorsqu'elles sont vues en projection sur la photosphère.

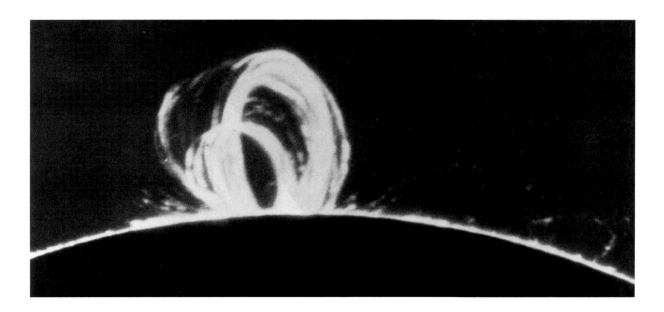

Le gaz ionisé d'une protubérance (ou d'un filament) peut planer au-dessus de la surface du Soleil pendant des semaines, voire des mois; il est soutenu contre la gravité par les champs magnétiques qui se développent au-dessus des régions bipolaires de la photosphère, chacune de ces arches s'étend selon une ligne courbe, au sommet d'une structure en forme de hamac. Les filaments représentent les sommets de protubérances, ils se forment le long de la ligne neutre qui marque la limite entre deux régions de polarités magnétiques opposées.

Malgré son apparence de flamme lorsqu'on l'observe au limbe, une protubérance a une température 100 fois plus basse et une densité 100 fois plus élevée que celle de la couronne. (Comme nous le verrons ultérieurement, les protubérances sont immergées dans la couronne, atmosphère supérieure du Soleil, dont la température atteint 1 million de degrés.) Les champs magnétiques constituent un bouclier qui isole les protubérances du milieu environnant.

Si on compare minutieusement les clichés en H-alpha avec les magnétogrammes correspondants, on peut montrer que les plages sont concentrées et chauffées par les champs magnétiques accompagnant les régions bipolaires. Selon une théorie, les forces magnétiques intenses, de directions opposées, se réunissent et interagissent (ou se reconnectent) pour fournir l'énergie qui illumine la plage proche. Les images en H-alpha révèlent donc des structures intimement liées au magnétisme solaire.

La plupart des phénomènes observés à la surface du Soleil ou dans les couches extérieures sont influencés, sinon contrôlés par les champs magnétiques qui guident les mouvements des particules chargées. Pour ces dernières, les lignes de force représentent une barrière, qu'en général, elles ne peuvent traverser; elles sont donc contraintes à s'enrouler en

Fig. 5.9. Protubérance en boucles. Cette protubérance dessine la structure des champs magnétiques qui se développent au-dessus des taches. Ce cliché a été obtenu dans la raie verte du fer ionisé, Fe XIV. (National Solar Observatory, Sacramento Peak, NOAO)

Fig. 5.10. Protubérances en arches observées en H-alpha. Le plasma «froid» dessine la structure des arches magnétiques qui connectent entre elles les régions actives. Le matériau de la protubérance apparaît comme un rideau de flammes qui s'élève à 65 000 kilomètres au-dessus de la photosphère; il est probablement injecté à la base des boucles situées dans la chromosphère. [Big Bear Observatory, Caltech (*en haut*) et National Solar Observatory Sacramento Peak, NOAO (*en bas*)]

hélice autour des lignes de force. Au contraire, les mouvements des atomes neutres ne sont pas affectés par les champs magnétiques.

On peut se représenter le phénomène en imaginant une ligne de force magnétique invisible courant entre les taches de polarités opposées. Si la particule se déplace perpendiculairement à la ligne de force, cette dernière réagit comme si elle était une corde élastique, elle tire la particule vers l'arrière et la contraint à décrire une spirale serrée autour d'elle.

Cependant, une particule chargée peut se déplacer librement dans la direction de la ligne de force. Le gaz chaud ionisé est piégé dans la boucle magnétique fermée et se déplace dans un mouvement de va et vient, comme un prisonnier dans une cour de récréation.

Les groupes de taches solaires et le domaine environnant, où l'élément dominant est le champ magnétique, représentent une zone perturbée appelée région active. Les champs magnétiques y sont assez vastes et assez intenses pour trancher nettement sur la photosphère plus calme, au magnétisme plus faible. Une région active représente essentiellement une zone d'influence dans laquelle le magnétisme gouverne le mouvement des particules chargées.

Le plasma solaire énergétique est concentré à l'intérieur des régions actives où il est confiné et modelé par les boucles magnétiques et engendre un intense rayonnement dans toutes les longueurs d'onde du spectre, visibles et invisibles. Les régions actives renferment des boucles de toutes températures, relativement froides dans les protubérances, ou parfois très chaudes. Par exemple, les images X du Soleil montrent que dans les régions actives, du gaz ionisé à 1 million de degrés est piégé dans les boucles magnétiques où il émet intensément en ondes radio et en rayons X (voir aussi le chapitre 6).

Les régions actives prennent naissance lorsque des boucles magnétiques venant de l'intérieur émergent à la surface. Leur structure change peu à peu, au fur et à mesure de l'émergence de nouvelles boucles et du déplacement des taches. Cela entraîne des modifications continuelles de leur forme et de l'intensité de leur rayonnement. A la longue, les régions actives finissent par disparaître tout simplement; en quelques semaines ou en quelques mois, les boucles magnétiques se disloquent ou replongent à l'intérieur du Soleil.

Les régions actives sont des sites d'agitation! Elles ne sont jamais permanentes, mais au contraire, elles changent constamment. L'interaction des forces magnétiques peut déclencher la libération catastrophique de l'énergie stockée dans ces régions et donner naissance à des éruptions (voir le chapitre 7). Ce sont bien sûr l'évolution continuelle de leur structure et de leur rayonnement et l'apparition des éruptions qui ont valu leur nom aux régions actives. Toute cette activité varie selon un cycle de 11 ans (dit cycle undécennal).

5.3 LES CYCLES DE L'ACTIVITÉ MAGNÉTIQUE

Le nombre total de taches solaires varie périodiquement d'un maximum à un minimum puis de nouveau à un maximum en 11 ans environ. Ce cycle fut découvert au début des années 1840 par Heinrich Schwabe, un astronome amateur de la ville de Dessau en Allemagne. En dépit du fait que les autres astronomes avaient déclaré d'une voix unani-

Fig. 5.11. Le cycle des taches solaires au cours des cent dernières années. La latitude des taches observées en fonction du temps (*en haut*) et la surface totale couverte par les taches (*en bas*) varient selon un cycle de 11 ans (cycle undécennal). On note que d'un cycle à l'autre, il existe des variations en durée et en amplitude. Le premier diagramme (*diagramme papillon*) montre qu'au début de chaque cycle, les premières taches apparaissent vers 30° de latitude dans les deux hémisphères et forment deux ceintures de régions actives; puis, au fur et à mesure de la progression du cycle, les taches migrent vers l'équateur. Il montre aussi que les taches d'un nouveau cycle apparaissent à des latitudes élevées tandis que des taches du cycle précédent subsistent encore dans les zones équatoriales. Le deuxième diagramme montre que la surface totale occupée par les taches monte assez brutalement et descend plus doucement. Il existe d'importantes variations au cours d'un cycle, mais aussi d'un cycle à l'autre. (David Hathaway, NASA/MSFC)

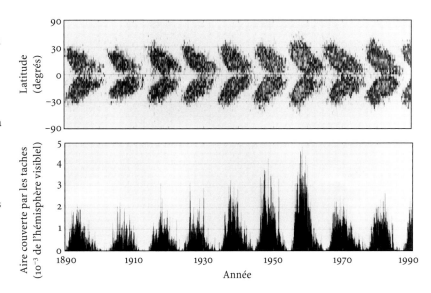

me que l'on ne pourrait rien apprendre de nouveau en étudiant les taches solaires, Schwabe, au bout de dix-sept ans consacrés à leur observation avec une petite lunette de 5 centimètres, montra que leur nombre total ne variait pas de façon aléatoire, comme on le supposait, mais qu'au contraire, il augmentait et diminuait périodiquement. Après vingt ans d'observation, Schwabe put établir que:

> (Le nombre total) de taches solaires varie avec une
> périodicité de 10 ans environ. Le futur nous dira
> si cette période persiste, si l'activité minimale
> du Soleil à produire des taches dure un ou deux ans
> et si ce phénomène demande plus de temps pour croître
> ou pour diminuer.[23]

En présentant une médaille d'or à Schwabe, le président de la Royal Astronomical Society d'Angleterre rappela l'importance de sa réussite:

> Pendant trente ans le Soleil n'est jamais apparu au-dessus
> de l'horizon de Dessau sans se trouver face à face avec
> l'imperturbable lunette de Schwabe .... C'est je crois,
> l'exemple d'une persévérance assidue, qui n'a jamais été
> surpassée dans les annales de l'astronomie. L'énergie
> d'un homme a révélé un phénomène, que pendant 200 ans,
> les astronomes n'avaient même pas soupçonné![24]

Assurément, le cycle des taches solaires persiste. Par la suite, les observations ont été poursuivies systématiquement et les astronomes ont maintenant à leur disposition des enregistrements sur des centaines d'années (Fig. 5.11).

Ce cycle décrit une variation périodique de l'activité magnétique du Soleil, et comme la plupart des formes de cette activité sont d'origine

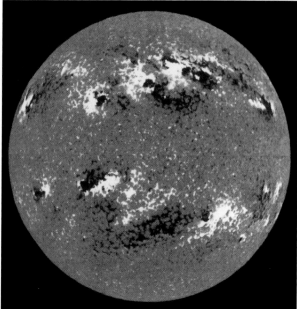

magnétique, celles-ci montrent également la même périodicité. Ainsi, c'est le cas pour le nombre des régions actives, aux boucles magnétiques brillantes et aux émissions énergétiques, et pour le nombre des éruptions. Cependant l'activité solaire ne disparaît pas complètement à l'époque du minimum.

Les magnétogrammes montrent qu'au moment où l'on n'observe pas de grandes taches, il existe encore du magnétisme en abondance qui émerge à partir d'innombrables zones de très petite taille réparties sur l'ensemble du disque solaire (Fig. 5.12).

Au moment d'un minimum, le champ magnétique moyen mesuré sur de vastes zones n'est que de quelques gauss. Mais ce procédé de mesure a l'inconvénient de dissimuler une multitude de champs de faible taille, siège d'un magnétisme intense. Les télescopes à haute résolution nous ont apporté la preuve de l'existence de zones de plus en plus petites, aux champs magnétiques de plus en plus concentrés et de plus en plus intenses. Lorsque le nombre de taches solaires atteint un minimum, le magnétisme est concentré dans ces petits tubes de flux qui ont typiquement une intensité de 1000 gauss et qui sont séparés par de vastes zones relativement libres de champ.

Ces tubes de flux sont parfois si petits (moins de 200 kilomètres), qu'ils sont en dessous du pouvoir de résolution des télescopes au sol; si on veut les observer en lumière visible de façon détaillée, il faut le faire depuis l'espace. Ces minuscules poches de magnétisme apparaissent et disparaissent à la surface du Soleil, constamment régénérées par les mouvements et les courants internes.

◁ *Fig. 5.12.* Variations du cycle magnétique. Ces deux magnétogrammes montrent la polarité et la distribution en surface du magnétisme solaire. La polarité sud (–) est représentée en noir, la polarité nord (+) en blanc. A l'époque du minimum (*à gauche*, 27 décembre 1985), on n'observe pas de grandes taches, mais, jusqu'à la limite de résolution de ce cliché (1″ d'arc), on observe de faibles champs de polarités différentes, répartis sur l'ensemble de la photosphère. On note que les champs de polarité négative dominent au pôle héliographique nord (*en haut, à gauche*), tandis qu'au pôle sud (*en bas, à gauche*), le magnétisme est essentiellement de polarité positive. C'est le champ magnétique général, de structure bipolaire; les lignes de force vont d'un pôle à l'autre et décrivent une boucle vers l'extérieur. Lorsque le Soleil est plus actif, le nombre de taches atteint un maximum (*à droite*, 12 février 1989); le magnétisme est dominé par de vastes taches orientées est-ouest selon deux bandes parallèles. Dans un cycle donné, d'après la loi des polarités de Hale, les taches de tête (vers l'ouest) de l'hémisphère nord (*en haut, à droite*) sont toutes de même polarité et les taches de queue sont de polarité opposée; la situation est inversée dans l'hémisphère sud (*en bas, à droite*), les taches formant une image miroir de celles de l'hémisphère nord. (William Livingston, National Solar Observatory, NOAO)

Que ce soit à l'époque du maximum ou à celle du minimum, les champs magnétiques ne sont jamais répartis de façon régulière, mais au contraire, de façon tout à fait hétérogène. Ils sont rassemblés en «paquets» qui ne couvrent que quelques pour-cent de la surface solaire; au moment des maxima d'activité, le magnétisme est concentré dans les régions actives.

Au début du cycle undécennal, les deux ceintures qui s'étendent de part et d'autre de l'équateur jusqu'à 30° de latitude, se couvrent de régions actives. Ces ceintures ressemblent aux dos de deux serpents de mer qui ondulent parallèlement à l'équateur, une paire de taches bipolaire est créée chaque fois qu'une boucle affleure à la surface. Au cours du cycle, de nouvelles taches apparaissent de plus en plus proches de l'équateur, tandis que des restes de flux magnétique se dispersent vers les pôles nord et sud.

Au fur et à mesure que l'on s'achemine vers un minimum, les régions actives des latitudes moyennes s'effacent et les zones de formation des taches se déplacent vers l'équateur. Les deux ceintures de régions actives dérivent lentement, animées d'un mouvement de brassage qui prend naissance dans les entrailles du Soleil et qui les emporte inexorablement vers l'équateur où elles sont happées comme dans les mâchoires d'un étau. Lorsque le cycle arrive au minimum, les taches se rassemblent et disparaissent. Puis, sorti de la destruction, le cycle se renouvelle de lui-même et des régions actives émergent de nouveau aux moyennes latitudes.

Cette dérive systématique des taches solaires a été observée pendant plus d'un siècle. Le phénomène fut remarqué en 1858 par Richard C. Carrington, lors de ses études sur la rotation différentielle et fut décrit à la fin du siècle par l'astronome allemand Gustav Spörer dans une relation connue sous le nom de loi de Spörer. Elle est représentée graphiquement par un diagramme où l'on reporte la latitude des taches solaires en fonction du temps. Ce diagramme, parfois appelé «diagramme papillon», fut tracé pour la première fois par E. Walter Maunder en 1922. La Fig. 5.11 en donne une version remise à jour.

Les régions actives renferment souvent des paires de taches bipolaires alignées parallèlement à l'équateur, représentant une structure globale de polarité magnétique. Dans chacune des ceintures, toutes les paires de taches ont la même orientation et une distribution de polarité uniforme (Fig. 5.12). D'après la loi des polarités établie par Hale, toutes les taches de tête d'un hémisphère (précédente, dans le sens de la rotation solaire) ont la même polarité; les taches de queues sont de polarité opposée, mais les polarités sont inversées d'un hémisphère à l'autre.

Par exemple, si dans l'hémisphère nord, les taches de tête ont une certaine polarité, dans l'hémisphère sud, elles sont de polarité opposée. C'est comme si des couples marchaient le long d'une rue, les hommes précédant les femmes d'un côté et les femmes précédant les hommes de l'autre côté. En outre, tous les 11 ans, à l'époque d'un minimum, les paires de taches changent de polarité; chaque cycle a une polarité inverse du cycle qui l'a précédé. (Les taches de tête retrouvent leur polarité au bout de 22 ans environ, après avoir subi deux inversions.)

Au cours des cycles undécennaux, des ondes lentes de circulation se déplacent également des pôles vers l'équateur en créant des zones de rotation lente et rapide dans la direction est-ouest. (En termes techniques, la structure de ces ondes, découvertes en 1980 par Robert Howard et Barry L. La Bonte, est celle d'un oscillateur de torsion de nombre d'onde deux.)

Bien qu'au moment du maximum, cet intense magnétisme soit localisé dans les régions actives, son flux s'est en majeure partie dispersé avant l'arrivée du minimum. A l'époque du minimum, le magnétisme ne représente plus que le champ résiduel des anciennes régions actives, regroupées par la convection en un réseau assez lâche de minuscules noeuds (ou nodules) ayant moins de 1000 kilomètres et situés aux limites des supergranules dont la largeur est voisine de 30 000 kilomètres. Une partie de ce magnétisme résiduel est également transporté et dispersé pêle-mêle vers des zones éloignées par des courants de circulation profonds. A l'époque du minimum, de petits dipôles magnétiques, les régions actives éphémères, affleurent continûment à la surface du Soleil, mais apparemment, elles contribuent assez peu au magnétisme global.

5.4 LA DYNAMO SOLAIRE

En permanence, des courants électriques internes, induits par le déplacement des particules chargées (électrons et protons), amplifient et entretiennent le magnétisme solaire. Dans les couches profondes du Soleil, ces particules sont soumises à de si hautes températures qu'elles sont bonnes conductrices de l'électricité (comme le cuivre à la température ambiante). Le Soleil, dans son ensemble, possède une extraordinaire conductibilité et la circulation de courants de milliers de milliards d'ampères (10^{12}) engendrent son impressionnant magnétisme! (Par comparaison, une ampoule de 100 watts – sous 220 volts – transporte un courant de 0,5 ampère).

Le Soleil se comporte comme une dynamo qui transforme l'énergie cinétique d'un conducteur, en énergie électrique et en champ magnétique. (De la même façon, on admet que le champ magnétique terrestre est créé par un effet dynamo dans son noyau fluide.) Il se peut d'ailleurs, que la dynamo solaire soit d'échelle relativement petite, on pense actuellement qu'elle ne serait opérante que dans une zone peu épaisse située à la base de la zone de convection. Le magnétisme tire son énergie des mouvements de convection à grande échelle et de la rotation différentielle.

Les champs magnétiques solaires sont enchâssés et gelés dans le plasma conducteur dont les particules transportent le magnétisme; en se déplaçant avec le plasma, ils sont déformés, étirés, tordus et amplifiés. Par conséquent, l'énergie mécanique des particules chargées est trans-

Fig. 5.13. L'étirement du champ magnétique. D'après le modèle de Babcock, le plasma solaire, très conducteur, entraîne avec lui les lignes de force du champ magnétique et les étire. Au début d'un cycle, lorsque le nombre de taches est minimum, le champ est dipolaire (*en haut*). Dans ce diagramme, le pôle nord solaire a une polarité sud (négative), les lignes de force sont dirigées vers l'intérieur. Du fait de la rotation plus rapide des régions équatoriales, les lignes de force magnétiques sont étirées et s'enroulent autour du Soleil (*dessin central*); elles sont concentrées et s'entortillent les unes aux autres comme les torons d'une corde. Avec l'intensification du champ, les cordes magnétiques montent et émergent en surface, donnant naissance aux paires de taches bipolaires et aux boucles magnétiques (*en bas*). [D'après Horace W. Babcock, Astrophysical Journal *133*, 572–587 (1961)]

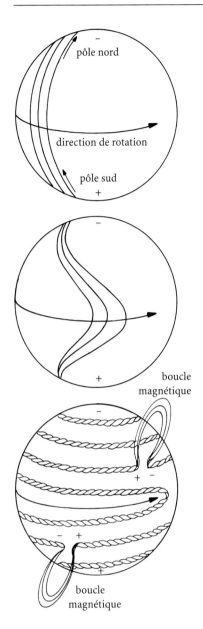

pôle nord

direction de rotation

pôle sud

boucle
magnétique

boucle
magnétique

formée en énergie magnétique. Ce phénomène, qui est à la base du mécanisme de la dynamo, permet de rendre compte de l'existence d'un magnétisme intense et omniprésent dans le cosmos. (Le mécanisme de la
dynamo n'explique pas comment les champs magnétiques prennent
naissance, mais plutôt comment ils sont renforcés et entretenus.)

Les astrophysiciens solaires ne comprennent pas encore quel phénomène est à l'origine de la montée et de la relaxation du cycle de l'activité solaire; ils extrapolent souvent à partir d'un modèle conceptuel
simple, imaginé il y a longtemps déja par Horace W. Babcock. D'après sa
théorie, on commence à l'époque d'un minimum, avec un champ qui
court sous la surface d'un pôle à l'autre. La rotation différentielle va étirer les lignes de force magnétiques et les entortiller. Finalement, le
champ magnétique sera constitué d'un grand nombre de spires entourant le Soleil, qui, lorsqu'elles affleureront en surface, donneront naissance aux ceintures de régions actives avec leurs paires de taches bipolaires (Fig. 5.13).

Comme Babcock l'exprimait en 1961 :

> Les lignes de force d'un champ dipolaire initial à
> symétrie axiale et immergées dans des zones peu profondes,
> sont étirées en longitude par la rotation différentielle ... .
> La torsion des torons irréguliers de flux par les couches
> superficielles des basses latitudes, plus rapides, forme
> des «cordes» dont les concentrations locales sont amenées
> vers la surface par la poussée magnétique, pour donner
> naissance à des régions magnétiques bipolaires, avec les
> taches solaires qui leur sont associées et avec l'activité
> qui leur est liée.[25]

Le champ magnétique dipolaire, ou poloïdal, est tordu et se transforme
en un champ toroïdal (constitué de spires ou tores) parallèle à l'équateur.
Les champs magnétiques s'intensifient lorsqu'ils se regroupent et deviennent assez forts pour monter vers la surface et émerger sous formes
de taches bipolaires. (Les tubes de champ magnétique sont poussés vers
la surface par le gaz environnant, tout comme un morceau de bois est
soumis à la poussée d'Archimède lorsqu'on le plonge dans l'eau.) Apparemment, la dynamo solaire donne naissance à deux champs magnétiques toroïdaux (un dans chaque hémisphère, mais de directions opposées) qui affleurent aux moyennes et basses latitudes et forment les
ceintures de régions actives, symétriques par rapport à l'équateur. Ainsi,
d'après le scénario de Babcock, on peut imaginer le cycle solaire comme
une machine dont la rotation différentielle commande une oscillation
entre une structure poloïdale et une structure toroïdale, aussi bien en ce
qui concerne la géométrie que les polarités magnétiques.

A mesure que progresse le cycle undécennal, le champ magnétique
s'enroule de plus en plus serré sous l'effet de la rotation différentielle et

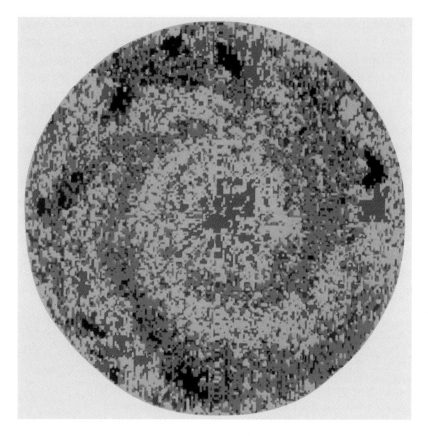

Fig. 5.14. Spirale magnétique au pôle. Cette vue polaire du Soleil montre des flux magnétiques formant une structure spirale en rotation rigide, qui dérivent depuis la ceinture équatoriale (*périmètre de la figure*) jusqu'au pôle nord (*au centre*). Les champs photosphériques intenses de polarité négative sont représentés en rouge et la polarité positive en bleu sombre; les champs plus faibles négatifs et positifs sont représentés respectivement en jaune et en bleu clair. Cette image fut composée par Yi-Ming Wang, Ana Nash et Neil Sheeley, grâce aux données recueillies par Jack Harvey avec le magnétographe du National Solar Observatory. (Yi-Ming Wang, National Research Laboratory)

les deux ceintures de régions actives migrent lentement vers l'équateur. Comme en moyenne, les taches de tête des régions actives qui émergent dans les deux hémisphères sont un peu plus décalées vers l'équateur que les taches de queue (celles-ci étant situées à une latitude légèrement plus élevée) (Fig. 5.12), elles tendent à fusionner et à se neutraliser lorsqu'elles atteignent l'équateur. Cela laisse dans chacun des hémisphères, un surplus de magnétisme dont la polarité est celle de la tache de queue qui finit par diffuser vers les pôles au moment du minimum.

Yi-Ming Wang, Ana Nash et Neil Sheeley ont montré récemment que la diffusion en direction des pôles repousse les restes des anciennes régions actives. Chacun des courants, dominé par une seule polarité magnétique, spirale lentement des basses et moyennes latitudes vers les pôles (Fig. 5.14). En fin de cycle, lorsque les régions actives se sont pour la plupart désintégrées, la dérive de leurs débris vers les pôles peut donner naissance à un nouveau champ global dipolaire, comme le phénix qui renaît de ses cendres. Puisque le champ dipolaire du Soleil est crée à partir de la polarité des taches de queue des régions actives sur le déclin, les pôles magnétiques nord et sud vont s'inverser. (Ainsi, deux cycles de 11 ans sont nécessaires pour que l'on retrouve la polarité initiale.)

Lorsque l'on est parvenu en fin de cycle, la majeure partie du flux magnétique qui émergeait des taches a été oblitéré. Tout se passe comme si les lignes de force avaient été tordues jusqu'à se rompre (comme un ressort de montre forcé), les taches solaires ne pouvant plus se former. Il ne subsiste qu'un magnétisme assez faible, représentant les vestiges du flux engendré dans les régions actives qui à ce moment ont disparu. C'est ce flux magnétique, dispersé peu à peu sur une zone très étendue en latitude, qui va former le champ dipolaire. Le champ poloïdal se transforme de nouveau en champ toroïdal et le cycle recommence.

La théorie de la dynamo solaire semble expliquer tous les aspects cycliques du magnétisme solaire : l'existence des paires de taches bipolaires et leurs polarités (loi des polarités de Hale), la variation périodique du nombre de taches, leur migration vers l'équateur (diagramme papillon), leur orientation grosso modo est-ouest et l'inversion périodique du champ magnétique dipolaire. Cependant, des incertitudes demeurent et bien des points de détail de la théorie de la dynamo solaire sont incertains ou incomplets et jusqu'à présent aucun modèle n'a permis de rendre compte de toutes les observations. En fait, les avis sont partagés et quelques astrophysiciens pensent qu'il existe un autre mécanisme actuellement inconnu.

Les données de l'héliosismologie montrent, par exemple, que la rotation différentielle persiste dans toute l'épaisseur de la zone de convection (dans cette zone, la rotation ne varie pas de façon significative avec la profondeur – voir le paragraphe 4.4). Par conséquent, tout effet dynamo prenant naissance dans la zone de convection, devrait se propager radialement vers l'extérieur, au lieu de créer un mouvement symétrique de brassage des latitudes moyennes vers l'équateur. Cela semble indiquer que la dynamo solaire se situe peut-être à une profondeur plus importante que ne le supposait Babcock au départ.

Si la dynamo solaire existe, elle se situe peut-être à la base de la zone de convection, où le gradient radial de rotation est fort, plutôt que dans la zone de convection elle-même. Cette zone profonde peut enrouler périodiquement le champ magnétique poloïdal présent dans cette région, et le transformer en un champ toroïdal. Pour une raison ou pour une autre, le champ monte à travers la zone de convection pour produire les taches solaires et leur comportement cyclique. Mais personne n'a encore « observé » les champs magnétiques en profondeur dans le Soleil.

La nature du champ magnétique solaire, ainsi que sa relation avec la rotation et les mouvements turbulents de la convection seront peut-être précisées par les futures observations héliosismologiques (voir le paragraphe 4.5). Nous devrons certainement satisfaire à de nouvelles contraintes pour expliquer les processus qui sont à l'origine de l'activité magnétique et qui, en définitive, couplent celle-ci à l'atmosphère solaire. Toujours est-il que pour l'instant, l'origine du cycle undécennal reste une énigme.

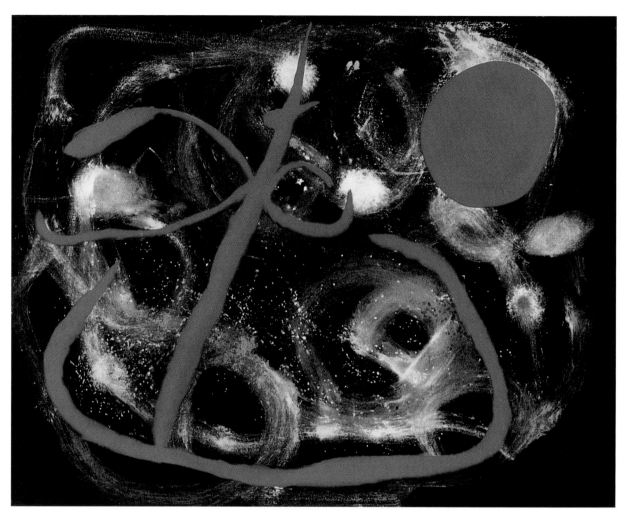

Joie d'une petite fille devant le Soleil, Joan Miró, 1960. La forme rouge représente une petite fille qui semble danser avec le disque du Soleil et se projeter dans l'immensité de l'espace. Quelques touches blanches, dispersées sur le fond noir, le font apparaître, par endroits, léger et bleuté comme une galaxie dans le ciel nocturne. (Collection privée)

CHAPITRE 6

Un monde invisible en perpétuel changement

6.1 LA LIMITE VISIBLE DU SOLEIL EST UNE ILLUSION

Le Soleil n'est qu'une gigantesque sphère de gaz incandescent qui s'étend jusqu'à l'infini; le gaz, comprimé au centre, devient de plus en plus ténu vers l'extérieur. Par exemple, la photosphère, qui représente la surface visible, est environ dix mille fois moins dense que l'air que nous respirons. Au-delà, les gaz sont si raréfiés qu'ils ont la transparence de notre atmosphère.

D'ailleurs, c'est à cause de leur transparence en lumière visible, que nous utilisons le terme atmosphère pour désigner les couches supérieures du Soleil. La photosphère est la couche la plus basse et la plus dense de l'atmosphère solaire. La partie la plus externe n'est observable qu'au cours des éclipses ou avec des instruments spéciaux (voir plus loin); c'est un domaine chargé d'énergie, siège de fulgurants bouleversements, de températures extrêmes et d'éruptions violentes qui peuvent affecter profondément l'environnement terrestre.

Observer le Soleil c'est comme regarder par un jour de brouillard. A une certaine distance, l'épaisseur devient telle qu'une barrière opaque se forme; le brouillard devient si dense que le rayonnement ne peut pénétrer davantage et que nous ne pouvons voir plus loin De la même façon, on ne peut observer dans l'atmosphère solaire qu'à travers une certaine quantité de gaz. En lumière visible, cette couche opaque est la photosphère, d'où nous proviennent lumière et chaleur.

Du lever au coucher du Soleil, nous n'observons que la photosphère et les couches profondes demeurent cachées. De plus, à cause de la transparence de l'atmosphère solaire, dans le visible nous ne pouvons rien observer devant la photosphère.

La lumière blanc-jaune de la photosphère ne provient, en fait, que d'une couche infime de 300 kilomètres d'épaisseur, représentant moins de 0,05 % ($5 \cdot 10^{-4}$) du rayon solaire; c'est cette couche qui, à l'oeil nu, fait apparaître le Soleil comme un disque au bord net. (La photosphère est si mince et si diffuse, que par rapport aux normes terrestres, on pourrait la considérer comme un milieu vide; mais comme nous l'avons vu dans le paragraphe 2.4, ce sont les ions hydrogène négatifs qui lui confèrent cette extraordinaire opacité.)

Néanmoins, le bord net du Soleil est une illusion! Etant entièrement gazeux, il n'a pas de caractéristiques observables permanentes. La spécification d'une «surface» séparant l'intérieur de l'extérieur n'est qu'une question de choix qui dépend de la longueur d'onde permettant d'observer à une altitude donnée.

La chromosphère (du Grec *chromos*, couleur) se trouve juste au-dessus de la photosphère; elle est si faible qu'elle n'a été observée pour la première fois qu'au moment d'une éclipse totale de Soleil. Elle devient visible au limbe quelques secondes avant ou après la totalité, sous forme d'une frange étroite, de couleur rose ou rubis. (Au cours d'une éclipse totale, le disque de la Lune occulte la photosphère et le limbe lunaire coïncide avec celui du Soleil.) Le spectre de la chromosphère est un «renversement» de celui de la photosphère; en effet, quelques unes des raies observées en absorption dans ce dernier sont vues en émission dans le spectre chromosphérique. (Cette couche est dite *couche renversante*.)

La limite supérieure de la chromosphère a un aspect déchiqueté et irrégulier, présentant de petites extensions en forme d'épi, appelées spicules (Fig. 6.1), qui s'élèvent à une altitude de 10 000 kilomètres. Ils mon-

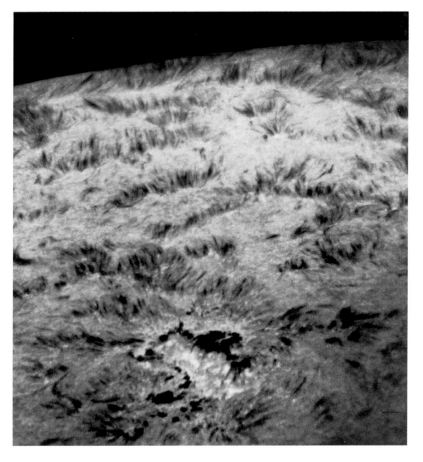

Fig. 6.1. Cliché en H-alpha montrant des rangées de spicules sombres. Ces structures, qui ont une durée de vie de l'ordre de quelques minutes, sont des jets de gaz qui atteignent 10 000 kilomètres d'altitude et qui jaillissent hors de la chromosphère avec des vitesses supersoniques. Les spicules sont mille fois plus denses que le matériel environnant et on les voit en absorption sur le fond brillant de la chromosphère. Ils pourraient représenter des tubes magnétiques canalisant le flux d'énergie qui chauffe la couronne. (National Solar Observatory, NOAO)

tent et retombent comme le clapotis des vagues par gros temps, ou comme la flamme d'une bougie dans le vent; leur durée de vie moyenne est comprise entre 5 et 10 minutes. Dans les régions polaires du Soleil, des macro-spicules s'élèvent à une altitude plus grande et ont des durées de vie un peu plus longues. On estime qu'à tout instant 500 000 spicules «dansent» ainsi au-dessus de la photosphère.

La couleur de la chromosphère est celle de la raie H-alpha, produite par les atomes d'hydrogène émettant dans le rouge, à la longueur d'onde de 656,3 nanomètres; c'est la raie d'émission la plus brillante de la chromosphère. Grâce au spectrohéliographe, on peut obtenir des images monochromatiques (Figs. 5.4 et 5.5 dans le chapitre précédent) qui permettent d'observer la chromosphère sur l'ensemble du disque; en effet, lors des éclipses, seules les observations au limbe sont possibles.

A une altitude encore plus élevée, on trouve la couronne, également visible à l'oeil nu lorsque le Soleil est occulté par la Lune. (Le cône d'ombre de la Lune balaie la Terre à la vitesse de 1600 kilomètres par heure (soit 450 m s⁻¹ environ), si bien que la plus longue éclipse, observée depuis le sol, dure un peu moins de 8 minutes.) Pendant ces brefs instants, on l'observe alors sous forme d'un léger halo chatoyant, de lumière nacrée, qui s'étend sur le ciel assombri (Fig. 6.2). Le spectre de la couronne est particulier; les couleurs pâles du fond continu sont traversées par quelques raies d'émission qui ne correspondent ni aux raies de la photosphère, ni à celles de la chromosphère.

Francis Bailey, agent de change et astronome amateur enthousiaste, nous a laissé une description imagée de la spectaculaire couronne de lumière observée lors de l'éclipse de 1842:

> Je fus abasourdi par un tonnerre d'applaudissements venant
> des rues en contre bas et au *même moment*, je fus électrisé
> à la vue d'un des phénomènes les plus fulgurants et les plus
> magnifiques que l'on puisse imaginer. Car à cet instant,
> le disque noir de la Lune fut *tout à coup* entouré d'une
> *couronne*, une sorte de *gloire* brillante .... Pendant
> l'obscurité totale je m'attendais à voir une cercle lumineux
> autour de la Lune ..., mais l'événement le plus remarquable
> fut l'allure de *trois grandes protubérances* qui semblaient
> se dégager de la circonférence de la Lune, et qui, à
> l'évidence, formaient une partie de la couronne.[26]

Les protubérances observées par Bailey, étaient des arches de gaz incandescent formant des boucles dans la couronne et soutenues par des forces magnétiques intenses (voir le chapitre 5).

Contrairement à la photosphère et à la chromosphère, si peu épaisses, la couronne s'étend dans tout le système solaire. Cette partie la plus externe de l'atmosphère du Soleil, en expansion continuelle dans l'espace interplanétaire et dans l'espace interstellaire, donne naissance au

Fig. 6.2. Photographie à exposition multiple d'une éclipse totale de Soleil. Le Soleil et la Lune ont presque le même diamètre apparent et au moment d'une éclipse totale, la Lune occulte la photosphère. (Photo prise le 16 février 1980 par Akira Fujii)

vent solaire dont l'influence se fait sentir jusqu'à mi-chemin de l'étoile la plus proche (voir le paragraphe 6.5). En outre, la couronne est un milieu si raréfié, les électrons y sont si peu denses, qu'un million de kilomètres cubes ne représentent qu'une masse de 10 grammes.

La luminosité de la couronne n'est que le millionième de celle de la photosphère, il n'est donc pas surprenant qu'elle ne soit visible, à l'oeil nu, qu'au cours des éclipses totales. En lumière blanche, le halo coronal est dû à la diffusion de la lumière de la photosphère par les électrons libres (aux températures élevées de la couronne, la matière est ionisée.) La densité infime de la couronne explique aisément son aspect léger; en effet, la majeure partie du rayonnement émis par la photosphère la traverse sans rencontrer d'électrons et seule une faible fraction des photons est diffusée. (Les électrons diffusent la lumière comme les poussières dans un rayon de

Soleil.) Cependant, la couronne n'est «faible» que par contraste avec la photosphère, car son éclat intrinsèque est comparable à celui de la pleine Lune.

Lorsque l'on observe la couronne dans le visible, on observe la distribution des électrons libres, confinés et modelés par les champs magnétiques et qui en épousent toutes les variations. Les observations en lumière polarisée permettent de distinguer deux composantes: la couronne F (F pour Fraunhofer), non polarisée, composée de poussières interplanétaires qui diffusent le rayonnement solaire et la couronne K (K pour *kontinuum*), polarisée, plus intense, où le rayonnement est diffusé par les électrons libres.

Les images en lumière blanche nous révèlent la densité coronale. (L'intensité lumineuse est proportionnelle à la densité des électrons, intégrée le long de la ligne de visée.) Les électrons, très concentrés à l'intérieur des boucles magnétiques proches du Soleil, créent des structures en forme de bulles arrondies ou en forme d'arches qui s'étirent en queues radiales: les jets coronaux «en bulbe» ou «en casque» (Figs. 6.3 et 6.4). Dans les zones externes de la couronne, ces structures deviennent plus étroites, elles sont surmontées ou prolongées par de longs pédoncu-

Fig. 6.3. La couronne arachnéenne. Photographie en lumière blanche de l'éclipse du 11 juillet 1991, alors que le cycle solaire était proche d'un maximum. Les structures de la couronne s'étendent sur une distance de plusieurs rayons solaires. On distingue de nombreuses plumes radiales et des jets coronaux en bulbes. Shigemi Numazawa est astrophotographe et grâce à une technique de chambre noire très sophistiquée, il a obtenu ce cliché en combinant entre elles huit photographies prises avec des temps d'exposition allant de 1/15e de seconde à 8 secondes. S. Numazawa, président du Japan Planetarium Laboratory à Niigata, est aussi un illustrateur astronomique renommé. (Photographie copyright 1991, Shigemi Numazawa)

Fig. 6.4. Structures coronales. Croquis des principales structures observées lors de l'éclipse de 11 juillet 1991 (voir Fig. 6.3). La lettre *a* marque la limite nette d'un jet et la lettre *b* des plumes polaires. Les lettres majuscules indiquent les axes d'orientation. (Serge Koutchmy, Institut d'Astrophysique de Paris, CNRS et de Iraida S. Kim, Institut Astronomique Sternberg, Université d'Etat de Moscou)

les qui s'étendent dans l'espace interplanétaire sur des distances importantes (Fig. 6.5).

Les jets coronaux en bulbes sont enracinés dans les boucles magnétiques qui parfois enjambent les régions actives et connectent entre elles des zones de polarités opposées. Souvent aussi, les jets surplombent des protubérances quiescentes, de durée de vie longue; en général, ces protubérances sont noyées dans les boucles magnétiques fermées qui se trouvent à la base des jets. Ces boucles brillantes confinent le matériel coronal le plus dense à proximité de la photosphère, sur une distance de un ou deux rayons solaires.

Les lignes de champ fermées des régions bipolaires denses, qui se trouvent à la base des jets coronaux en bulbes, s'étirent pour former une configuration où le champ magnétique est plus faible et où les lignes de champ sont ouvertes. Ces longs jets gracieux s'étendent dans l'espace interplanétaire sur des distances qui peuvent atteindre au moins 10 millions de kilomètres (14 rayons solaires). Bien que le plasma coronal soit piégé à l'intérieur de régions aux lignes de champ fermées, il peut s'écouler le long des limites des pédoncules des jets coronaux où les lignes de champ sont ouvertes; il peut aussi s'évaporer depuis le sommet des bulbes. Les modèles permettent de penser que les champs magnétiques pourraient aussi se reconnecter, et que des courants électriques pourraient s'écouler le long de ces grandes extensions où les lignes de force de polarités opposées sont en contact étroit.

Fig. 6.5. Jets coronaux. Cette image de l'éclipse du 22 juillet 1990, prise avec un filtre à gradient radial de densité, a subi un traitement numérique pour renforcer les détails fins peu contrastés. On observe de nombreux jets rectilignes qui s'étendent, depuis le centre du Soleil, sur une distance de six rayons solaires (4 millions de kilomètres). Ces jets ne sont pas strictement radiaux. Dans la zone interne de la couronne certains d'entre eux sont légèrement courbés, si bien qu'ils ne convergent pas exactement au centre; quelques uns semblent même prendre naissance au-dessus du limbe. Sur ce cliché, le nord est en haut et l'est à gauche. (Serge Koutchmy, Institut d'Astrophysique de Paris, CNRS)

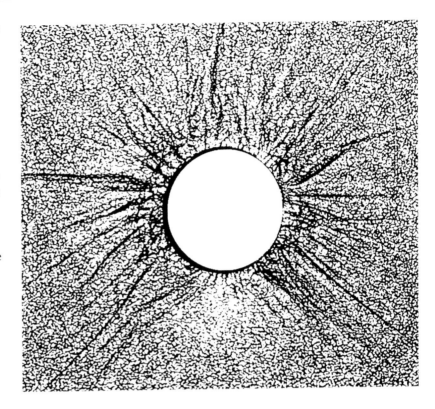

La structure de la couronne est «façonnée» par le champ magnétique qui varie avec le nombre de taches et avec le degré d'activité du Soleil. Aux époques de maxima, lorsque l'activité magnétique est la plus intense, les jets entourent tout le limbe et très probablement l'ensemble du Soleil (Fig. 6.6). Lorsque les taches solaires sont peu nombreuses, l'activité magnétique relativement faible est essentiellement concentrée dans les régions équatoriales où les taches sont localisées (Fig. 6.7). A ce moment d'activité réduite, on observe une ceinture équatoriale de jets coronaux qui s'étendent pour former une nappe neutre où les polarités magnétiques sont inversées (voir aussi le paragraphe 6.5). Aux pôles, où la couronne est plus ténue qu'à l'équateur, un faisceau de plumes diverge vers l'espace interplanétaire et souligne les lignes de forces du champ magnétique global dipolaire (voir aussi la Fig. 6.7).

Toutes ces observations réalisées au cours d'éclipses montrent que la configuration générale de la couronne varie avec le cycle undécennal. Lorsque le cycle est proche d'un maximum, la couronne a un aspect symétrique et les structures coronales entourent l'ensemble du disque solaire; lorsqu'il est proche d'un minimum, elle est considérablement aplatie dans les régions équatoriales. La largeur et l'extension radiale des jets coronaux sont également liées au cycle d'activité. Au maximum, ils sont plus petits et plus courts (à ce moment, près des pôles, leur direction n'est plus tout à fait radiale); au minimum, ils sont larges et bien déve-

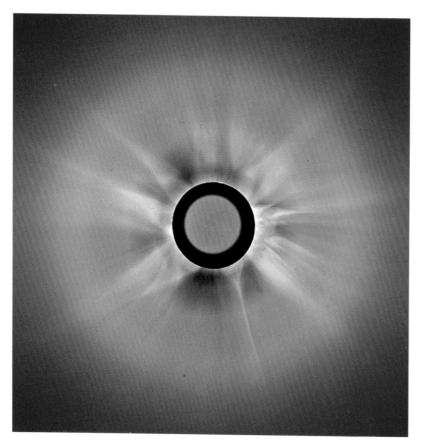

Fig. 6.6. La couronne à l'époque du maximum. La photographie a été prise depuis Yellapur, en Inde, lors de l'éclipse du 16 février 1980; la totalité a duré un peu moins de 3 minutes. Au maximum du cycle, la couronne est symétrique et les jets ressemblent aux pétales d'une fleur; depuis le centre du Soleil, ils s'étendent sur une distance de 4 millions de kilomètres. Ce cliché a été pris avec un filtre à gradient radial de densité qui permet de compenser la brusque diminution de la densité des électrons avec la distance et donc la diminution de la luminosité. (Johannes Dürst et Antoine Zelenka, Observatoire Fédéral Suisse)

loppés au voisinage de l'équateur. C'est comme si le Soleil avait une certaine ration de magnétisme à distribuer en totalité. Au maximum d'activité, le magnétisme est dispersé sur l'ensemble du disque et sa force globale est affaiblie; au minimum, il est concentré dans des structures équatoriales plus étendues.

Le coronographe permet d'observer la couronne en dehors des éclipses; il s'agit d'une lunette astronomique munie d'un disque qui occulte la lumière de la photosphère. Le premier coronographe fut construit en 1930 par l'astronome français Bernard Lyot et installé à l'Observatoire du Pic du Midi dans les Pyrénées. Comme Bernard Lyot s'en rendit compte, de telles observations sont limitées aux sites d'altitude où la transparence et la pureté de l'atmosphère réduisent la diffusion de la lumière solaire. Plus le site est élevé, plus l'air est pur, plus le ciel est sombre et mieux on observe la couronne entourant la «Lune» miniature du coronographe.

Mais les meilleures images sont celles que l'on obtient avec les satellites, hors de l'atmosphère, où le ciel diurne est d'un noir profond. Un coronographe à bord de Skylab a permis de découvrir dans tous ses détails les modifications extraordinaires de la couronne, en particulier

Fig. 6.7. La couronne à l'époque du minimum. Cette photographie a été prise le 30 juin 1973, avec un filtre à gradient radial de densité, depuis Loiyengalani au Kenya. Lorsque le cycle est proche d'un minimum, les jets coronaux sont concentrés au voisinage de l'équateur solaire et ressemblent ici aux ailes d'un papillon. Dans les régions polaires, on distingue assez nettement des plumes. On peut comparer ce cliché avec les clichés 6.3 et 6.6. (Peter A. Gilman et Arthur J. Hundhausen, High Altitude Observatory, National Center for Atmospheric Research)

les transitoires coronaux (ou éjections de masse coronale), sortes de bulles en expansion qui peuvent atteindre la taille du Soleil. Néanmoins, la diffusion instrumentale, inhérente à tous les coronographes, ne permet de détecter que les parties les plus brillantes de la couronne interne et les images ne donnent qu'une vue de profil limitée, une projection sur le fond du ciel.

Les rayonnements de différentes longueurs d'onde pénètrent à des profondeurs bien déterminées et par conséquent prennent naissance à différentes altitudes. En sélectionnant une longueur d'onde dans le spectre électromagnétique, on peut se focaliser sur les différentes couches de l'atmosphère solaire et en combinant entre elles les observations, on peut construire une image à trois dimensions. Cet effet peut être comparé à la mise au point des foyers d'une paire de jumelles, nous permettant de voir plus ou moins loin.

Ce que nous observons sur le Soleil dépend de la façon dont nous le regardons! Bien sûr, la physionomie complexe du Soleil change de longueur d'onde en longueur d'onde, ou de couche en couche, comme si à chacune de ces occasions il portait un masque. Par exemple, en rayons X ou en ondes radio, on observe les couches les plus élevées et les plus chaudes de l'atmosphère et la couronne est visible sur l'ensemble du disque solaire. La couronne est un milieu dynamique, toujours changeant, un domaine chargé d'énergie dont la température atteint 1 million de degrés, siège de violentes éruptions. Le Soleil n'est calme qu'en apparence, il évolue continûment en phase avec le magnétisme, aucune structure n'est permanente.

6.2 LA COURONNE À UN MILLION DE DEGRÉS

Lors de l'éclipse du 7 août 1869, Charles A. Young et William Harkness découvrirent indépendamment la présence d'une brillante raie verte d'émission dans le spectre de la couronne. De prime abord, personne ne put identifier cette raie avec celles d'un élément connu et les astronomes l'attribuèrent à un nouvel élément qu'ils appelèrent coronium.

ENCADRÉ 6A
Mesurer la température de la couronne

Finalement, les raies d'émission de la couronne furent identifiées à celles d'éléments terrestres communs mais soumis à des températures de l'ordre du million de degrés. Toutefois, l'extension de la couronne au-delà du disque solaire, la largeur des raies d'émission et l'absence de raies de Fraunhofer avaient déjà mis les astronomes sur la voie.

A l'image de la Terre dont la gravité retient une couche d'atmosphère peu épaisse, le gigantesque champ gravitationnel du Soleil pourrait permettre l'existence d'un gaz relativement froid, proche de la photosphère; mais ceci est en contradiction avec la gigantesque extension de la couronne. Pour soutenir une telle enveloppe contre l'effet de la gravité, une température de un million de degrés est nécessaire.

Les caractéristiques des raies spectrales permettent de déduire la température, mais aussi d'étudier les mouvements du gaz. Plus le gaz est chaud, plus les vitesses des particules sont grandes et plus les longueurs d'onde sont décalées par effet Doppler-Fizeau. Ces décalages élargissent les raies spectrales et constituent un «thermomètre» permettant de mesurer la température de la couronne. Déjà en 1941, Bengt Edlén remarqua que les largeurs des raies d'émission du fer indiquaient une température de 2 millions de degrés.

L'émission de la couronne en lumière blanche est due à la diffusion du rayonnement solaire par les électrons coronaux; ces derniers sont animés de très grandes vitesses et les raies spectrales sont élargies par effet Doppler-Fizeau; elles sont si étalées qu'on ne les distingue plus du spectre continu et, de ce fait, deviennent invisibles.

En revanche, dans la photosphère, la température des atomes n'est que de 6000K et par conséquent, leurs vitesses ne sont pas assez grandes pour «diluer» ainsi les raies d'absorption.

Devant cette évidence, les astronomes montrèrent peu d'enthousiasme non seulement parce que d'après eux, les raies d'émission coronales pouvaient être dues à des éléments inconnus, mais aussi parce qu'ils ne s'attendaient pas à ce qu'un flux de chaleur pût s'écouler de la photosphère «froide», vers la couronne plus chaude.

Convaincus de l'existence de cet élément, les astronomes prirent un retard de plusieurs années jusqu'à ce qu'il devînt certain qu'il n'y avait pas de place pour lui dans la classification périodique; il s'agissait, plus vraisemblablement, d'un élément connu se trouvant dans un état inhabituel. Néanmoins, la solution de cette énigme se fit attendre pendant soixante-dix ans. Pendant ce temps, les observations réalisées lors des éclipses révélèrent l'existence d'au moins 10 raies d'émission n'ayant jamais été observées sur terre. En 1941, guidé par une suggestion de l'Allemand Walter Grotrian, le Suédois Bengt Edlén montra que ces raies étaient émises par des éléments comme le fer, le calcium et le nickel dont les atomes, très fortement ionisés, avaient perdu 10 à 15 de leurs électrons. Par exemple, la raie verte à 530,3 nanomètres est due à du fer qui a perdu la moitié de ses 26 électrons (Fe XIV).

Edlén comprit que ces atomes très fortement ionisés ne pouvaient exister qu'à des températures de plus d'un million de degrés (voir aussi l'encadré 6A)! A de telles températures, les électrons arrachés des noyaux atomiques sont animés de grandes vitesses. (Les ions de charge positive ont une masse plus importante et de ce fait, ils se déplacent plus lentement que les électrons). Les électrons libres de la couronne sont si rapides qu'à leur tour, ils peuvent facilement arracher d'autres électrons lorsqu'ils frappent un atome ou un ion. A une telle température, seuls les atomes les plus lourds comme le fer sont capables de conserver quelques uns de leurs électrons.

Les raies coronales qui ne peuvent être observées en laboratoire sont dites raies interdites. D'après la théorie quantique, lorsqu'un ion est excité, les électrons qui lui sont encore attachés peuvent se trouver redistribués sur certaines orbites de vie longue; les électrons émettent les raies interdites quand, à la longue, ils finissent par s'échapper de ces orbites excitées. Cependant, sur terre, même dans le vide le plus poussé, les collisions fréquentes arrachent les électrons de leurs orbites avant qu'ils aient pu émettre ces raies interdites.

Les électrons libres diffusent une faible partie de la lumière photosphérique, comme les molécules de l'air qui donnent sa couleur bleue à notre ciel. Le vide de la couronne est si poussé que pour la plupart, les photons la traversent sans être diffusés; dans le visible, la couronne est un million de fois moins lumineuse que la photosphère.

Bien que les particules du plasma coronal soient très rapides, elles sont si peu nombreuses que la densité d'énergie de la couronne est assez faible. Le millionième de l'énergie totale produite par le Soleil suffit pour la chauffer. Et bien que les électrons libres soient extrêmement chauds, ils sont séparés les uns des autres par de si grandes distances qu'un astronaute ou un satellite ne seraient pas brûlés s'ils plongeaient dans la couronne. A une température d'un million de degrés, si elle était aussi dense que les régions sous-jacentes, son énergie serait suffisante pour vaporiser la Terre.

La basse couronne renferme un milliard d'électrons et de protons par centimètre cube ($10^9\,\mathrm{cm}^{-3}$), ce qui à priori semble important ; mais elle est cent fois moins dense que la chromosphère ($10^{11}\,\mathrm{cm}^{-3}$) et cent millions de fois moins dense que la photosphère ($10^{17}\,\mathrm{cm}^{-3}$). Cette baisse moyenne de la densité en fonction de la distance au Soleil s'accompagne d'une augmentation générale de la température, de 6000 K dans la photosphère ; elle passe à 10 000K dans la chromosphère, pour atteindre 10^6 K dans la basse couronne (Fig. 6.8). La zone de transition entre la chromosphère et la couronne a moins de 100 kilomètres d'épaisseur ; la température et la densité varient brusquement, la première croît tandis que la seconde décroît, de façon à ce que la pression du gaz reste constante (voir aussi la Fig. 6.8). Puis, la couronne s'amenuise et se refroidit lentement à mesure qu'augmente la distance au Soleil ; au niveau de l'orbite terrestre, la densité n'est plus que de 5 électrons et de 5 protons par centimètre cube et la température a chuté vers 100 000 K.

Les températures énormes qui règnent dans la couronne ont été confirmées par les études en ondes radio et en rayons X. Lorsqu'un électron rapide passe près d'un ion positif, il se produit une interaction électrique entre les deux particules de charges opposées. La trajectoire de l'électron est courbée par l'attraction due à la charge de l'ion ; l'ion, assez lourd, est peu dévié, mais l'électron, plus léger, change de direction en émettant en ondes radio et en rayons X. Pour désigner ce phénomène, les astronomes utilisent le mot allemand *Bremsstrahlung* ou rayonnement de freinage. L'intensité du bremsstrahlung radio et X est utilisée comme thermomètre. (Ce rayonnement est un rayonnement thermique, puisqu'il dépend du mouvement au hasard d'électrons de haute température ; l'interaction

Fig. 6.8. Zone de transition. Ce diagramme en échelle logarithmique représente, pour des régions calmes du Soleil, les distributions de la température et de la masse volumique du gaz en fonction de l'altitude. La température décroît depuis des valeurs voisines de 6 000 K au niveau de la photosphère, jusqu'à 4 400 K vers 500 kilomètres d'altitude, à la base de la chromosphère. Ensuite, la température augmente, tout d'abord lentement, puis très brusquement au niveau de la zone de transition où elle atteint 1 million de kelvins (elle est multipliée par un facteur 100) ; cette zone, située entre la chromosphère et la couronne, a moins de 100 kilomètres d'épaisseur. La raison pour laquelle on observe cette montée abrupte des températures dans la zone de transition n'est pas encore bien comprise. (Eugene Avrett, Smithonian Astrophysical Observatory)

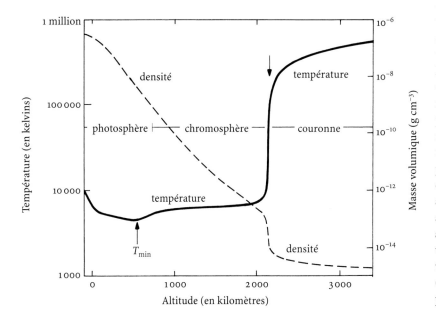

électron-ion positif est appelée *free-free* puisque les électrons restent libres de toute liaison, tant avant, qu'après.)

Dans les domaines radio et X du spectre électromagnétique, on peut observer la couronne sur l'ensemble du disque avec une grande résolution spatiale et temporelle (Fig. 6.9). En effet, la photosphère, beaucoup plus froide que la couronne, est une source négligeable d'ondes radio et de rayons X, tandis que cette dernière émet presque toute son énergie en rayons X, qui sont des photons de haute énergie. Les photons radio, moins énergétiques, sont utilisés pour sonder différents niveaux dans la couronne, mais aussi pour déterminer l'intensité et la structure de son champ magnétique. Toutefois, malgré cette possibilité d'obtenir des images de la couronne depuis le sol (radio) et depuis l'espace (rayons X), le mécanisme de son chauffage demeure une énigme.

C'est d'ailleurs tout à fait surprenant que la photosphère, plus proche du coeur, soit beaucoup plus froide que la couronne. Situation paradoxale, car un flux de chaleur ne peut s'écouler du plus froid (la photosphère) vers le plus chaud (la couronne). Plus on s'éloigne d'un feu, moins on est réchauffé.

A priori, on n'avait pas de raison de penser que la température de la couronne fût beaucoup plus élevée que celle des couches de l'atmosphère immédiatement sous-jacentes. Tout cela est contraire au bon sens et viole le second principe de la thermodynamique, qui dit qu'un flux de chaleur ne peut être transféré continûment d'un corps froid vers un corps chaud, sans que l'on soit obligé de fournir du travail. Depuis des décennies, ce problème inattendu déconcerte les astronomes et ils essayent toujours de trouver une explication.

Comme nous l'avons vu, la couronne a une densité si faible qu'elle est transparente à la majeure partie du rayonnement photosphérique; il ne fait que la traverser sans y apporter une quantité d'énergie substantielle et poursuit son voyage jusqu'à la Terre où il nous réchauffe. (De plus, cette émission de lumière contribue au refroidissement de la photosphère, malgré la présence de la couronne qui l'enveloppe.) Par ailleurs, comme la couronne est un million de fois moins lumineuse dans le visible que la photosphère, le transfert de chaleur de la couronne vers cette dernière est très faible.

Ainsi, la dissipation de l'énergie du rayonnement ne peut nous aider à résoudre ce paradoxe et nous devons chercher d'autres sources d'énergie. Parmi les mécanismes possibles, certains tiennent compte de l'énergie cinétique, d'autres de l'énergie stockée dans les champs magnétiques. Contrairement à l'énergie radiative, ces deux formes d'énergie peuvent s'écouler depuis des régions froides vers des régions chaudes. Même lorsque le Soleil est calme, on observe le bouillonnement de la photosphère et le magnétisme se fraye une chemin à travers toute l'atmosphère.

Pendant plusieurs dizaines d'années, le chauffage de la couronne fut attribué à la dissipation de l'énergie d'ondes acoustiques et cette explica-

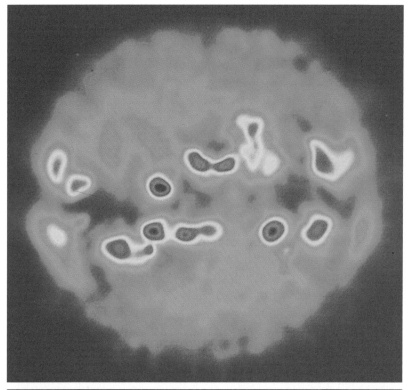

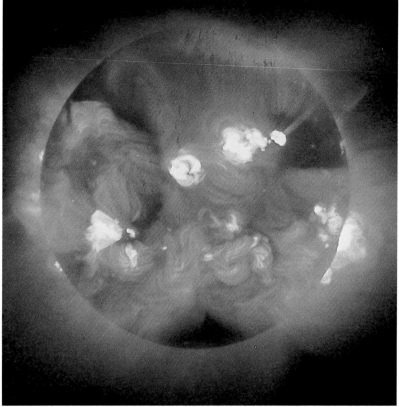

Fig. 6.9. Le Soleil en ondes radio (*en haut*) et en rayons X (*en bas*). Dans ces deux domaines de longueurs d'onde, vers l'époque du maximum du cycle, on observe des bandes parallèles d'émissions intenses et localisées dues au plasma chaud piégé dans les boucles coronales qui se développent au voisinage des taches solaires. Le cliché radio a été obtenu à 20 cm de longueur d'onde avec le VLA *(Very Large Array)*, près de Socorro, au Nouveau Mexique (26 septembre 1981). Le cliché X a été obtenu dix ans plus tard (12 novembre 1991) avec le télescope à rayons X mous (*Soft X-ray Telescope*) de la sonde Yohkoh. Yohkoh a été conçue par le Japanese Institute of Space and Astronautical Science (ISAS). Le SXT a été mis au point par le Lockheed Palo Alto Research Laboratory (LPARL), le National Astronomical Observatory du Japon et l'Université de Tokyo, avec le concours de la NASA et de l'ISAS. [George Dulk, Dale Gary et Tim Bastian, Université du Colorado (*cliché du haut*); LPARL et NASA (*cliché du bas*)]

tion fut acceptée par le plus grand nombre. En 1948–49, Ludwig Biermann, Evry Schatzman et Martin Schwarzschild pensèrent, indépendamment, que cette température élevée était maintenue par le «bruit»
acoustique engendré par la convection. Les mouvements de montée et de
descente du gaz dans les granules devaient créer des ondes sonores dans
l'atmosphère solaire, à la façon d'un haut-parleur dans l'air. En traversant l'atmosphère très raréfiée, les ondes acoustiques devaient s'accélérer, se renforcer et se transformer en ondes de choc, semblables au
«bang» des avions supersoniques. On pensait alors que les ondes de choc
dissipaient rapidement leur énergie et produisaient assez de chaleur
pour expliquer des températures coronales si élevées.

Presque toutes les ondes acoustiques sont réfléchies vers l'intérieur
et sont piégées dans le Soleil (voir paragraphe 4.1), mais un faible pourcentage parvient probablement à traverser la photosphère et à pénétrer
dans la chromosphère.

Ainsi, la basse chromosphère serait chauffée par des ondes acoustiques dont les périodes sont comprises entre 2 et 4 minutes et qui prennent naissance dans la zone de convection; celles-ci se transforment
en ondes de choc qui se dissipent dans les petits tubes de flux magnétiques qui font briller la chromosphère. Ces arguments sont compa-
tibles avec le fait que d'autres étoiles possédant des zones convectives
ont des chromosphères, tandis que pour celles qui n'en possèdent pas,
on ne détecte pas de chromosphère. Cependant, depuis les observations
du spectre en ultraviolet faites par Skylab dans les années 70, il est ap-
paru que la quantité d'énergie dissipée par les ondes de choc atteignant
la partie supérieure de la chromosphère était faible et qu'apparemment,
les ondes acoustiques ne pouvaient atteindre la couronne. (Les très forts
gradients de température et de densité de la zone de transition réfléchissent les ondes acoustiques et les empêchent de se propager dans la couronne.)

Les champs magnétiques jouent probablement un rôle essentiel dans
le processus de chauffage de la couronne; l'autre élément clé est le changement. L'émission en rayons X du gaz à haute température est plus intense dans les régions actives où les champs magnétiques sont les plus
forts et ce sont eux qui donnent à la couronne sa forme hétérogène et très
structurée. La couronne est liée magnétiquement à la photosphère sous-
jacente et à la zone de convection dont les mouvements peuvent pousser
les champs magnétiques et les réorganiser. De plus, la couronne évolue
continûment, de nouvelles boucles magnétiques émergent tandis que les
anciennes boucles se désintègrent.

Ainsi, des thèmes reviennent périodiquement pour expliquer les
températures coronales : le magnétisme hautement structuré et les changements turbulents. Mais le processus qui permet de transformer de
l'énergie magnétique en chaleur est sujet à controverse et il existe plusieurs scénarios possibles. Par effet de torsion ou par ébranlement des

points d'ancrage des champs magnétiques, des ondes magnétiques productrices de chaleur peuvent être déclenchées le long des lignes de force.
Les déformations lentes et les réarrangements du magnétisme coronal
pourraient induire des courants électriques qui s'écouleraient le long des
lignes de force et chaufferaient le plasma résistant, comme un filament de
lampe ou un élément de radiateur électrique s'échauffent lorsqu'ils sont
parcourus par un courant. D'après une troisième hypothèse, un couplage
soudain et localisé provoqué par la rencontre de polarités opposées (phénomène de reconnexion magnétique), aurait aussi pour résultat la libération, sous forme de chaleur, de l'énergie magnétique stockée.

En réponse aux mouvements de la zone de convection, les champs
magnétiques coronaux sont constamment déplacés et distordus. Lorsque
cela se produit, une tension agit et les fait revenir en arrière en créant des
ondes magnétiques qui se propagent dans la couronne où elles dissipent
leur énergie. Ces ondes seraient véhiculées le long des lignes de force magnétiques.

Ces ondes sont appelées ondes de Alfvén, du nom du théoricien Han-
nes Alfvén qui les a décrites mathématiquement pour la première fois et
on a détecté leur signature radio dans la couronne jusqu'à des distances
de 10 rayons solaires. Cependant, il est possible que ces ondes traversent
la couronne sans y libérer assez d'énergie. (En termes techniques, les ondes de Alfvén ne sont pas aisément amorties et elles ne dissiperaient pas
leur énergie assez rapidement pour chauffer la couronne de façon sensible.)

Les ondes de Alfvén peuvent être nécessaires pour expliquer le
chauffage des régions éloignées du Soleil, mais il faut envisager d'autres
interactions magnétiques pour expliquer le chauffage du plasma des
structures magnétiques fermées des régions actives. Leur intense émission en rayons X possède les qualités de chaleur requises et leur association avec les champs magnétiques les plus forts ne peut être accidentelle.
Les boucles qui émergent dans les régions actives se déplacent au gré des
mouvements de la zone convective. Lorsque les champs magnétiques
sont suffisamment distordus, ils peuvent s'effondrer de façon catastrophique pour produire une nouvelle configuration, accompagnée de la
formation de minces nappes de courant électrique, dans lesquelles
l'énergie est rapidement dissipée.

Les images radio et X de la couronne nous fournissent la preuve de
l'existence de ces champs magnétiques distordus et de celle de courants
électriques. Malgré tout, le chauffage de la couronne ne serait pas simplement dû aux tensions résultant des mouvements aléatoires, dans la photosphère, des points d'ancrage des boucles de champ magnétique. Les
images à haute résolution ne montrent pas d'émission X détectable au-
dessus de l'ombre d'une tache, où pourtant les champs magnétiques sont
les plus intenses; au contraire, les boucles magnétiques tombent dans la
pénombre.

Cela laisse supposer d'une part, que ce ne sont pas les champs magnétiques eux-mêmes qui chauffent la couronne et d'autre part, que les mouvements internes des régions actives éphémères pourraient jouer un rôle crucial.

La tension magnétique coronale s'amplifie sous l'action des mouvements des couches sous-jacentes et peut être libérée soudainement, de façon cataclysmique, par la reconnexion magnétique. Ce phénomène intervient lorsque de nouvelles boucles qui émergent interagissent avec des boucles préexistantes ou encore lorsque le champ magnétique entortillé se reconnecte lui-même. La reconnexion conduit rapidement à une configuration magnétique plus stable, elle s'accompagne de la libération de l'énergie stockée, qui pourrait chauffer la couronne.

D'après un scénario exposé dans ses grandes lignes par Eugene Parker, le chauffage uniforme de la couronne serait dû à l'effet cumulatif d'un grand nombre de petites éruptions (*flares*) peu énergétiques, soudaines et intermittentes, chacune d'elles libérant de l'énergie magnétique dans de petites boucles isolées. Ces nombreux épisodes explosifs non résolus, appelés micro-ou nanoéruptions, peuvent se produire n'importe où et ils sont vraisemblablement liés aux mouvements chaotiques et aux tensions. On suppose que ces microéruptions sont beaucoup plus nombreuses que les grandes éruptions et que leurs effets se cumulent pour produire la température coronale élevée. (On pense qu'une plus grande quantité d'énergie libérée par nanoéruption explique le taux de chauffage plus important des régions actives. Peut-être est-ce dû à la présence de champs magnétiques plus intenses?)

L'hypothèse de Parker est corroborée par l'observation dans la zone de transition d'événements dynamiques temporaires. Depuis l'espace, les observations à haute résolution en ultraviolet ont révélé des myriades de minuscules jets explosifs de matière, animés de grandes vitesses et provenant de la zone de transition. Ces événements se produisent dans les régions où des mouvements horizontaux entraînent le champ magnétique jusqu'aux limites des cellules convectives de la supergranulation. C'est également là que l'on trouve les spicules et que l'on observe une remontée des températures chromosphériques.

Les clichés en rayons X des régions actives montrent de nombreux points brillants qui «s'allument» et «s'éteignent» (voir aussi le paragraphe 6.4); en réalité, il ne s'agit pas de points mais de petites boucles magnétiques. Ces petites boucles explosives sont beaucoup plus fréquentes mais considérablement moins intenses que les grandes éruptions solaires. Leur «allumage» transitoire en rayonnement X est aussi plus fréquent dans les régions actives chaudes que dans les régions plus froides, semblant indiquer un chauffage par une injection discontinue de masse préchauffée ou par une faible activité explosive récurrente.

Mais pourquoi les champs magnétiques ne chauffent-ils pas la couronne jusqu'à ce qu'elle explose? Les électrons libres et les protons font de la couronne un excellent conducteur – sa conductivité est 20 fois plus grande que celle du cuivre. Par conséquent, la chaleur coronale est facilement emportée vers l'espace ou retourne vers le Soleil. En fait, une partie du matériel coronal s'échappe dans l'espace interplanétaire et l'espace interstellaire, en emportant de la chaleur et en conservant à la couronne une température assez stable. Cependant, le plasma coronal est en grande partie confiné par le champ magnétique, ce qui limite son expansion dans l'espace.

6.3 BOUCLES CORONALES FERMÉES ET TROUS CORONAUX OUVERTS

La couronne émet un rayonnement X de haute énergie qui est totalement absorbé par l'atmosphère terrestre. Depuis l'espace, de splendides images en X nous ont révélé la structure en trois dimensions de la couronne sur tout le disque solaire. La photosphère, plus froide (6000 K), n'est qu'une source négligeable de rayons X et elle apparaît en sombre sous la couronne.

Les premières images, assez sommaires, furent obtenues en 1960 par Herbert Friedman et ses collègues du Naval Research Laboratory, lors d'un vol de fusée sonde de 5 minutes. (Les fusées sondes sont encore utilisées pour tester les instruments solaires et la technologie des futures missions par satellite.) Ce n'est que treize ans plus tard, qu'elles furent remplacées par des clichés à haute résolution pris par les astronautes du laboratoire américain Skylab de la NASA, au cours de 9 mois de missions (1973–1974). Plus récemment, la sonde Yohkoh – «rayon de Soleil» –, lancée le 30 août 1995 par le Japanese Institute of Space and Astronautical Science (ISAS), nous a fourni des millions de clichés en rayonnement X qui sont aussi nets et aussi précis que ceux pris dans le visible depuis la surface du sol.

Sur les images en rayons X, la couronne n'est ni uniforme, ni symétrique. On découvre des boucles brillantes, incandescentes, étroitement corrélées avec les champs magnétiques, et des trous coronaux sombres, régions de faible densité, où les champs magnétiques s'ouvrent sur l'espace interplanétaire. Les séquences rapides d'images, transmises à la Terre par Yohkoh, montrent que les structures du plasma coronal et des champs magnétiques varient à toutes les échelles, spatiales et temporelles, et que les effets de ces variations se font sentir dans toute l'atmosphère solaire.

Les images en rayonnement X ont montré que les champs magnétiques tissent la structure de la couronne. Les boucles brillantes, fines, fermées, s'élèvent depuis la photosphère dans des régions de polarité magnétique positive et redescendent vers des régions de polarité négative. Par un processus encore inconnu, le matériel est concentré dans les boucles à des densités plus grandes et à des températures plus élevées et il émet plus intensément en rayons X que les régions avoisinantes. Cette émission X souligne la structure de l'atmosphère externe du Soleil.

Les télescopes à ultraviolet et à rayons X de Skylab ont surveillé de près les boucles magnétiques et ont enregistré les variations de leurs configurations dans des domaines spectraux variés. Il s'agit des raies permises, émises par les atomes ionisés piégés dans les boucles, et non des raies interdites que l'on détecte dans le visible. Puisque le degré d'ionisation d'un plasma dépend étroitement de sa température, ces raies spectrales permettent de focaliser sur les différentes «couches» des boucles coronales, à des températures précises comprises entre cent mille et plusieurs millions de kelvins, et de disséquer leur structure.

Des boucles en ultraviolet relativement froides, semblables à celles de la Fig. 6.10 et localisées assez loin au-dessus des régions actives, surmontent d'autres boucles plus chaudes ancrées dans les taches et émettant un rayonnement X intense. Parfois aussi, des boucles en ultraviolet assez petites sont insérées entre les jambes des boucles en X. Ainsi, les structures observées dépendent de la façon dont nous les regardons; aux différents domaines spectraux correspondent des boucles de différentes températures qui s'élèvent à des altitudes variées.

En utilisant des miroirs multicouches, finement surfacés afin d'augmenter leur réflectivité, et en mettant au point sur une seule raie X, on peut obtenir des images détaillées d'une netteté incroyable. De telles images ont été obtenues au cours de vols de fusées sondes de la NASA, avec une résolution de 0,75 seconde d'arc (soit 500 kilomètres) (Fig. 6.11); elles montrent que le plasma coronal est confiné à l'intérieur

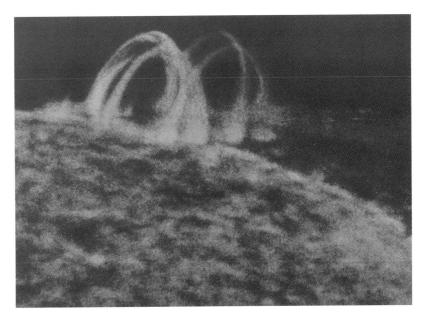

Fig. 6.10. Boucles coronales dans l'ultraviolet extrême. Les ions coronaux émettent d'intenses raies d'émission dans les longueurs d'onde les plus courtes de l'ultraviolet. Ce cliché a été pris par Skylab dans la raie du néon 6 fois ionisé (Ne VII) à 46,5 nm. Cette raie est excitée plus efficacement à des températures supérieures à 500 000 kelvins, nécessaires pour arracher 6 électrons aux atomes de néon. En effectuant un balayage en longueur d'onde, l'instrument a produit une image fantôme plus faible, dans la raie du calcium ionisé (Ca IX) à 46,6 nm. (Guenter E. Brueckner, Naval Research Laboratory)

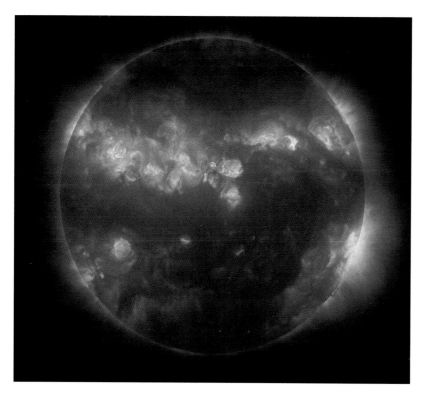

Fig. 6.11. Structure détaillée de la couronne en rayons X mous. Ce cliché du disque solaire nous permet de découvrir la structure des régions actives avec des détails d'une incroyable finesse. Il a été pris le 11 septembre 1989, par un télescope à incidence normale (NIXT – Normal Incidence X-ray Telescope), lors d'un vol fusée de 5 minutes. En focalisant sur le rayonnement monochromatique à 6,35 nm, on peut, en utilisant un miroir multicouches, avoir une meilleure résolution angulaire et un plus grand champ d'observation qu'avec des télescopes à incidence rasante. A cette longueur d'onde, le rayonnement X des régions actives est dominé par l'émission du fer 15 fois ionisé (Fe XVI) à 3 millions de degrés; dans la couronne calme, il est dominé par le magnésium ionisé (Mg X) à 1 million de degrés. (Leon Golub, Smithonian Astrophysical Observatory)

de boucles très minces, de quelques secondes d'arc d'extension qui sont parfois 100 fois plus longues que larges; ce sont des structures très complexes et complètement enchevêtrées. Les images à haute résolution montrent également que les boucles magnétiques chaudes plongent dans les régions où l'émission chromosphérique est la plus intense – comprenant la pénombre des taches – mais qu'elles ne connectent pas les zones d'ombre. La technologie des miroirs multicouches est riche de promesses pour des observations plus longues avec les futurs instruments à bord de satellites.

Les boucles coronales confinent le plasma le plus chaud et le plus dense, qui émet en rayons X dans les régions actives au-dessus des taches solaires. En général, la pression magnétique y est supérieure à la pression gazeuse, si bien que le gaz ionisé ne peut se déplacer qu'à l'intérieur de sa «cage» magnétique. Les boucles coronales sont des conduits dans lesquels le plasma peut s'écouler mais d'où il ne peut s'échapper.

Toutes les géométries variées détectées sur les clichés en rayonnement X de Yohkoh ont stupéfié les astrophysiciens solaires. Bien que les boucles les plus brillantes, situées dans les régions actives, aient une configuration dipolaire, hors des ces régions, on a trouvé des structures distordues, moins intenses et non dipolaires. Les boucles irrégulières semblent conduire des courants électriques qui créent leur propre champ magnétique et modifient ainsi la structure magnétique générale

Fig. 6.12. Structures magnétiques. Ce cliché en rayonnement X montre les émissions brillantes des boucles coronales provenant du plasma chaud piégé par les champs magnétiques dipolaires des régions actives. Des structures aux géométries distordues peuvent être façonnées par les courants électriques qui circulent dans la couronne. De longues boucles magnétiques relativement faibles connectent les régions actives à d'autres régions plus éloignées, ou émergent dans des zones calmes, à distance des régions actives. Ce cliché a été pris le 11 juin 1992 par le télescope SXT à bord de la sonde Yohkoh.

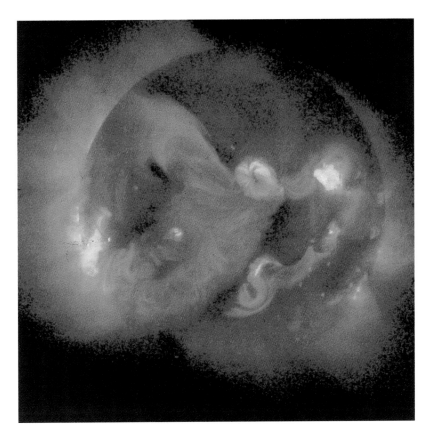

(Fig. 6.12). Quelques boucles coronales sont déformées, d'autres semblent exploser! Des tubes de flux magnétiques à grande échelle connectent entre elles des régions actives parfois situées de part et d'autre de l'équateur, ou relient des régions actives à d'autres régions plus éloignées; quelques uns s'élèvent, apparemment de nulle part, et créent des connexions à longue distance dans des zones où les régions actives sont absentes.

Contrastant avec les régions denses et brillantes, on observe aussi des régions appelées trous coronaux. Ces trous sont si peu denses qu'ils sont très peu lumineux et difficiles à détecter. Sur les clichés en rayons X, ils apparaissent sous forme de vastes surfaces sombres qui n'émettent pratiquement pas de rayonnement X (Fig. 6.13). Les trous coronaux sont presque toujours présents aux pôles où ils semblent être prédominants; parfois ils s'étirent vers l'équateur et peuvent même s'étendre d'un pôle à l'autre, puis ils se rétractent de nouveau. A l'époque du minimum, les trous coronaux couvrent la majeure partie des régions polaires et on y observe les plumes, visibles sur les clichés d'éclipses en lumière blanche.

Contrairement aux boucles fermées, les trous coronaux sont le siège de champs magnétiques relativement faibles dont les lignes de force

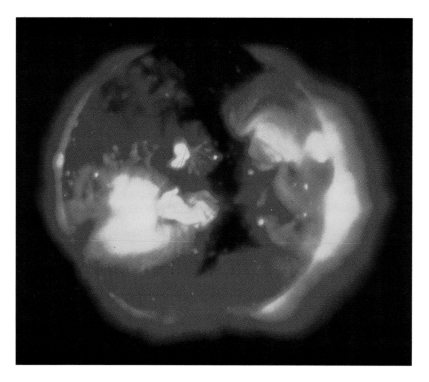

Fig. 6.13. Trous coronaux. Sur ce
cliché en rayons X, le trou coronal se
présente comme une vaste structure
sombre qui s'étend depuis le pôle
nord (*en haut*) jusqu'au milieu du disque. Au-dessus des trous coronaux, les
lignes de force magnétiques sont radiales et permettent au plasma chaud
de s'échapper librement, en donnant
naissance à des rafales de vent solaire.
Comme le plasma s'écoule vers l'extérieur, les trous coronaux ont une
densité plus faible et le rayonnement
X est très réduit. Au contraire, les
émissions X les plus intenses proviennent des boucles magnétiques des régions actives où des champs intenses
confinent le plasma. Des régions plus
petites, appelées points brillants, sont
réparties presque uniformément sur
l'ensemble du disque. (Ce cliché a été
pris en avril 1974 par Skylab, Solar
Physics Group, American Science and
Engineering, Inc.)

s'ouvrent sur l'espace interplanétaire. (Dans un champ dipolaire, les lignes de force s'écartent à partir d'un pôle et vont se rejoindre à l'autre
pôle en décrivant une boucle, mais dans le cas du Soleil, les lignes de
force sont étirées par le vent solaire.) Les forces magnétiques qui confinent le plasma coronal se relaxent et s'ouvrent dans les trous coronaux,
permettant à un flot de particules ionisées de s'échapper librement
dans l'espace interplanétaire le long des lignes de champ ouvertes
(Fig. 6.14 et paragraphe 6.5) et de conserver aux trous coronaux leur faible densité.

Ces régions qui apparaissent sombres sur les clichés en rayons X,
comme des trous dans la couronne, ne sont pas totalement vides. Des
rayonnements de faible intensité en ondes radio, en ultraviolet et en X
indiquent la présence de petites quantités de matière, mais la densité ne
représente que 10 % de celle des boucles magnétiques.

Parfois, des trous coronaux s'étendent d'un pôle à l'autre, et conservent leur orientation pendant plusieurs mois. Cela permet de penser que
les régions équatoriales et les régions polaires des trous coronaux ont la
même vitesse de rotation, alors que partout ailleurs dans l'atmosphère
supérieure, on observe une rotation différentielle. Cette propriété pourrait s'expliquer si les champs faibles et à grande échelle des trous coronaux étaient liés aux couches de subsurface se trouvant en dessous de la
zone de convection, où la rotation est celle d'un corps rigide. Ou bien, la
rotation des trous coronaux serait contrôlée de dessus; les régions som-

Fig. 6.14. Champs magnétiques proches et lointains. Dans la basse couronne, les champs magnétiques intenses, ancrés dans le Soleil par leurs deux pôles, piègent le plasma dense à l'intérieur des boucles magnétiques. Lorsque l'on s'éloigne, les champs magnétiques deviennent trop faibles pour s'opposer à la pression du plasma, les boucles s'ouvrent et permettent aux particules ionisées de s'échapper; ces particules, qui constituent le vent solaire, entraînent avec elles, au loin, les champs magnétiques. (Newton Magazine, Kyoikusha Company)

bres pourraient marquer les zones d'ancrage des champs magnétiques globaux à rotation rigide, qui s'étendent en altitude dans la couronne et qui dérivent par rapport aux régions sous-jacentes. Cela expliquerait aussi pourquoi certains trous coronaux ont une rotation rigide, notamment à l'époque du minimum du cycle, alors que les autres participent à la rotation différentielle.

Dans les deux cas, les trous coronaux ne sont jamais des structures permanentes; ils apparaissent, évoluent et disparaissent en quelques jours, voire quelques mois. A l'instar de toutes les structures solaires, leur forme se modifie continuellement.

6.4 LA COURONNE, MILIEU DYNAMIQUE TOUJOURS CHANGEANT

Le disque brillant du Soleil n'est calme qu'en apparence. Comme la plupart des astres de l'Univers, la couronne n'est jamais calme, c'est un milieu dynamique qui se métamorphose sans cesse, sa luminosité et sa structure varient dans le temps et dans l'espace, à toutes les échelles.

La sonde Yohkoh a en fait démontré que la couronne était beaucoup plus active qu'on ne le pensait auparavant. Les séquences rapides d'images montrent que la couronne s'ajuste sans cesse aux fluctuations des forces magnétiques (Fig. 6.15). Par exemple, les boucles coronales chaudes et denses des régions actives (sites des éruptions) vont et viennent, tandis que dans quelques cas, elles se développent presque continûment. Ces boucles en expansion contribuent à la perte de masse du Soleil et aussi à celle des autres étoiles.

La configuration magnétique des boucles des régions actives peut changer en quelques heures, voire même plus rapidement, entraînant une modification de leur structure en rayonnement X. Parfois, le plasma chaud est propulsé hors des régions actives comme un jet, il voyage à travers de longues boucles préexistantes bien colimatées, jusqu'à des régions aussi éloignées que les régions polaires. On y observe aussi de minuscules boucles en X qui s'allument et s'éteignent toutes les dix minutes comme les lumières clignotantes d'un sapin de Noël.

Un peu partout, même dans les trous coronaux, on rencontre d'autres structures magnétiques bipolaires de petite taille, appelées points brillants en raison de leur intense émission en rayonnement X et de leur taille, comprise entre 10 000 et 40 000 kilomètres. Leur intensité varie en quelques minutes ou en quelques heures et ils peuvent être associés à une émission X accrue dans des structures plus vastes qui les relient à des zones éloignées sur le Soleil.

La couronne est un milieu très dynamique, les boucles coronales créent des tubes magnétiques dont la longueur est parfois égale au diamètre solaire, qui soudainement et mystérieusement se remplissent de gaz chaud et qui se vident tout aussi rapidement. Des variations localisées déclenchent des perturbations en cascade, comme si l'équilibre de la couronne était toujours sur le point de se rompre. La plus petite perturbation magnétique peut temporairement précipiter la couronne vers une phase où elle est hors de contrôle! Puis elle s'ajuste globalement et se relaxe vers un état de plus basse énergie, mais le calme n'y règne jamais.

Fig. 6.15. La couronne en perpétuelle ▷ évolution. Cette série de clichés du limbe sud-est du Soleil illustre les restructurations rapides de la couronne, provoquées par l'éruption d'un filament. Ils se suivent chronologiquement de gauche à droite et de haut en bas; 3 heures se sont écoulées entre le premier et le second, 1 heure entre celui-ci et le troisième et enfin 10 minutes entre le troisième et le quatrième. Ces clichés ont été pris le 26 février 1992 avec le télescope SXT à bord de la sonde Yohkoh. (LPARL et NASA)

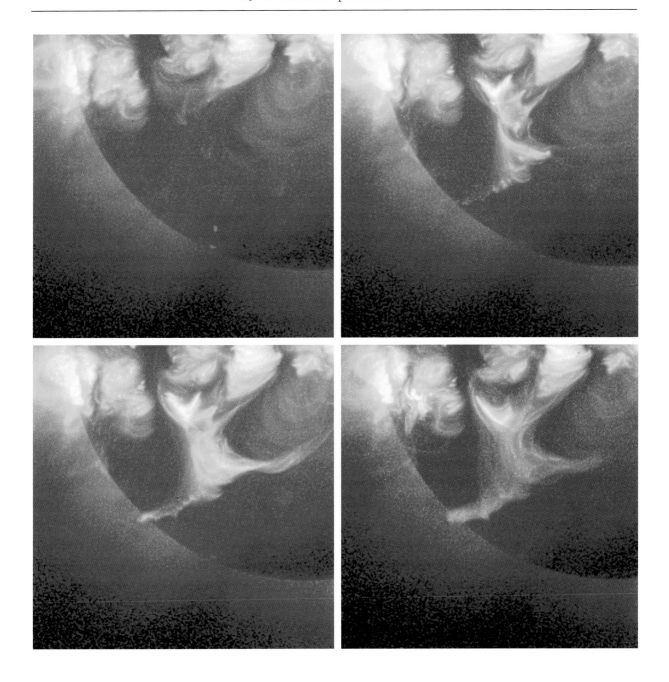

6.5 LE VENT SOLAIRE PERMANENT

Le Soleil souffle son gaz continûment! Les couches externes de son atmosphère s'évaporent, se dispersent dans l'espace et remplissent le système solaire d'un flot de matière ionisée: le vent solaire. Contrairement aux vents de l'atmosphère terrestre, le vent solaire est un flux de particules chargées.

Le Soleil perd une masse de 1 million de tonnes par seconde, mais cela représente un pourcentage négligeable devant sa masse totale. A la cadence actuelle, le vent solaire ne lui fera perdre que 0,01 % de sa masse au bout de 10 milliards d'années et il aura évolué jusqu'au stade de géante, longtemps avant de s'être complètement «évaporé».

L'espace interplanétaire n'est pas complètement vide, il est rempli de matière solaire. Le vent solaire est un plasma très raréfié, mélange de protons et d'électrons qui s'écoulent radialement dans toutes les directions; les planètes se meuvent dans ce milieu, comme les bateaux sur l'océan. Il balaye les planètes et les baigne, emportant la couronne solaire jusque dans l'espace interstellaire. Ce flot supersonique crée une gigantesque bulle de plasma dont le Soleil occupe le centre et connue sous le nom d'héliosphère.

L'existence du vent solaire avait été pressentie, il y a plusieurs dizaines d'années, d'après les observations des mouvements des queues cométaires. Les comètes apparaissent dans n'importe quelle région du ciel, elles se déplacent dans toutes les directions, mais leurs queues sont toujours opposées au Soleil. En outre, les ions des queues ont des vitesses supérieures à celles qu'ils auraient si la pression de radiation agissait seule (Fig. 6.16).

Pour expliquer ce phénomène, au début des années 50, l'astrophysicien allemand Ludwig Biermann pensa que le Soleil émettait, de façon continue, un flux de particules électriquement chargées, appelé rayonnement corpusculaire. (Bien avant cette époque, les observations laissaient déjà supposer que ce rayonnement corpusculaire était responsable des orages géomagnétiques et des aurores polaires.)

En 1957, Biermann résuma son travail et conclut:

> L'accélération des queues d'ions cométaires a été reconnue comme étant due à l'interaction entre le rayonnement corpusculaire du Soleil et la queue de plasma. L'observation des comètes montre que le rayonnement corpusculaire est presque toujours suffisamment intense pour produire une accélération de la queue d'ions égale à au moins vingt fois la gravité solaire .... Il n'y a pas de raison de penser que des interactions semblables ne puissent exister entre le rayonnement corpusculaire et un plasma interplanétaire stationnaire; il s'ensuit que le nuage interplanétaire présumé ne demeurerait pas stationnaire.[27]

Ainsi, les queues de plasma des comètes permettaient de démontrer l'existence de ce flux permanent de particules chargées provenant du Soleil. Par conséquent, une queue cométaire est toujours repoussée dans la direction antisolaire et la comète se dirige tête la première lorsqu'elle s'approche et queue la première lorsqu'elle s'éloigne. (Plus précisément, si le vent solaire repousse les ions dans les queues de plas-

Fig. 6.16. Queues cométaires. Sur cette photographie de la comète Mrkos, on distingue la queue de poussières de forme courbe et la queue de plasma rectiligne, toutes deux orientées dans la direction opposée au Soleil. La pression du rayonnement solaire, dite pression de radiation, repousse les poussières et crée un arc étendu ressemblant à un cimeterre. Contrastant avec celle-ci, la queue de plasma est constituée d'ions qui sont accélérés et repoussés par le vent solaire. La comète voyage tête la première lorsqu'elle s'approche et queue la première lorsqu'elle s'éloigne. (Observatoire Lick)

ma, la pression de radiation suffit, à elle seule, à souffler les poussières cométaires, donnant naissance aux queues de poussières courbées – voir aussi la Fig. 6.16).

On peut voir le vent solaire comme un débordement de la couronne, trop chaude pour être entièrement contrainte par l'attraction gravitationnelle du Soleil. Le plasma coronal engendre une pression dirigée vers l'extérieur qui tend à s'opposer à la gravité ; à des distances importantes, la gravité est plus faible, les protons et les électrons se libèrent de son emprise, ils accélèrent et atteignent des vitesses supersoniques. (Vitesses supérieures à celle du son dans le milieu ambiant.)

La couronne est réellement la source visible et profonde du vent solaire et celui-ci ne représente que la couronne en expansion dans l'espace interstellaire, vide et froid. En 1957, le géophysicien Sydney Chapman démontra mathématiquement que, bien que liée gravitationnellement au Soleil, la couronne devait s'étendre au-delà de l'orbite terrestre. Dans les années qui suivirent, Eugene Parker, jeune astrophysicien de l'Université de Chicago, émit l'hypothèse que le vent solaire, supposé par Biermann expliquer la forme des queues cométaires, ne représentait que la couronne en expansion.

En s'appuyant sur les équations de l'hydrodynamique, Parker démontra, qu'étant très chaude, la couronne avait une vitesse d'expansion très grande et qu'elle devait être réalimentée par du gaz provenant des couches sous-jacentes. L'hydrodynamique montre que près du Soleil, où

ENCADRÉ 6B
SOHO

Les premiers objectifs de la sonde SOHO (Solar and Heliospheric Observatory) sont de résoudre deux problèmes fondamentaux de l'astrophysique solaire qui n'ont pas encore trouvé de solutions : le chauffage de la couronne et l'accélération, jusqu'à des vitesses supersoniques, des particules du vent solaire. Ces objectifs seront tous deux atteints par l'étude *in situ* de la couronne avec des spectromètres et des télescopes à haute résolution et par des mesures de la composition du vent solaire et de l'énergie des particules qui le constituent.

Mais la mission de SOHO a d'autres objectifs, en particulier une étude de la structure interne du Soleil et celle de la dynamique qui est à l'origine du flux d'énergie et des champs magnétiques de la basse couronne. Pour atteindre ces objectifs, SOHO utilise les méthodes de l'héliosismologie et des mesures des variations du flux d'énergie solaire (voir le paragraphe 4.5).

SOHO est le fruit d'une coopération entre l'ESA (European Space Agency) et la NASA. Lancée le 2 décembre 1995, la sonde fait des observations ininterrompues depuis un point d'équilibre gravitationnel entre la Terre et le Soleil, connu sous le nom de point de Lagrange L_1, situé à 1,5 million de kilomètres (le centième de la distance Terre-Soleil).

SOHO n'est qu'une partie d'un plus vaste programme scientifique : International Solar-Terrestrial Physics (ISTP).

A travers une exploration coordonnée des régions de l'espace proches de la Terre (geospace), l'ISTP a pour but une meilleure compréhension du système Terre-Soleil et donc de la façon dont l'environnement terrestre réagit aux variations de la production de l'énergie solaire. Cette interaction est discutée en détail dans les trois derniers chapitres, avec en particulier les aurores polaires, les effets dus aux éruptions solaires et l'évolution de l'atmosphère terrestre.

la gravité est la plus forte, la vitesse d'expansion est lente, puis qu'ensuite elle accélère continûment à mesure que l'on s'éloigne, pour atteindre les vitesses supersoniques nécessaires pour expliquer l'orientation des queues cométaires. C'est ainsi que prend naissance ce vent soufflant continûment avec des vitesses de centaines de kilomètres par seconde, qui balaye le système solaire et même l'espace au-delà.

Tous les doutes qui pouvaient encore subsister quant à l'existence du vent solaire furent dissipés en 1962, grâce aux mesures in situ faites par la sonde Mariner II de la NASA, alors qu'elle se dirigeait vers Vénus. Par la suite, des échantillons du vent solaire furent étudiés directement au cours de trois cycles d'activité, soit plus de trente ans. Le vent solaire fut toujours détecté, beaucoup plus chaud, plus ténu et plus rapide que nos vents terrestres. Au niveau de l'orbite de la Terre, sa densité est de 10 particules par centimètre cube et sa vitesse est comprise entre 300 et 700 kilomètres par seconde, mais avec parfois la présence de rafales deux fois plus rapides. De plus, les sondes qui ont atteint les confins du système solaire continuent de le détecter. Nous avons aussi découvert que sa densité, sa température et sa vitesse variaient de façon brutale, en quelques heures, mais également au cours du cycle undécennal. Ces variations reflètent l'activité de la couronne solaire à des échelles de temps comparables.

Cependant, les sources exactes de ce vent violent et la nature des forces qui le propulsent avec une telle énergie sont encore, pour une bonne part, inconnues. Ni le mécanisme fondamental du vent solaire, ni celui de son accélération ne sont compris. (Curieusement, le vent rapide a une densité plus faible que celle du vent lent, si bien que l'énergie totale nécessaire pour échapper à l'emprise de la gravité solaire et fournir aux vents leur énergie cinétique est la même dans les deux cas.)

A l'évidence, le vent est accéléré jusqu'à des vitesses de 300 kilomètres par seconde parce que la couronne contient un plasma à 1 million de degrés et la couronne existe parce qu'un mécanisme assure son chauffage. Ce chauffage est, nous l'avons vu, un des problèmes les plus fondamentaux de l'astrophysique solaire (voir l'encadré 2B).

Malgré cela, nous savons où le vent solaire prend naissance. Le plasma s'échappe depuis la basse couronne, le long des lignes de champ ouvertes des trous coronaux. Dans ces vastes zones, sombres sur les clichés en rayons X, les lignes des champs magnétiques ont une direction presque radiale et elles ne peuvent freiner l'expansion du vent. Le vent solaire rapide jaillit des trous coronaux comme d'une tuyère, et, plus le trou est large, plus la vitesse du vent est grande.

Les trous coronaux équatoriaux peuvent expulser des particules très rapides directement vers la Terre, mais le vent issu des régions polaires parvient lui aussi, en définitive, à croiser l'orbite terrestre (Fig. 6.17). Les vents polaires remplissent tout l'espace autour du Soleil et comme les

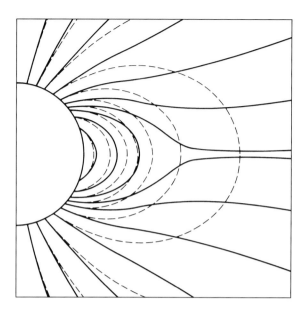

Fig. 6.17. Les lignes de force magnétiques. Coupe transversale théorique de la configuration du champ magnétique que l'on devrait trouver dans la couronne à l'époque du minimum. Il s'agit d'un simple champ dipolaire (*tirets*) dont les lignes de force ont été étirées par le vent solaire. Dans les régions polaires, le vent rapide s'échappe le long des lignes de champ ouvertes. A l'équateur, la transition entre lignes de force fermées et lignes ouvertes se situe à 2,5 rayons solaires où l'influence du vent solaire devient plus apparente; la composante lente du vent solaire pourrait prendre naissance dans les régions équatoriales. [Adapté d'après l'article de Gerald W. Pneuman et Roger A. Kopp, Solar Physics *18*, 258–270 (1971)]

trous coronaux polaires sont des structures quasi permanentes, ils doivent alimenter la plus grande part du vent rapide.

Mais quelle est la source de la composante lente du vent solaire? Là encore, la clé de voûte de l'énigme est le mécanisme de chauffage de la couronne. Etant données les températures observées, le vent solaire lent est une conséquence des lois de l'hydrodynamique et plus le ventilateur magnétique souffle, plus le vent est rapide. La seconde énigme est l'existence même de ce flux rapide dont la vitesse, comprise entre 600 et 800 kilomètres par seconde, est deux fois plus grande que celle du vent solaire lent.

Les confins jusqu'où s'étend la couronne solaire peuvent être sondés en utilisant des radio sources éloignées qui scintillent comme les étoiles dont l'éclat fluctue à cause des turbulences de notre atmosphère. Les ondes radio sont perturbées lorsqu'elles traversent le vent solaire et on obtient une image distordue. C'est un peu comme si on regardait une lumière depuis le fond d'une piscine.

Les mesures de scintillation radio montrent que le vent solaire ne souffle pas régulièrement. Ses variations au cours du temps, rafales suivies de périodes calmes, permettent de penser qu'une activité transitoire alimente la composante lente du vent solaire. Ces mesures indiquent également que la vitesse moyenne du vent augmente depuis les régions équatoriales jusque vers les hautes latitudes, où l'on observe le plus souvent les trous coronaux.

Dans la couronne, une tension dynamique s'établit entre le champ magnétique et les particules chargées. Le champ tend à repousser les particules, mais celles-ci induisent des courants électriques qui s'opposent au champ magnétique et qui le déplacent. Dans la basse couronne, à

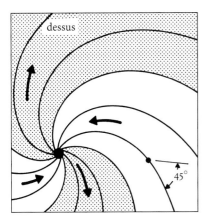

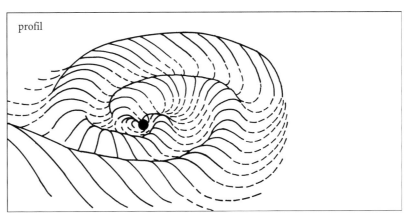

Fig. 6.18. Spirales voilées. Le champ magnétique interplanétaire, observé depuis les régions polaires du Soleil *(à gauche),* a une structure spiralée – semblable aux pales d'une turbine – divisée en secteurs de polarités magnétiques opposées. Au voisinage de la Terre *(petit point noir),* l'effet de traction du vent solaire est à peu près égal à l'effet de torsion dû à la rotation du Soleil; par conséquent, les lignes de champ et la radiale au Soleil; font entre elles une angle de 45 °. Dans la représentation à trois dimensions *(à droite),* la structure en secteurs est représentée par une lame de courant en forme d'onde qui divise des champs magnétiques dirigés vers le Soleil et des champs dirigés à l'opposé. Le Soleil, dans sa rotation, entraîne la lame de courant et celle-ci balaye devant la Terre des régions de polarités magnétiques opposées.

l'intérieur des régions actives, le magnétisme intense l'emporte et les particules sont confinées dans les boucles magnétiques. Mais dans les trous coronaux et dans la couronne externe, aussi bien au-dessus des régions actives qu'à la base des jets coronaux en bulbes, le champ magnétique diminue d'intensité. En quittant le Soleil, les particules de basse énergie du vent solaire entraînent avec elles ces portions plus faibles du champ magnétique, bien plus loin que les planètes.

L'expansion du vent, couplée à la rotation du Soleil, détermine à la fois la trajectoire des particules et la structure du champ magnétique interplanétaire. Comme le vent quitte le Soleil radialement, les particules éjectées sont légèrement décalées par la rotation et la structure est celle d'une spirale d'Archimède située dans le plan de l'équateur solaire (Fig. 6.18). Tandis que d'un côté, le champ magnétique solaire demeure solidement ancré dans la photosphère, de l'autre côté, il est étiré par le vent solaire.

Le champ magnétique de structure spirale est une «autoroute» interplanétaire qui peut connecter le site d'une éruption à la Terre. Lors de ces brefs épisodes, des particules ionisées moins nombreuses, mais plus énergétiques que celles du vent solaire, sont expulsées et donnent naissance à de puissantes rafales. Si les éruptions ont lieu au bon endroit, c'est-à-dire à proximité du limbe ouest et de l'équateur solaire, la matière énergétique qui se déplace le long des lignes du champ magnétique interplanétaire, atteint la Terre en une demi-heure, et constitue une menace pour les astronautes ou les satellites. La structure spirale du champ magnétique interplanétaire a été confirmée, d'une part en suivant les émissions radio des particules éjectées lors des éruptions, et d'autre part par les sondes qui ont étudié le magnétisme interplanétaire à proximité de la Terre.

Les mesures de polarités effectuées par les sondes interplanétaires ont également montré que le champ était divisé en secteurs où la polarité magnétique est alternée. Dans des secteurs adjacents, le champ est dirigé vers le Soleil ou vers l'extérieur, comme deux barreaux aimantés parallèles dont les polarités sont opposées. A chaque ligne de champ qui quitte le Soleil correspond une ligne qui se «faufile» à travers un secteur adjacent de polarité magnétique opposée. Ainsi, sur le Soleil, il n'existe pas de champ complètement ouvert, ils sont juste extrêmement distendus à l'intérieur des secteurs magnétiques.

De vastes zones de l'espace interplanétaire, de polarités opposées, sont séparées par une lame neutre le long de laquelle des courants électriques peuvent s'écouler librement et qui s'étend sensiblement dans le plan de l'équateur solaire. Mais la lame neutre n'est pas plane, sa base décrit des sinuosités de part et d'autre de l'équateur; à cause de la rotation du Soleil sur lui-même, elle ondule comme un disque voilé et sur son chemin vers les planètes, elle balaye des régions de polarités magnétiques opposées (Fig. 6.18). A l'époque du minimum, lorsque les jets coronaux s'étendent le long de l'équateur, il semble que les ondulations de la lame neutre soient peu marquées, alors qu'elles sont bien développées à l'époque du maximum.

6.6 ULYSSE

Jusqu'à une époque récente, les sondes n'avaient pu mesurer directement qu'un secteur à deux dimensions du vent solaire dans le plan de l'écliptique. Ce plan, qui est celui dans lequel la Terre accomplit sa révolution autour du Soleil, n'est incliné que de 7° par rapport au plan de l'équateur solaire, si bien qu'au cours de l'année cela nous restreint à une zone de plus ou moins 7° de latitude. En général, les sondes interplanétaires voyagent également dans le plan de l'écliptique, d'une part parce qu'elles ont rendez-vous avec une autre planète et d'autre part parce que les véhicules de lancement reçoivent une poussée naturelle en voyageant dans le sens de rotation de la Terre et dans celui de sa révolution autour du Soleil. Nous ne possédons pas de véhicules de lancement capables de fournir la poussée nécessaire pour propulser une sonde hors du plan de l'écliptique.

Pour la première fois, la sonde Ulysse, lancée en octobre 1990 par la navette spatiale Discovery, a commencé de jauger l'environnement du Soleil dans sa totalité. En se déplaçant hors du plan de l'écliptique, elle nous permet d'observer en trois dimensions le domaine vent solaire, sous toutes les latitudes. Cette mission, coopération entre la NASA et l'ESA (European Space Agency), a essentiellement pour but d'observer des régions jusqu'ici inconnues, comme les pôles du Soleil.

La sonde a reçu le nom du héros grec, Ulysse, prince d'Ithaque, le plus grand explorateur de la mythologie. Dans l'*Iliade*, Homère raconte ses exploits et dans l'*Odyssée*, sa longue errance avant qu'il ne retrouve sa demeure. Dans l'*Enfer* de Dante Alighieri, Ulysse rappelle son désir impatient d'explorer le monde inconnu et il exhorte ses amis à:

S'aventurer vers les lointains inexplorés;

pour vivre pleinement les nouvelles expériences

Du monde inhabité au-delà du Soleil .....
A la quête de la connaissance et de la perfection.[28]

Comme son homonyme, la mission Ulysse explore un nouveau domaine de l'espace.

A l'époque du lancement, avec une vitesse de 15,25 kilomètres par seconde, Ulysse était le véhicule le plus rapide de l'Univers construit par la main de l'homme; mais par la suite, il ne se déplaçait plus qu'au tiers de la vitesse nécessaire pour le propulser hors du plan de l'écliptique. Pour sortir du plan, la sonde fut lancée en direction de Jupiter dont elle utilisa le gigantesque champ gravitationnel comme une fronde pour dévier sa trajectoire; propulsée sur une orbite très inclinée, elle revint en arrière et gagna le pôle sud du Soleil. A la distance où se trouve Jupiter, l'attraction gravitationnelle du Soleil est moins grande que celle que la Terre exerce sur nous, si bien que la vitesse nécessaire pour lancer Ulysse vers le pôle solaire est divisée par 2,5. En février 1992, quatorze mois après son lancement, Ulysse achevait la première partie de sa mission: son rendez-vous avec Jupiter. Au milieu de l'année 1994, la sonde survola le pôle sud du Soleil et un an plus tard elle a atteint le pôle nord.

Pendant tout ce temps, comme une lointaine station «météorologique» spatiale, Ulysse mesura le vent solaire et montra comment sa vitesse et son champ magnétique variaient sur deux fronts – distance au Soleil et éloignement par rapport au plan de l'écliptique. Les mesures de la vitesse en fonction de la latitude, à l'époque du minimum (Fig. 6.19),

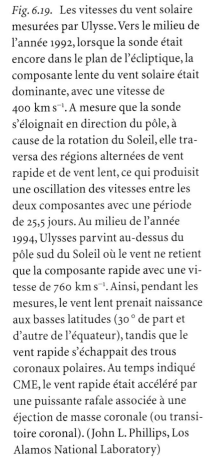

Fig. 6.19. Les vitesses du vent solaire mesurées par Ulysse. Vers le milieu de l'année 1992, lorsque la sonde était encore dans le plan de l'écliptique, la composante lente du vent solaire était dominante, avec une vitesse de 400 km s⁻¹. A mesure que la sonde s'éloignait en direction du pôle, à cause de la rotation du Soleil, elle traversa des régions alternées de vent rapide et de vent lent, ce qui produisit une oscillation des vitesses entre les deux composantes avec une période de 25,5 jours. Au milieu de l'année 1994, Ulysses parvint au-dessus du pôle sud du Soleil où le vent ne retient que la composante rapide avec une vitesse de 760 km s⁻¹. Ainsi, pendant les mesures, le vent lent prenait naissance aux basses latitudes (30° de part et d'autre de l'équateur), tandis que le vent rapide s'échappait des trous coronaux polaires. Au temps indiqué CME, le vent rapide était accéléré par une puissante rafale associée à une éjection de masse coronale (ou transitoire coronal). (John L. Phillips, Los Alamos National Laboratory)

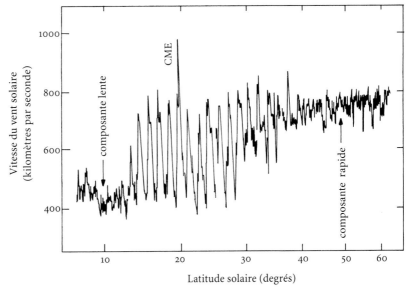

semblent confirmer d'une part que la composante rapide du vent provient des trous coronaux polaires importants et se répand vers les régions équatoriales, et d'autre part que la composante lente a son origine dans le plan de l'équateur ou à proximité de celui-ci – au moins pendant le temps des mesures – lorsque les régions actives et les jets coronaux sont concentrés vers les basses latitudes. Cependant, l'origine exacte du vent solaire lent reste sujet à controverse.

Au cours de la phase suivante, lorsque l'activité sera maximum, la distribution globale du champ magnétique du Soleil deviendra plus désordonnée. Peut-être la sonde Ulysse découvrira-t-elle alors que les deux composantes du vent solaire sont moins distinctes l'une de l'autre lorsque les trous coronaux sont peu prononcés; l'activité explosive peut participer à l'éjection du vent rapide. Mais déjà, avant même de pouvoir disposer de tous les résultats, on peut convenir avec Joachim du Bellay (1522–1560):

Heureux qui comme Ulysse a fait un beau voyage.[29]

6.7 LA FRONTIÈRE LOINTAINE

Le vent solaire baigne toutes les planètes et au fur et à mesure qu'il se répand dans l'espace, il devient de plus en plus raréfié. En se déplaçant jusqu'au-delà des planètes et des comètes les plus éloignées, il marque la frontière du système solaire. Ce vent violent qui s'échappe du Soleil forme l'héliosphère, une bulle de gaz chaud et ionisé centrée sur le Soleil et limitée par le milieu interstellaire.

A l'intérieur de l'héliosphère, les conditions physiques sont établies, maintenues, modifiées et gouvernées par le Soleil.

A mesure de son expansion, sa densité diminue selon l'inverse du carré de la distance au Soleil et au niveau de l'orbite terrestre, on peut presque déjà, selon nos standards, le considérer comme un vide parfait. Puis, sa densité continue de diminuer et il finit par se fondre dans le gaz interstellaire.

Mais où se situe la frontière qui marque l'affaiblissement du vent solaire et l'entrée dans l'espace interstellaire? Le vent solaire remplit un volume de plus en plus grand jusqu'à ce que sa puissance et sa densité deviennent insuffisantes pour repousser la matière ionisée et les champs magnétiques interstellaires; cette limite – appelée héliopause – marque la frontière de notre système planétaire.

Les deux sondes Voyager 1 et 2 ont dépassé les plus lointaines planètes, elles ont atteint des régions inexplorées où elles ont enregistré des signaux révélant la terminaison dans l'espace du vent solaire. Des ondes de choc puissantes, associées à de fortes éruptions solaires, ont pénétré dans le gaz interstellaire au niveau de l'héliopause, en donnant naissance

Fig. 6.20. La frontière du système ▷ solaire. Les sondes Voyager, actuellement sur une trajectoire d'évasion, sont parties pour un voyage sans retour et elles ont capté des signaux que l'on pense provenir de l'héliopause, marquant la limite d'influence du Soleil dans le milieu interstellaire. A ce niveau, la pression du vent solaire équilibre celle du gaz interstellaire. Bien que baptisée héliosphère, on pense que la zone contrôlée par le Soleil n'a pas une forme sphérique. Le milieu interstellaire s'écoule avec une vitesse suffisante pour créer une onde de choc vers l'amont de l'héliosphère et pour l'étirer vers l'aval, dans la direction du flux, en une longue queue magnétosphérique. Lorsqu'une rafale assez dense de particules solaires et les ondes de choc qui leur sont associées heurtent l'héliopause, elles donnent naissance à un signal radio, semblable à celui qui a été détecté par les deux sondes et qui a permis de situer la limite du système solaire entre 116 et 177 U.A. (Ian Worpole, copyright 1993, Discover Magazine)

1 vent interstellaire
2 source d'émissions radio
3 Voyager 1
4 Voyager 2
5 héliopause
6 vent solaire
7 système solaire

à un sifflement radio qui a été détecté par les sondes (Fig. 6.20). Les signaux radio étaient si puissants et si pénétrants qu'ils avaient la même intensité lorsque les deux sondes les détectèrent, presque simultanément, bien que celles-ci fussent dans des directions différentes et distantes l'une de l'autre de 44 U. A.

Treize mois avant que ce signal fût détecté, des éruptions solaires particulièrement violentes avaient produit quelques unes des plus importantes perturbations interplanétaires jamais observées. D'après la mesure de la vitesse de propagation de la perturbation et le temps nécessaire pour qu'elle atteigne l'héliopause et engendre les signaux radio, on a pu estimer que celle-ci se situait entre 116 et 177 U. A.

Les deux sondes Voyager 1 et 2 continuent de s'enfoncer dans l'espace. Lancées en 1977, elles étaient respectivement à 53 et 41 U. A. en 1993. Les deux sondes hardies vont explorer toute la zone d'influence du vent solaire; elles enverrons de faibles messages radio vers la Terre, lorsque vers 2015, elles seront à 130 et 110 U. A.

Plus près de nous, les physiciens de l'espace essayent de déterminer l'impact qu'ont les grandes éruptions solaires sur l'environnement terrestre.

Synchromie cosmique, 1913–14. Morgan Russell développe le même thème que Robert Delaunay dans sa toile «Contrastes simultanés : le Soleil et la Lune» (voir le chapitre 3). Des arcs de couleurs pures remplissent l'espace et semblent résonner à travers l'Univers comme des myriades d'arcs-en-ciel cosmiques. (Munson-William-Proctor Institute, Museum of Art, Utica, New York. Huile sur toile)

CHAPITRE 7

Les violences du Soleil

7.1 L'ACTIVITÉ ÉNERGÉTIQUE DU SOLEIL

Sans le moindre signe précurseur, l'atmosphère solaire, relativement calme, est parfois déchirée par des explosions soudaines dont la violence n'a pas d'équivalent sur Terre. Les éruptions sont des événements cataclysmiques qui libèrent une énergie considérable, elles peuvent produire des augmentations temporaires de la brillance et inondent le système solaire de rayonnements intenses, depuis les rayons X jusqu'aux ondes radio. Elles sont aisément observables dans ces domaines invisibles du spectre, où elles dominent la production d'énergie du Soleil et parfois même occultent toutes les autres sources astronomiques (Fig. 7.1).

Les éruptions sont des explosions brutales d'une puissance et d'une violence gigantesques. (Le mot anglais *flare* rend mieux compte de la variation intense et rapide de l'éclat.) En quelques minutes, la perturbation se propage le long des lignes de force des champs magnétiques et libère l'énergie magnétique stockée, équivalente à des milliards d'explosions nucléaires; des régions de la taille de la Terre voient leur température s'élever à des dizaines de millions de degrés. Les températures atteintes

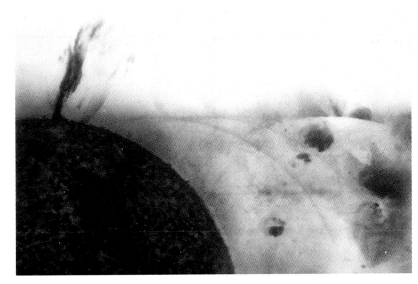

Fig. 7.1. Une éruption en ultraviolet. Les éruptions et les boucles coronales sont plus faciles à détecter dans le domaine invisible du spectre, où le rayonnement photosphérique n'est pas dominant. A gauche, l'explosion est observée en ultraviolet, dans la raie de l'hélium ionisé (He II à 30,4 nm) qui se forme à 80 000 kelvins; à droite, ce sont de nombreuses boucles coronales, à un million de degrés, observées également en ultraviolet, dans la raie du fer 14 fois ionisé (Fe XV à 28,4 nm). Sur ces images, les boucles coronales et l'éruption se situent dans des régions actives équatoriales. (Clichés Skylab, Guenter E. Brueckner, Naval Research Laboratory)

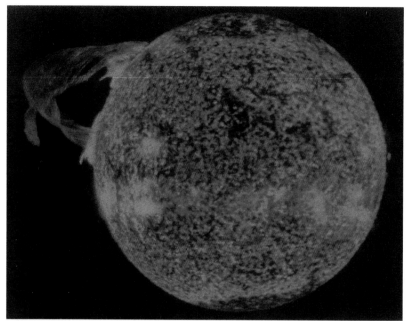

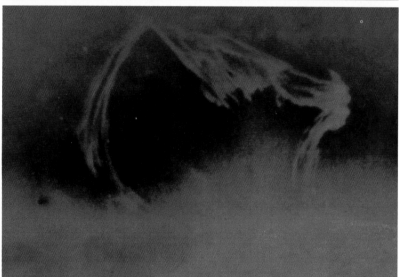

Fig. 7.2. Des morceaux de Soleil. Des boucles magnétiques et du matériel énergétique sont expulsés dans l'espace interplanétaire. A l'échelle de ces deux images, la Terre ne serait pas plus grande que le point à la fin de cette phrase. Les protubérances éruptives s'élèvent à une altitude de 400 000 kilomètres au-dessus du disque. Le cliché a été pris par la station Skylab, en ultraviolet, dans la raie de l'hélium ionisé à 30,4 nm. (Guenter E. Brueckner, Naval Research Laboratory)

par les éruptions dépassent celle de la couronne; parfois, l'équilibre est totalement rompu et pendant un bref instant, leurs températures deviennent supérieures à celle du coeur du Soleil.

Dans un autre type d'activité énergétique, des protubérances (ou filaments), structures allongées qui s'étirent parfois sur la moitié disque, s'ouvrent de façon soudaine et imprévisible et expulsent leur contenu, venant défier l'imposante gravité du Soleil (Fig. 7.2). Les filaments éruptifs sont liés aux éjections de masse coronale (ou transitoires coronaux), bulles magnétiques géantes en expansion, qui atteignent rapidement une

Fig. 7.3. Une éjection de masse coronale. En quelques heures, des bulles représentant des milliards de tonnes de gaz chaud, s'enflent et deviennent aussi grosses que le Soleil. Cette séquence d'images de 4 heures, prises par le coronographe embarqué à bord du satellite Solar Maximum Mission, illustre quelques unes des principales structures de la plupart des éjections de masse coronale : une boucle brillante vers l'extérieur, surmonte une cavité à la base de laquelle on observe une protubérance éruptive. (Arthur J. Hundhausen, High Altitude Observatory et NASA)

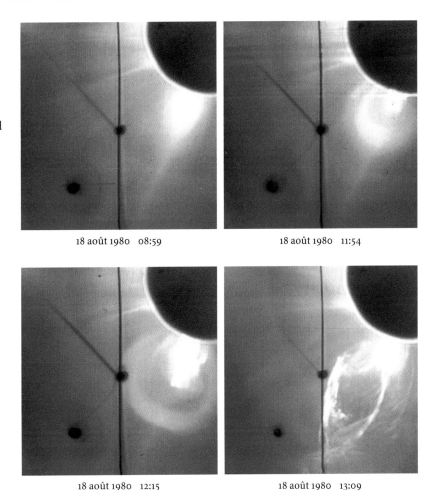

18 août 1980   08:59   18 août 1980   11:54

18 août 1980   12:15   18 août 1980   13:09

taille égale à celle du Soleil (Fig. 7.3). Ces éruptions violentes éjectent des milliards de tonnes de matière dans l'espace interplanétaire. Les ondes de choc associées à ce phénomène accélèrent et propulsent, en avant d'elles, une multitude de particules très rapides.

Les fréquences de ces événements, éruptions, protubérances éruptives et transitoires coronaux varient avec le cycle undécennal (voir le paragraphe 5.3) et deviennent plus nombreux à l'époque du maximum. Les éruptions vraiment exceptionnelles sont peu fréquentes, de l'ordre de quelques unes par an, même à l'époque du maximum d'activité; comme les grands millésimes, leur date permet de les identifier. Les éruptions de magnitude plus faible sont plus nombreuses et on peut en observer plusieurs dizaines par jour lorsque le cycle est proche d'un maximum. A ce moment là, on observe aussi en moyenne un ou deux transitoires coronaux par jour; mais leur fréquence est dix fois plus faible à l'époque du minimum.

Toutes les formes de l'activité solaire semblent donc être reliées à la libération soudaine de l'énergie magnétique stockée; cependant, les relations exactes qui pourraient exister entre ces différentes formes d'activité ne sont pas claires. Les grands transitoires coronaux sont parfois suivis par des éruptions, mais ces dernières ne sont pas toujours produites par des transitoires. Les éruptions sont beaucoup plus fréquentes.

Les éruptions solaires sont susceptibles de perturber gravement l'environnement terrestre. Les rayonnements intenses mettent 8 minutes pour atteindre la Terre, ils altèrent les couches supérieures de l'atmosphère, peuvent interrompre les communications radio à longues distances et modifient les orbites des satellites. Les particules très énergétiques accélérées lors des éruptions ou par les ondes de choc des transitoires coronaux, arrivent au voisinage de la Terre en une heure environ – pour des énergies supérieures à 10 MeV (un MeV représente 1 million de fois l'énergie des photons la lumière visible); elles peuvent mettre en danger les astronautes non protégés ou endommager les équipements électroniques des satellites. Un à quatre jours après une éruption majeure, les transitoires coronaux nous parviennent sous forme de nuages denses de champs magnétiques, d'électrons et de protons; ils provoquent des coupures de courant électrique et de violents orages géomagnétiques accompagnés d'aurores. Toutes ces conséquences ont pour nous une importance vitale et des centres internationaux, comparables aux centres météorologiques, sont chargés de surveiller l'activité du Soleil, depuis le sol et depuis l'espace, pour nous avertir de cette activité menaçante. (Ces relations Soleil-Terre sont discutées en plus grand détail dans les paragraphes 8.7, 8.8 et 8.9.)

L'activité énergétique du Soleil a d'autres implications, car toute l'histoire de l'Univers abonde en cataclysmes semblables. Les ciels étoilés de nos nuits laissent une impression de tranquillité et de sérénité, mais en réalité, c'est là que la violence cosmique se manifeste. L'accélération de particules énergétiques, les rayonnements invisibles et intenses qui leur sont associés, caractérisent l'ensemble de l'Univers, depuis les trous noirs et les pulsars jusqu'aux quasars les plus lointains. Les recherches concernant l'activité énergétique du Soleil nous éclairent et nous aident à comprendre ces phénomènes violents; seul le Soleil est assez proche et assez lumineux pour être étudié de façon suffisamment détaillée.

7.2 LES ÉRUPTIONS SOLAIRES

Notre perception de ces phénomènes a évolué grâce au développement de nouvelles techniques d'observation. Malgré leur violence, la plupart des éruptions ne sont pas détectables en lumière blanche. Elles ne représentent que des perturbations mineures dans la quantité totale de lumière émise par le Soleil, et, en dépit de cette activité, celle-ci est remarquable par sa constance. C'est la raison pour laquelle les éruptions n'ont été découvertes que tardivement et leur étude complète ne fut possible qu'à partir du moment où on a pu disposer d'instruments pour les observer dans les domaines invisibles, radio et X en particulier.

La première éruption solaire fut observée le 1er septembre 1859, de façon indépendante, par deux Anglais : Richard C. Carrington et Richard Hodgson. Carrington était en train d'observer des taches solaires lorsque soudain, au-dessus d'un groupe complexe, il aperçut deux sources lumineuses brèves et intenses. D'après son récit :

> Deux taches éblouissantes de lumière blanche éclatèrent .... En hâte, je courus chercher quelqu'un pour témoigner du phénomène avec moi, et lorsque je revins 60 secondes plus tard, je fus mortifié en constatant qu'il avait déjà beaucoup changé et s'était considérablement affaibli. Très peu de temps après, la dernière trace avait disparu.[30]

R. Hodgson, l'ami de Carrington, eut la chance d'observer le Soleil au même instant et confirma ce premier récit dans la littérature astronomique. Carrington nota aussi que cet événement intervenait au milieu d'un grand orage géomagnétique qui dura du 28 août au 4 septembre et qui fut détecté à l'observatoire londonien de Kew; mais le lien définitif entre les phénomènes solaires et les perturbations terrestres ne fut établi qu'au cours du XXe siècle.

Carrington releva que l'aspect des taches était identique avant et après cette soudaine conflagration et cela l'amena à conclure :

> Le phénomène atteignit une altitude considérable par rapport à la surface visible du Soleil, et, par conséquent, recouvrait par dessus le grand groupe de taches sur lequel on le voyait en projection.[31]

Jusqu'à ce jour – presque 140 ans plus tard – aucun observateur n'a enregistré, lors d'une éruption, de modification irréversible des champs magnétiques au niveau photosphérique; on pense, en général, que les éruptions prennent naissance dans la basse couronne.

A cette occasion, Carrington observa donc un événement relativement rare, pendant lequel la lumière de l'éruption était suffisamment intense pour devenir visible par contraste devant la photosphère. En lumière blanche, la plupart des éruptions ne donnent pas lieu à des phénomènes si remarquables.

Ce phénomène nous apparut sous un jour nouveau, lorsqu'il devint possible de l'étudier dans la raie chromosphérique de l'hydrogène (à 656,3 nanomètres); on put alors constater que les éruptions modérées étaient plus fréquentes que les éruptions intenses. Les observations systématiques ne purent commencer que dans les années 20, après l'invention du spectrohéliographe par George Ellery Hale. Cet instrument permettait d'obtenir des images monochromatiques dans la raie H-alpha où les éruptions sont facilement observables. Dans les années 30, le spectrohélioscope fut à l'origine de la création d'équipes d'observation qui, actuellement, utilisent des télescopes et des caméras automatiques. Pendant plus d'un demi-siècle, dans le monde entier, les astronomes ont mené cette surveillance avec vigilance comme des chasseurs guettant l'envol du gibier.

Ces observations systématiques nous ont fourni des images à deux dimensions, une coupe, au niveau chromosphérique, à travers l'atmosphère solaire. Elles montrent que cette partie d'une éruption peut prendre la forme la plus simple, soit des points brillants semblables à des noyaux, soit deux rubans parallèles étendus. Comme les observations en H-alpha étaient essentiellement des descriptions de morphologie et de position, on leur a donné l'appellation de «dermatologie solaire».

Il fallut attendre que l'on pût observer les éruptions dans les domaines de longueur d'onde invisibles, depuis le sol et depuis l'espace, pour obtenir des éléments fondamentaux à la compréhension des processus physiques qui en sont responsables. Ces observations commencèrent dans les années 60 et les années 70 et se poursuivent actuellement avec des instruments de plus en plus sophistiqués; lorsque l'on combine ces observations avec celles faites dans le visible, on obtient une image à trois dimensions.

Comme nous l'avons vu, en général, les éruptions ne donnent lieu qu'à des perturbations mineures en lumière blanche, mais les émissions en ondes radio et en rayons X sont, fréquemment, des milliers de fois plus intenses que le rayonnement du Soleil calme à ces longueurs d'onde; on peut donc détecter les éruptions avec des télescopes relativement petits. Les rayonnements radio et X révèlent la présence de particules animées de grandes vitesses et l'existence de mouvements ascensionnels de gaz chauds dus à la libération rapide de l'énergie.

Fig. 7.4. Le rayonnement synchrotron. Comme un électron ne peut traverser une ligne de champ magnétique, il s'enroule en hélice autour d'elle. Si l'électron se déplace perpendiculairement au champ, les forces magnétiques agissent comme un élastique en tirant la particule vers l'arrière et la contraignant à spiraler autour de la ligne de champ. Cependant, l'électron peut se déplacer librement dans la direction du champ magnétique. La combinaison de ces deux mouvements détermine sa trajectoire hélicoïdale. Lorsque la vitesse de l'électron est proche de celle de la lumière, il émet des ondes électromagnétiques connues sous le nom de rayonnement synchrotron (ce rayonnement tire son nom des accélérateurs de particules où il fut observé pour la première fois). Contrairement au rayonnement thermique, le rayonnement synchrotron, non-thermique, est plus intense dans le domaine des ondes radio que dans le domaine visible du spectre. Comme les électrons se déplacent le long de la ligne de champ, le rayonnement est émis dans une direction préférentielle; il est polarisé linéairement.

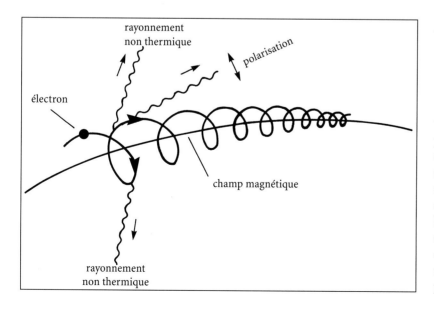

Fig. 7.5. Une éruption observée par Yohkoh. Le télescope à rayons X mous (SXT) de la sonde a saisi cette image quelques heures après que des éruptions violentes se soient produites dans une région active (AR 6891, le 25 octobre 1991). Les boucles coronales de la phase post-éruptive (*en bas, à gauche*) sont plus brillantes que les boucles quiescentes des autres régions actives. L'image composite a une échelle dynamique de 130 000, elle a été obtenue à partir de trois clichés pris avec des temps d'exposition de 10 millisecondes, 80 millisecondes et 2,6 secondes, ce qui permet de détecter à la fois les boucles coronales faibles et les boucles brillantes. Aux deux pôles, on observe aussi des trous coronaux. (Keith T. Strong, LPARL)

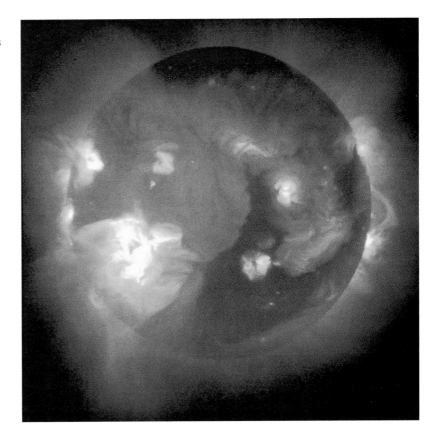

Les électrons non thermiques accélérés se déplacent dans les tubes de flux magnétiques des régions actives et, en interagissant avec les champs magnétiques, produisent une intense émission radio. Ces signatures invisibles sont parfois appelées sursauts radio, soulignant ainsi leur caractère bref, énergétique et impulsif. (Les électrons sont dits non thermiques, car leurs vitesses peuvent être proches de celle de la lumière et de telles vitesses ne peuvent être atteintes lorsqu'un gaz est chauffé par un processus thermique.)

Les champs magnétiques dévient les trajectoires des électrons, ceux-ci décrivent une spirale qui s'enroule le long des lignes de force et produisent des faisceaux étroits de rayonnement synchrotron, qui tournent comme la lumière d'un phare (Fig. 7.4). Ce rayonnement tire son nom des accélérateurs circulaires de particules où il fut observé pour la première fois. (Le nom «synchrotron» fait référence au mécanisme de synchronisation permettant de conserver les particules en phase avec l'accélération lorsqu'elles circulent dans l'anneau.)

Du fait des températures mises en jeu dans les éruptions, l'émission a lieu essentiellement dans les domaines des rayons X et de l'ultraviolet. Lors d'une éruption intense, pendant un bref instant, l'émission en rayons X mous domine le fond de rayonnement, même lorsqu'il s'agit des boucles coronales les plus brillantes (Fig. 7.5). (On distingue les rayons X durs très énergétiques, de très courte longueur d'onde, et les rayons X mous de plus grande longueur d'onde et de plus basse énergie.)

Le rayonnement X mou est dit bremsstrahlung, mot d'origine allemande qui signifie «rayonnement de freinage»; il est émis lorsque des électrons libres passent à proximité d'ions positifs (voir le paragraphe 6.2). L'interaction électrique dévie les électrons, ils subissent une décélération et émettent en rayons X mous. Le bremsstrahlung est aussi appelé rayonnement thermique, puisqu'il dépend de l'agitation thermique des électrons, contrairement aux électrons plus énergétiques qui émettent un rayonnement synchrotron dans le domaine des ondes radio.

ENCADRÉ 7A
Observation spatiale des éruptions

Notre connaissance des processus physiques mis en jeu dans les éruptions a progressé de façon radicale grâce aux observations spatiales. Elles commencèrent avec des instruments rudimentaires à bord de fusées sondes; aujourd'hui, nous les poursuivons avec des télescopes sophistiqués, spécialement conçus pour ces études et installés à bord de satellites en orbite autour de la Terre. Par exemple, en 1973–74, la mission Skylab de la NASA obtint des clichés à haute résolution en ultraviolet et en rayons X mous; mission qui fut suivie par le satellite Solar Maximum Mission (SMM), lancé en 1980 par la NASA et par le satellite japonais Hinotori, lancé en 1981.

Les instruments de SMM comprenaient des spectromètres à rayons X durs et mous, destinés à observer le phénomène de bremsstrahlung des éruptions énergétiques, ainsi que les raies spectrales sensibles à la température et à la densité. Hinotori (oiseau de feu) était équipé d'un télescope plus performant à rayons X durs possédant de meilleures résolutions temporelle et spatiale. (En 1984, SMM fut remis en état par les astronautes de la navette spatiale et continua à obtenir des résultats jusqu'en 1989; un disfonctionnement de l'enregistreur de données mit fin à la mission de Hinotori en 1982.)

En 1991, le Japon lança la sonde Yohkoh (rayon de Soleil); elle emportait une série de quatre instruments coordonnés et co-alignés, destinés à étudier en rayons X durs et mous et en rayons gamma les phénomènes énergétiques transitoires qui accompagnent les éruptions.

Des sondes interplanétaires, comme Ulysse et SOHO, étudient le vent solaire et détectent les particules énergétiques éjectées dans l'espace par les éruptions et les transitoires coronaux.

Fig. 7.6. Des éruptions dans la couronne. Souvent, les éruptions se produisent au sommet des boucles magnétiques qui connectent les taches sous-jacentes. Au cours des premières étapes, des électrons rapidement accélérés émettent en ondes radio (délimitées par les courbes blanches). Ces cartes «instantanées» (*quick look*) ont été obtenues en 10 secondes au VLA (Very Large Array), à 20 centimètres de longueur d'onde. Les électrons très énergétiques sont rapidement canalisés vers la base des boucles magnétiques où ils entrent en collision avec les atomes d'hydrogène de la chromosphère qui émettent en H-alpha. [Kenneth R. Lang, Tufts University (VLA) et Big Bear Solar Observatory, California Institute of Technology (clichés en H-alpha)]

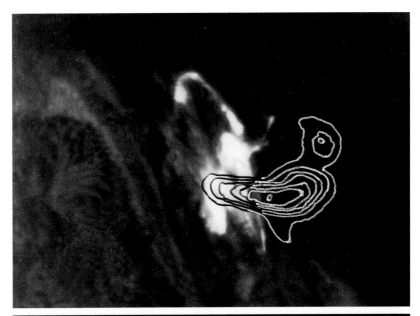

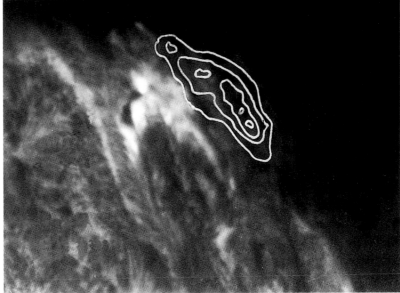

Actuellement, des satellites spécialement conçus pour l'étude des éruptions ont été lancés pour que leurs observations coïncident avec trois maxima successifs (voir l'encadré 7A). En 1973–74, les clichés en rayons X mous de Skylab montraient que la basse couronne était façonnée et confinée par les boucles magnétiques (voir le paragraphe 6.3) et que les éruptions pouvaient survenir dans les boucles coronales ancrées dans les taches solaires. Ces images révélaient la présence de gaz très chauds dont la température atteignait 25 millions de degrés et mettaient aussi en relief la configuration magnétique du plasma coronal.

L'émission en rayons X mous forme une boucle qui relie les noyaux de l'éruption ou forme des arcades qui enjambent les filets (ou rubans) de l'éruption, noyaux et filets étant visibles en H-alpha dans la chromosphère sous-jacente.

Des réseaux géants de radiotélescopes permettent de zoomer sur les éruptions à l'instant même où elles surviennent et de montrer qu'elles sont souvent «allumées» dans des structures compactes, à petite échelle, situées au sommet des boucles coronales (Fig. 7.6). Dans les boucles magnétisées, en quelques secondes, les électrons sont accélérés à des vitesses proches de celle de la lumière et ils émettent intensément en ondes radio. L'accélération non thermique semble donc être localisée au sommet d'une ou de plusieurs boucles, mais personne n'en connaît l'origine.

Néanmoins, on a la certitude que les éruptions de durée de vie courte libèrent leur gigantesque énergie à partir d'un volume relativement faible à l'intérieur des régions actives, dans l'atmosphère magnétisée qui environne les taches solaires. Les éruptions sont intimement liées à l'existence des boucles coronales et les plus intenses ne couvrent que quelques millièmes de la surface du disque solaire.

Les clichés en rayons X durs ont permis d'enregistrer des électrons rapides qui pénètrent brusquement dans la basse atmosphère plus dense, montrant à quel niveau ils perdent de l'énergie par collision. Des réactions nucléaires sporadiques peuvent se produire lorsque des noyaux atomiques, comme les protons, entrent en collision avec l'atmosphère. Ces réactions ont été identifiées par la présence de raies, dans le domaine des rayons gamma, avec des énergies de l'ordre du MeV. Lors d'une éruption, de l'antimatière peut même être créée sous forme de positrons qui s'annihilent avec les électrons; depuis l'espace, on a trouvé la signature de ces particules d'antimatière, en rayons gamma, à 0,511 MeV.

Les données récentes, obtenues grâce aux observations dans des domaines spectraux allant des rayons gamma aux ondes radio, nous donnent une représentation des boucles coronales en trois dimensions et nous ont permis de construire un modèle des éruptions qui inclut l'accélération des particules et la libération de l'énergie à partir de l'apex des boucles coronales (ce modèle est décrit dans le paragraphe 7.4).

7.3 LE RAYONNEMENT PROVENANT DES ÉLECTRONS ÉNERGÉTIQUES

Que nous ont appris les observations spatiales? Qu'en moins d'une seconde, des faisceaux d'électrons et de protons sont accélérés à des vitesses proches des celle de la lumière, puis qu'ils se précipitent vers le Soleil ou vers l'espace. En spiralant le long des tubes de flux magnétiques, les électrons non thermiques produisent une intense émission

Fig. 7.7. Les phases d'une éruption solaire. Observation d'une éruption en ondes radio au VLA (Very Large Array). Le profil temporel permet de distinguer : la phase pré-éruption, la phase impulsive (dite aussi phase *flash*) et la phase de décroissance. Bien que des rayons X durs soient aussi émis lors de la phase impulsive, souvent, les rayons X mous s'amplifient lentement et deviennent plus intenses pendant la phase de décroissance. Les cartes qui ont servi à cet enregistrement, effectuées de seconde en seconde, indiquent que dans ce cas les trois phases prenaient naissance dans des boucles séparées les unes des autres, mais néanmoins proches. (Robert F. Willson et Kenneth R. Lang, Tufts University)

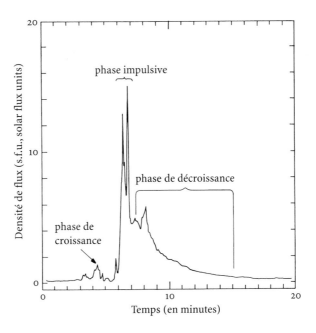

d'ondes radio. Les faisceaux de particules qui descendent de la couronne se heurtent aux couches denses de la chromosphère, comme un boulet contre un mur ; les électrons génèrent un bremsstrahlung dans le domaine des rayons X durs et des rayons gamma, les protons et les ions plus lourds amorcent des réactions nucléaires comme dans un colossal collisionneur. Souvent, les rayons X durs prennent naissance dans les pieds des boucles éruptives, presque au même endroit que l'émission H-alpha. A la suite de ce brusque apport d'énergie dans les régions les plus denses de l'atmosphère solaire, le plasma environnant explose et rebondit.

Les rayons X mous nous donnent une perspective différente, ils nous permettent de décrire le comportement du gaz chaud avant, pendant et après l'éruption et d'établir son profil de température, sa densité et sa structure magnétique. Ce que l'on observe dépend de la façon dont on regarde et les éruptions ne font pas exception.

On a aussi appris que les éruptions comportaient trois phases qui duraient de quelques minutes à quelques dizaines de minutes (Fig. 7.7). Chacune de ces phases possède une signature radio caractéristique et les données à haute résolution montrent que parfois celles-ci surviennent dans des boucles coronales voisines, mais néanmoins séparées spatialement.

La première phase déclenche la libération de l'énergie accumulée et stockée dans les boucles magnétiques. On trouve des indices de ce mystérieux mécanisme dans les changements localisés et de faible amplitude des émissions des régions actives en rayons X mous et en ondes radio ; cette phase précède de quelques minutes au plus la suivante, plus énergétique, dite phase impulsive.

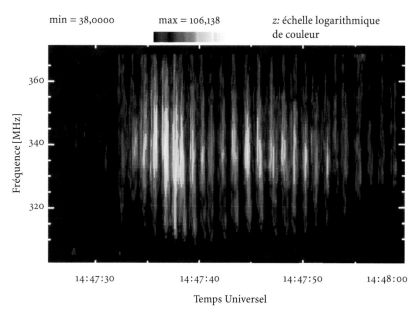

min = 38,0000   max = 106,138   z: échelle logarithmique
                                              de couleur

Fig. 7.8. Des pulsations quasi-pério-diques. Ce spectrogramme d'une éruption a été enregistré avec le radiospectromètre Ikarus, près de Zurich, en Suisse. L'émission radio est provoquée par les électrons piégés dans les champs magnétiques coronaux. L'éruption déclenche des ondes de basse fréquence qui se propagent à l'intérieur du piège et y créent des modulations. On interprète ces pulsations radio comme étant le résultat de changements périodiques des conditions de la source. (Arnold O. Benz, ETH, Zurich)

Lors de la phase impulsive, les électrons et les protons sont rapidement et presque simultanément accélérés à des énergies supérieures à un MeV; l'énergie magnétique stockée est libérée en quelques secondes, voire moins. Les sondes ont détecté quelques unes de ces particules énergétiques au voisinage de la Terre. On trouve les signatures de cette phase dans les sursauts radio intenses, mais aussi dans les émissions de rayonnements gamma et X durs.

Au cours de la phase de décroissance ou de relaxation, l'énergie est libérée plus graduellement en quelques dizaines de minutes; lentement, les rayons X mous s'amplifient et atteignent un pic d'intensité. (L'augmentation, lente et régulière du rayonnement en X mous, ressemble à l'intégrale du profil temporel de l'émission en X durs de la phase impulsive; cet effet porte le nom de Werner M. Neupert qui le remarqua pour la première fois en 1968.)

Les électrons accélérés lors des éruptions restent parfois confinés dans des structures magnétiques fermées. Leurs mouvements de va et vient à l'intérieur des boucles coronales engendrent des variations périodiques et modulent l'émission en ondes radio (Fig. 7.8).

Fréquemment, ils s'évadent de leur «cage» magnétique et sont éjectés le long de lignes de champ ouvertes, avec des vitesses voisines de 100 000 kilomètres par seconde (le tiers de la vitesse de la lumière), depuis la basse couronne vers la couronne externe et l'espace interplanétaire; parfois, ces particules voyagent librement jusqu'à la Terre.

Au fur et à mesure que les électrons accélérés, émis lors de l'éruption, traversent le plasma coronal, ils déclenchent une perturbation qui fait rayonner ce dernier avec sa propre fréquence de vibration. Les électrons

Fig. 7.9. Faisceaux d'électrons coronaux. Le radiospectromètre Phoenix, près de Zurich en Suisse, a enregistré l'émission radio provoquée par des faisceaux d'électrons énergétiques qui se propagent le long des lignes de champ magnétique. (Ici, les fréquences augmentent du haut vers le bas.) Les faisceaux d'électrons qui traversent la couronne vers l'extérieur émettent en ondes radio avec une fréquence qui décroît; sur cet enregistrement, les ondes émises dérivent depuis le bas à gauche, vers le haut à droite. Les fréquences des faisceaux d'électrons qui descendent vers le Soleil dérivent dans l'autre sens. Les deux sortes de faisceaux sont visibles et, apparemment, sont originaires du même site. (Arnold O. Benz, ETH, Zurich)

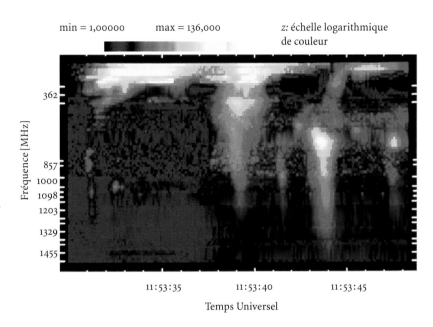

coronaux sont déplacés par rapport aux ions plus massifs, mais l'attraction électrique exercée par ces derniers les tire dans la direction opposée; par conséquent, ils oscillent et émettent des ondes radio dont les fréquences dépendent de la concentration électronique locale. En effectuant un balayage en fréquence, les radiotélescopes au sol peuvent identifier ces signaux radio.

Lorsque les électrons éjectés par l'éruption traversent les couches de plus en plus raréfiées de l'atmosphère solaire, ils excitent une onde radio à une fréquence de plus en plus basse. En observant dans plusieurs canaux de fréquences, on peut suivre les trajectoires des faisceaux d'électrons, mesurer leur vitesse et déterminer la densité électronique de la couronne (Fig. 7.9).

On peut aussi, par ce moyen, suivre les faisceaux d'électrons qui descendent de la région des boucles coronales où ils prennent naissance, vers les couches plus denses du Soleil. Dans ce cas, les électrons excitent une onde à une fréquence de plus en plus élevée (voir aussi Fig. 7.9). La combinaison des signaux radio excités par ces différents faisceaux d'électrons permet de localiser avec précision les zones de la couronne où les électrons non thermiques prennent naissance. On pense que l'énergie des éruptions est stockée dans les champs magnétiques coronaux, cependant, le mécanisme exact qui permet de la libérer si soudainement (en quelques minutes ou, dans certains cas, en quelques secondes) et de la transporter à travers la couronne et au-delà, n'est pas entièrement compris.

7.4 ALIMENTER LES ÉRUPTIONS EN ÉNERGIE

Comment les éruptions solaires sont-elles alimentées en énergie? Elles libèrent plus d'énergie que celle qui est nécessaire pour chauffer l'ensemble de la couronne; elles ne peuvent donc la tirer du plasma environnant. Au moment de l'éruption, l'énergie doit être présente localement, et, pour la plupart, les astronomes pensent qu'elle est stockée dans les champs magnétiques. L'énergie magnétique s'accumule lentement, elle est stockée dans la basse couronne sur de longues périodes, puis elle est libérée brutalement, comme la foudre dans un nuage d'orage.

Les éruptions surviennent dans les régions actives où sont réunies taches solaires et boucles coronales; plus la structure magnétique du groupe de taches est complexe, plus les éruptions sont fréquentes. A cause des mouvements perpétuels de la photosphère et de sa rotation différentielle (en latitude ou en profondeur), les champs magnétiques qui y sont ancrés changent constamment de forme et de localisation. Ils sont arrachés, étirés, enchevêtrés, entortillés et l'énergie stockée s'accumule lentement; de même, lorsque l'on a torsadé un élastique de nombreuses fois sur lui-même, on augmente sa tension et on emmagasine de l'énergie.

L'énergie continue de croître jusqu'à ce que les boucles coronales atteignent un point de rupture ou qu'une force extérieure intervienne et les déstabilise. En l'espace de quelques secondes, l'énergie est libérée avec violence comme dans le claquement d'un élastique que l'on a entortillé trop serré. Une éruption solaire jaillit, accompagnée d'une accélération importante de particules chargées et de l'émission d'un rayonnement intense.

Cette rupture soudaine de l'équilibre du magnétisme coronal a été comparée à la formation d'une avalanche dans un tas de sable. A mesure que l'on ajoute du sable, la pente moyenne du tas augmente jusqu'à ce qu'elle demeure approximativement constante. Une fois cet état critique atteint, si on ajoute encore du sable, on déclenche des avalanches, plus ou moins importantes, qui réajustent la pente locale et conservent le système dans le même état critique. Dans cette analogie, l'énergie magnétique s'accumule lentement jusqu'à ce que l'on soit au bord de l'instabilité, c'est-à-dire dans un état critique où des perturbations qui viendraient s'ajouter auraient pour conséquence des bouleversements en séries.

Lors de la phase pré-éruptive, les tensions magnétiques créent des courants électriques substantiels qui s'écoulent le long des boucles coronales. On considère, en général, que l'énergie magnétique libre (non-potentielle) transportant le courant, représente un excès d'énergie si on la compare à l'énergie (potentielle) du magnétisme correspondant, libre de courant. Des magnétographes sophistiqués nous permettent de déterminer le moment où le champ magnétique photosphérique distordu donne une configuration transportant du courant. Cela indique qu'il existe bien des courants électriques qui s'écoulent à travers la photosphère, jusque dans la couronne et au-delà. On pense qu'une éruption résulte de la soudaine dissipation de ces composants du magnétisme coronal.

Une éruption serait donc provoquée par un couplage magnétique, processus dans lequel des lignes de champ de directions opposées entrent en contact, en libérant de l'énergie magnétique qui chauffe le plasma et accélère les particules. (Il s'agit du phénomène de reconnexion magnétique.) Les champs coronaux sont ancrés dans la photosphère, et les mouvements incessants des gaz photosphériques, dus à la convection et à la rotation différentielle, les font entrer fréquemment en contact.

Les observations des éruptions dans des domaines spectraux variés ont permis de construire un modèle «canonique» qui explique comment l'énergie est libérée (Fig. 7.10). Comme les éruptions prennent naissance dans la couronne, et comme les boucles magnétiques sont les éléments dominants de sa structure, on ne sera pas surpris que ce modèle soit construit à partir d'une seule boucle. Une instabilité catastrophique, dont on ne connaît pas la nature, déclenche la libération primaire de l'énergie à l'apex de la boucle, où les électrons et les protons sont accélérés. Ces particules énergétiques produisent toute une série d'émissions provenant des différentes parties de la boucle. Lors de la phase impulsive, les électrons rapides émettent un rayonnement radio syn-

Fig. 7.10. Modèle canonique d'une éruption solaire. Une éruption peut se produire dans une boucle isolée dont la structure demeure inchangée au cours du phénomène. La phase impulsive commence avec une libération d'énergie primaire au sommet de la boucle, où les électrons et les protons sont rapidement et efficacement accélérés à des vitesses proches de celle de la lumière. En descendant le long du tube de flux magnétique, les faisceaux de particules transportent l'énergie et les rayonnements variés qui prennent naissance dans les différentes parties de la boucle et en sont les «signatures». Les électrons de haute énergie émettent en ondes radio dans la partie sommitale de la boucle, ils émettent en rayons gamma et en X durs lorsqu'ils pénètrent dans la chromosphère au niveau des pieds. La pénétration des faisceaux de particules dans la basse atmosphère dense s'accompagne de réactions nucléaires qui produisent des raies gamma et des neutrons énergétiques. Cette phase est suivie par l'ascension explosive, dans la boucle, du matériel chauffé – appelée évaporation chromosphérique – qui s'accompagne d'une augmentation lente et progressive du rayonnement en X mous.

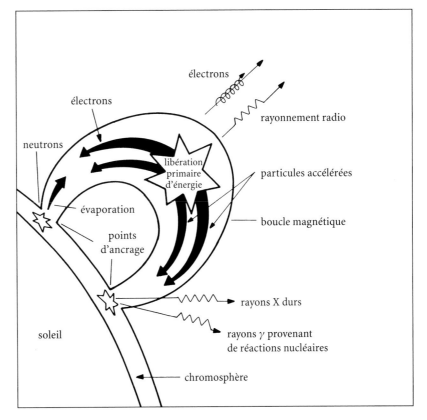

chrotron. Les électrons et les protons qui suivent les lignes de force du champ magnétique de la boucle transportent de l'énergie vers les couches plus basses et plus denses de l'atmosphère solaire. Parvenus à ce niveau, les faisceaux de particules sont ralentis par les collisions et ils émettent en rayons gamma et en rayons X durs, depuis des zones peu étendues situées aux pieds de la boucle magnétique. On pense que les rares émissions visibles en lumière blanche sont produites par l'impact des électrons non-thermiques.

La chromosphère est chauffée très rapidement par les particules accélérées, elle ne peut donc évacuer cet excès d'énergie et elle explose. Par la suite, lors de la phase de relaxation, lorsque la boucle coronale se réorganise en une configuration plus stable, la libération de l'énergie peut se faire plus graduellement; elle est accompagnée d'une augmentation du rayonnement en rayons X mous, tandis que la boucle est remplie par la matière ascendante qui «s'évapore». Bien que ce modèle simple nous permette d'interpréter toute une gamme assez vaste de résultats, nous sommes actuellement en train de découvrir la grande diversité des éruptions solaires. Dans certains cas, le rayonnement X dur précède de quelques secondes l'émission radio impulsive, mais des profils temporels

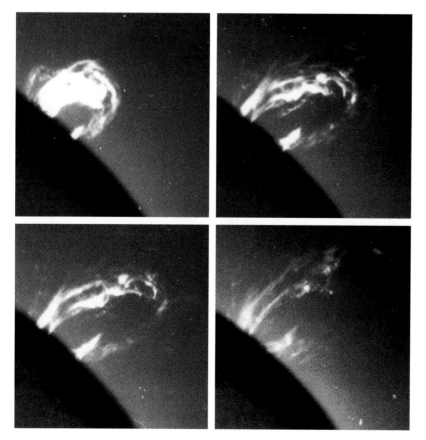

Fig. 7.11. Une protubérance en éruption. Des séquences rapides de photographies en H-alpha permettent de suivre l'évolution du phénomène. Au cours des jours qui précédèrent l'événement, la protubérance éruptive n'avait pas été détectée sous forme d'un filament; soudain, la matière s'éleva, depuis une région active, avec une vitesse de 375 kilomètres par seconde et fut éjectée loin du Soleil. Ici, en 16 minutes, la boucle magnétique atteignit une altitude de 360 000 kilomètres. Cette séquence fut enregistrée au limbe ouest du Soleil avec l'héliographe de l'Observatoire de Paris-Meudon. Le disque solaire occulté permet une meilleure observation. (Madame Marie-Josèphe Martres et Michel Bernot, observateur, Observatoire de Paris-Meudon, DASOP)

semblables indiquent que ces deux émissions ont une origine commune. Cela laisse supposer que les électrons de haute énergie peuvent se propager depuis la chromosphère vers la couronne, c'est-à-dire dans le sens inverse de celui que prévoit le modèle canonique. En outre, sauf dans le cas des éruptions les plus simples, des géométries magnétiques beaucoup plus complexes sont impliquées, comme des boucles multiples, des boucles organisées en longues arcades et des boucles en interaction. La (ou les) boucle éruptive n'est pas nécessairement confinée dans une seule région active, car l'énergie peut être transférée dans des tubes de flux magnétique à grande échelle vers des régions éloignées, par exemple d'un hémisphère à l'autre, voire même jusqu'aux pôles. En fait, les travaux récents sur l'activité énergétique du Soleil mettent l'accent sur des instabilités magnétiques à grande échelle qui ont pour résultat la formation de protubérances éruptives et d'éjections de masse coronale ou transitoires coronaux.

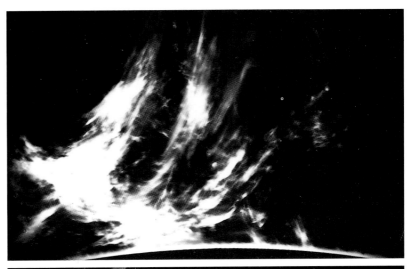

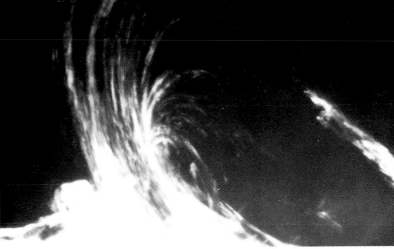

Fig. 7.12. Structure filamenteuse. Ces images prises en H-alpha au coronographe montrent les minces filaments dans les jambes d'une arche magnétique. Au cours de l'éruption de la protubérance, l'orientation et la structure des filaments se modifient, peut-être conséquence de la reconnexion magnétique. (Bogdan Rompolt, Institut astronomique de Wroclaw, Pologne)

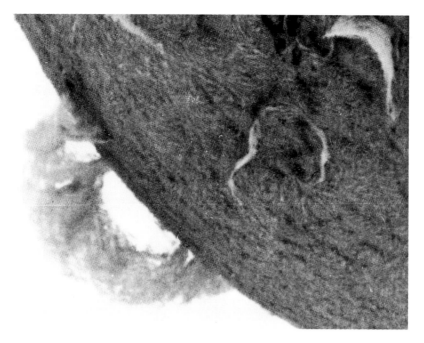

Fig. 7.13. Une disparition brusque. Cliché négatif d'une protubérance observée en H-alpha au limbe sud-est. Avant cet événement, la protubérance avait pu être observée, sous forme d'un filament, pendant plusieurs rotations solaires. Puis, moins de 40 heures après que cette image fut prise, elle n'était plus visible. En quelques heures, cette grande protubérance, ancrée dans une région calme du Soleil, monta et disparut dans la couronne. Pour décrire ce phénomène, les astronomes français utilisent l'expression *disparition brusque*. (Marie-Josèphe Martres, Observatoire de Paris-Meudon, DASOP)

7.5 LES PROTUBÉRANCES ÉRUPTIVES

Des champs magnétiques à grande échelle soutiennent et isolent des structures géantes, allongées et remplies de matériel cent fois plus froid et plus dense que la couronne environnante. Ce sont les protubérances que l'on observe au limbe sur les images en H-alpha sous forme d'arches lumineuses, se détachant sur le fond noir du ciel. Lorsqu'on les observe en projection sur le disque chromosphérique, elles ont l'apparence de filaments sombres (voir aussi le paragraphe 5.2).

Protubérances et filaments sont deux mots qui désignent le même objet, mais vu selon des perspectives différentes. Leur forme allongée et sinueuse matérialise une ligne neutre, séparant deux zones de polarités magnétiques opposées dans la photosphère sous-jacente. (Par comparaison, les boucles coronales ancrées dans les régions actives sont dix fois moins longues que les grands filaments.)

Les filaments peuvent flotter au-dessus de la photosphère, quasi immobiles, pendant des semaines, voire des mois. Mais vient un moment où ils ne peuvent résister aux tensions et sans qu'aucun signe ne nous avertisse, le champ magnétique est déséquilibré et il se produit un phénomène surprenant! Au lieu de retomber sous l'effet de la gravité, ces structures imposantes entrent en éruption. Elles s'élèvent et traversent la couronne comme si elles étaient propulsées par un ressort, comme si on avait enlevé le couvercle qui maintenait le matériel encagé (Figs. 7.11 et 7.12), comme si un coup de fronde lançait le gaz froid, en «déchirant» la couronne et en injectant dans l'espace d'énormes quantités de matière.

Fig. 7.14. Une protubérance éruptive et une formation en arcade. Ici, il s'agit de la superposition de trois images radio espacées dans le temps, prises au radiohéliographe de Nobeyama et d'une image négative du disque obtenue, peu de temps après, avec le télescope à rayons X mous de la sonde Yohkoh. Les images radio montrent une disparition brusque au nord-est (*en haut, à gauche*), le phénomène a duré une heure et demie. L'image en X mous montre une arcade de boucles magnétiques, formée par reconnexion magnétique après l'éruption. (Shinzo Enome, Nobeyama Radio Observatory)

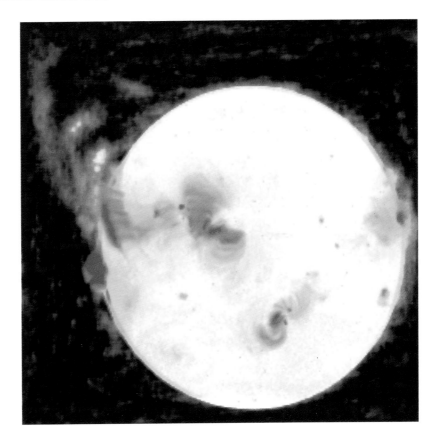

La matière de ces protubérances, dites éruptives, est éjectée avec des vitesses de plusieurs centaines de kilomètres par seconde; elles libèrent, en quelques heures, une masse équivalente à des milliards de tonnes. Ces événements sont parfois appelés «disparitions brusques» (Fig. 7.13). Les protubérances éruptives sont plus vastes, plus massives et ont une durée plus longue que les éruptions.

Souvent, à la suite d'une de ces convulsions explosives, les filaments réapparaissent au même endroit et retrouvent leur forme initiale. Tout se passe comme si une excitation s'accumulait et comme si, une fois dépassée la limite de tolérance, la structure magnétique rejetait cette excitation refoulée, tel un chien qui s'ébroue après la pluie. Le filament s'élève et disparaît, il est remplacé par une arcade allongée de boucles X brillantes, qui enjambe la position initiale du filament (Fig. 7.14); «l'épine dorsale» magnétique du filament se reforme sous la protubérance éruptive, semblable à ce qu'elle était auparavant.

Le filament est supporté par des boucles magnétiques fermées qui atteignent une altitude de cent mille kilomètres environ et que l'on peut comparer à des hamacs disposés en parallèle. Cette arcade de boucles magnétiques est ancrée dans le Soleil, mais elle est ouverte au sommet par l'intermédiaire du filament éruptif. Par la suite, le magnétisme se reconnecte et se referme de nouveau sous le filament, formant une nouvelle arcade de boucles fermées qui brillent en rayons X et qui ressemblent à une cage thoracique géante.

Pendant longtemps, l'étude des protubérances éruptives a été considérée comme marginale. De petits groupes continuaient de les observer, mais presque tous les physiciens solaires voulaient les ignorer. Au contraire, les éruptions, plus faciles à observer dans des domaines spectraux variés, ont suscité de nombreux travaux observationnels et théoriques. Ce n'est que récemment que l'on a réalisé que la disparition des protubérances était liée à une autre forme de l'activité énergétique du Soleil, les transitoires coronaux qui jouent un rôle important dans les interactions Soleil-Terre.

7.6 EJECTIONS DE MASSE CORONALE

Les phénomènes éruptifs les plus spectaculaires sont de gigantesques bulles magnétiques en expansion, appelées éjections de masse coronale ou transitoires coronaux ou encore CME (*Coronal Mass Ejections*). Elles ne sont observables qu'avec des coronographes depuis l'espace et, de ce fait, elles ne furent découvertes que dans les années 1970. Au-dessus du bord du disque, on observe une énorme bulle en forme de boucle dont l'émission brillante est due à la diffusion de la lumière par les électrons coronaux; la densité des régions brillantes est plus importante que celle des régions sombres. En dépit de leur découverte tardive, les coronographes en lumière blanche à bord de satellites ont pu observer plusieurs milliers d'éjections de masse coronale : Orbiting Solar Observatory (OSO 7, 1972), Skylab (ATM, 1973–1974), P 78 (Solwind, 1979–1985) et Solar Maximum Mission (SMM C/P, 1980 et 1984–1989).

Les boucles magnétiques, devenues instables, éjectent des milliards de tonnes de matériel coronal dans l'espace. Les CME étirent le champ magnétique jusqu'à ce qu'il se rompe, ne laissant derrière elles que des fils brillants qui demeurent «attachés» au Soleil. Dans leur expansion, les CME peuvent atteindre une taille égale à celle du Soleil, elles balayent les planètes et dominent tout sur leur passage.

Les CME avancent toujours vers l'espace interplanétaire, jamais elles ne retombent sur le Soleil. Souvent, elles présentent une structure en trois parties : une boucle, brillante vers l'extérieur, surmonte une cavité à la base de laquelle on observe une protubérance en éruption (voir Fig. 7.3). La boucle, en tête, constitue le transitoire lui-même, bulle en expansion rapide qui s'ouvre dans le vent solaire comme un gigantesque parapluie et qui repousse le plasma coronal à la façon d'un chasse-neige.

Les CME sont des structures indépendantes constituées de matériel chaud et de champs magnétiques. Elles se forment vraisemblablement à la suite de restructurations à grande échelle des champs magnétiques de la basse couronne. Leur distribution spatiale, au cours du cycle de l'activité solaire, est semblable à celle des autres grandes structures, jets coronaux et filaments. Lorsque l'on est proche d'un minimum, les CME sont surtout localisées dans les régions équatoriales; à l'époque du maximum, on peut les observer à toutes les latitudes.

Lorsque les champs magnétiques globaux sont déstabilisés, les transitoires coronaux expulsent, en moyenne, cinq milliards de tonnes de matière, avec une vitesse de quelques centaines de kilomètres par seconde. Quelques transitoires sont éjectés avec une force telle que leur vitesse peut atteindre 2000 kilomètres par seconde. L'énergie de cette masse en mouvement est de l'ordre de 10^{25} joules, comparable à celle d'une grosse éruption.

Bien que lors des éruptions les particules soient accélérées à de hautes énergies, on pense actuellement que les CME représentent la source principale des particules qui parviennent jusqu'à la Terre. L'image la plus couramment admise voit les grands transitoires comme des pistons qui développent devant eux des ondes de choc dans le vent solaire lent. Sous l'effet du choc les particules ionisées se chargent en énergie, elles se déplacent avec l'onde et le long des lignes de force magnétiques qui la coupent, un peu comme des «surfers» portés par les vagues.

Les CME peuvent ouvrir les lignes de force des champs magnétiques sur une grande échelle et à une altitude assez élevée dans la couronne, finissant par remplir de vastes domaines de l'espace interplanétaire. Les éruptions, au contraire, confinent les particules énergétiques dans des boucles magnétiques fermées ou bien les expulsent dans des ouvertures étroites; les particules accélérées lors des éruptions suivent des trajectoires bien définies, celles décrites par la spirale du champ magnétique interplanétaire (voir le paragraphe 6.5).

Lorsque les CME furent découvertes au début des années 1970, on pensait qu'elles étaient les conséquences des éruptions; à cette époque, les éruptions étaient les événements les plus énergétiques que l'on connaissait. Puis, avec les protubérances que l'on avait ignorées jusque là, une pièce maîtresse vint s'ajouter à l'édifice. Lorsque les astronomes commencèrent à étudier les relations entre les CME et l'activité solaire superficielle, ils furent surpris de découvrir que celles-ci étaient associées aux protubérances quiescentes qui en se réveillant, entrent en éruption. On remarqua qu'en général, les protubérances éruptives n'étaient pas accompagnées d'éruptions intenses et on en déduisit que les éruptions n'étaient pas nécessaires à la propulsion des éjections de masse coronale.

Les CME ont une taille très supérieure à celle des éruptions et même à celle des régions actives; en outre, elles précèdent dans le temps le départ de l'éruption. Ainsi, la relation de cause à effet entre les éruptions et les CME a été inversée.

Cependant, les éruptions sont plus fréquentes que les éjections de masse et par conséquent, les éruptions, pour la plupart, prennent probablement naissance dans un environnement différent, mais à partir d'un

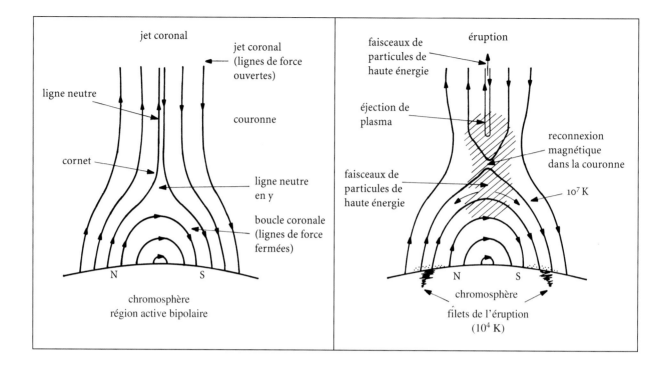

processus magnétique comparable. La différence essentielle entre ces deux phénomènes peut être une simple question de taille, les éruptions, assez compactes, se manifestant plus souvent que les éjections de masse coronale.

7.7 UN MODÈLE COMPOSITE
QUI EXPLIQUE L'ACTIVITÉ ÉNERGÉTIQUE DU SOLEIL

D'après un scénario, les éruptions sont alimentées en énergie par des champs magnétiques à grande échelle, de polarités opposées, qui se reconnectent. Cette configuration magnétique est suggérée par la forme en bulbe des jets coronaux où la base, constituée de champs magnétiques fermés, est surmontée d'une lame de champs ouverts sur le milieu interplanétaire (Fig. 7.15).

Le modèle théorique faisant appel à une connexion magnétique à grande échelle, a été surnommé le modèle CSHKP, initiales des noms des chercheurs qui l'ont développé au cours des années (Hugh Carmichael en 1964, Peter Sturrock en 1968, T. Hirayama en 1974, puis Roger A. Kopp et Gerald W. Pneuman en 1976).

Les images retransmises par la sonde Yohkoh montrent que quelques éruptions observées au limbe présentent la même géométrie que les jets coronaux en bulbes. Dans cette structure, les lignes de champ, de polarités opposées, s'étirent et entrent en contact au sommet de la boucle

Fig. 7.15. Reconnexion magnétique dans la couronne. La coupe longitudinale de la structure d'un jet coronal en bulbe (*à gauche*) suggère l'existence d'un mécanisme grâce auquel des champs magnétiques de polarités opposées peuvent entrer en contact, s'annihiler et se reconnecter (*à droite*). Selon le modèle CSHKP, proposé par Peter Sturrock en 1968, la reconnexion magnétique est à l'origine de l'accélération des particules de haute énergie, de l'éjection du plasma et de la formation de deux rubans (ou filets) dans la chromosphère.

Fig. 7.16. Une structure X en bulbe. Dans le quadrant sud-ouest (*en bas, à droite*) de cette image en rayons X mous, on observe une vaste structure en bulbe. Elle s'est formée à la suite de l'ouverture d'une configuration magnétique fermée par une éjection de masse coronale et qui s'est reconnectée pour former la structure en bulbe. Cette dernière est en expansion régulière et finit par se diluer dans la couronne. On observe le même phénomène dans les structures X de quelques régions actives observées au limbe; elles semblent être en expansion plus ou moins continue et transportent avec elles de la masse et des champs magnétiques. Cette image a été prise le 25 janvier 1992 par le télescope à rayons X mous de la sonde Yohkoh. (LPARL et NASA)

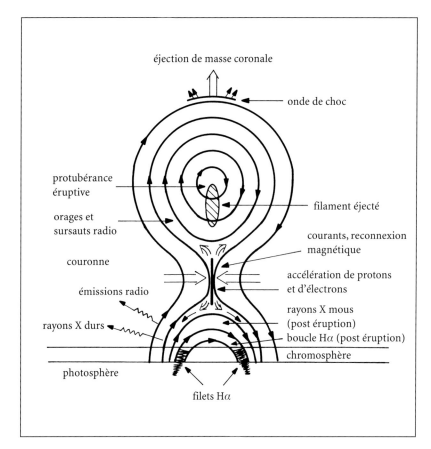

Fig. 7.17. Un modèle composite d'éruption solaire. Dans ce modèle, une éjection de masse coronale et la protubérance éruptive qui la suit, ouvrent un chemin dans des champs magnétiques auparavant fermés. Dans la région où se situe la reconnexion magnétique, des électrons énergétiques accélérés donnent naissance à des sursauts radio et à un rayonnement X dur intenses. Lorsque le champ magnétique reconnecté se réorganise pour former des structures fermées, les boucles post-éruptives brillent en X mous et en H-alpha.

coronale (Fig. 7.16). Cela accrédite le modèle CSHKP dans lequel les structures magnétiques s'ouvrent et se ferment comme les tentacules d'une anémone de mer. Au départ, les boucles coronales sont fermées, elles s'ouvrent, permettant ainsi la libération de l'énergie et du matériel stockés, puis se referment lorsque les champs magnétiques entrent de nouveau en contact. Les boucles fermées montent, se dilatent, et une éjection de masse coronale s'ensuit.

L'éjection de masse, et la protubérance éruptive qui l'accompagne, ouvrent la structure magnétique comme un ballon rempli d'air chaud qui brise ses attaches. La «cage» magnétique déchirée, libère l'énergie accumulée. L'éruption associée à ce phénomène est la conséquence de l'énergie libérée par le couplage magnétique des lignes de champ ouvertes (Fig. 7.17). A l'endroit où se produit la reconnexion magnétique, les électrons non-thermiques accélérés génèrent les rayonnements radio et X durs de l'éruption. Par la suite, les boucles éruptives sont détectées en rayonnements X mous et H-alpha émis dans les dernières lueurs thermiques de l'éruption par les nouvelles structures fermées.

Apparemment, une déstabilisation dans une configuration du champ magnétique à grande échelle, entraîne une éjection de masse coronale.

Nombre d'éjections de masse se produisent dans des jets coronaux préexistants que l'on voit gonfler et briller pendant un ou plusieurs jours avant qu'ils n'entrent en éruption. Puis le jet coronal est soufflé par l'éjection de masse et disparaît. Il semble donc que les CME soient contrôlées et commandées magnétiquement comme le suggère le modèle théorique.

Toutefois, alors que nous pensons que le magnétisme est la source principale de l'énergie des éruptions et des éjections de masse coronale, personne n'a jamais mesuré la diminution de l'énergie magnétique, censée donner naissance aux phénomènes éruptifs. Peut-être les instruments ne sont-ils pas assez sensibles ou peut-être encore, toute l'action magnétique se produit-elle dans la couronne invisible. (Les magnétographes ne mesurent que le champ magnétique photosphérique.) L'énergie magnétique disponible devrait être très largement supérieure à celle qui est libérée lors d'une éruption, donc seul un petit changement global serait observable; mais si c'est le cas, pourquoi les éruptions ne sont-elles pas plus puissantes et plus fréquentes?

Quelle que soit l'explication, nous n'avons pas de preuve observationnelle directe que l'énergie magnétique stockée est à l'origine des éruptions. De plus, même si le magnétisme avec courants fournit l'énergie, les mécanismes de sa libération et de sa transformation en chaleur et celui de l'accélération des particules demeurent inconnus.

On a supposé que l'énergie nécessaire pour alimenter les éruptions était stockée dans des structures magnétiques sous tension et qu'après l'événement, les champs magnétiques se réorganisaient pour former une configuration plus simple. En effet, les éruptions se produisent dans des régions où le cisaillement, dû aux mouvements de la photosphère, est intense. Cependant, beaucoup de ces régions n'entrent jamais en éruption; par conséquent, des champs distordus semblent être une condition nécessaire mais pas une condition suffisante pour que survienne une éruption.

Le débat concernant le mécanisme qui va déclencher les explosions est toujours très animé, mais personne ne connaît la réponse. Des champs magnétiques internes, torsadés, pourraient remonter dans la couronne et interagir avec des champs préexistants ou encore des boucles coronales pourraient entrer en contact les unes avec les autres à la faveur des mouvements de cisaillement et de torsion de leur pieds. Les éruptions pourraient même être provoquées par la disparition des boucles coronales lorsqu'elles replongent à l'intérieur du Soleil.

Ces éruptions soudaines demeurent imprédictibles. Elles se produisent sans cesse et semblent même nécessaires pour libérer le Soleil de toutes les tensions accumulées. Comme nous le verrons, ce comportement impulsif et déconcertant est, pour les humains, d'un intérêt pratique primordial.

Femme devant le Soleil, 1938. Dans cette oeuvre de Joan Miró, un Soleil brillant envoie des rayons d'espoir dans le noir de la nuit. Une grande femme dressée essaye, d'une main, de toucher le Soleil, tandis que dans l'autre elle tient une boule rouge, mais peut-être est-ce une étoile. Beaucoup de peintures de Miró représentent des formes terrestres en opposition au Soleil si puissant ou aux étoiles, sources de plénitude et d'inspiration. (Collection privée)

CHAPITRE 8

Alimenter l'espace en énergie

8.1 LES INGRÉDIENTS DE L'ESPACE

Il y a plusieurs dizaines d'années, avant l'ère spatiale, nous pensions qu'une frontière imaginaire séparait l'atmosphère de la Terre – qui assure la pérennité de la vie – de l'espace extérieur, désertique et vide. A cette époque là, nous nous représentions notre planète comme un globe solitaire, voyageant autour du Soleil dans un vide total, sombre et froid. Aujourd'hui, nous savons que l'espace au-delà de notre atmosphère n'est pas vide! La Terre est immergée dans un tissu mouvant constitué de particules subatomiques et de champs magnétiques provenant du Soleil.

La lumière et la chaleur ne sont pas les seules contributions du Soleil à notre environnement. L'espace interplanétaire est rempli des parcelles invisibles et chaudes qui s'en échappent. Ce maelstrom actif, fluctuant sans cesse, est un plasma, gaz ionisé constitué d'autant de protons positifs que d'électrons négatifs. Nous sommes protégés de ces particules par l'atmosphère et le champ magnétique de la Terre, et en général, nous les ignorons.

Le plasma est un des principaux ingrédients de l'espace. Un plasma est considéré, par les physiciens, comme un quatrième état de la matière, qui le distingue des trois états plus familiers : gazeux, liquide et solide. Un plasma se forme lorsque des électrons sont arrachés aux atomes d'un gaz, laissant un mélange, globalement neutre, d'électrons et d'ions positifs qui se déplacent librement. Un plasma est un conducteur de l'électricité et interagit fortement avec les champs électriques et les champs magnétiques.

Les champs magnétiques sont un autre ingrédient de l'espace; ils proviennent aussi bien du Soleil que de la Terre. Déjà en 1600, William Gilbert, médecin de la Reine Elisabeth 1ère d'Angleterre, publia un traité intitulé, *De magnete : magnus magnes ipse est globus terrestris*, ce qui signifie «Concernant le magnétisme, le globe terrestre est lui-même un aimant de grande taille». Comme Gilbert le laissait supposer, la Terre possède un champ magnétique dipolaire et tout se passe comme si son centre était occupé par un barreau aimanté; les lignes de force sortent du pôle géomagnétique sud, décrivent des boucles vers l'extérieur et rentrent au pôle géomagnétique nord (Fig. 8.1). (On peut remarquer que la convention utilisée pour le champ terrestre est inverse de celle que l'on utilise pour le champ magnétique solaire.) Comme les pôles ma-

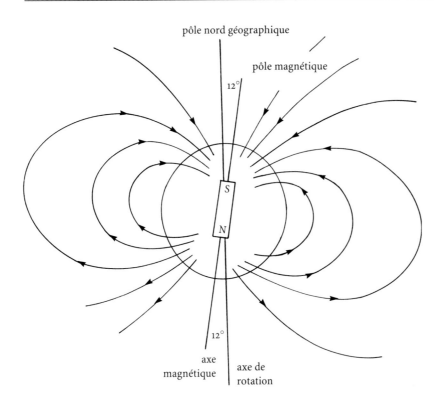

pôle nord géographique

pôle magnétique

12°

S

N

12°

axe
magnétique

axe de
rotation

Fig. 8.1. Le champ dipolaire de la Terre. Le champ magnétique terrestre est semblable à celui d'un barreau aimanté qui serait situé au centre de la Terre; les lignes de force décrivent des boucles, du Pôle Sud vers le Pôle Nord. L'axe magnétique est incliné de 12° par rapport à l'axe de rotation de la Terre. Cette configuration dipolaire s'applique à proximité de la surface, mais plus loin, le champ magnétique est déformé par le vent solaire.

gnétiques sont proches des pôles géographiques, l'aiguille d'une boussole s'oriente dans la direction nord-sud, c'est ce que William Gilbert se proposait d'expliquer.

L'espace interplanétaire renferme aussi des particules chargées très énergétiques, d'origine solaire ou cosmique. Ces dernières, appelées rayons cosmiques, voyagent dans l'espace interstellaire et nous apportent des vestiges de la mort explosive des étoiles (voir l'encadré 8A); les éruptions solaires intenses rejettent également des flux de particules chargées d'énergie qui se comportent comme un vent et interagissent avec l'environnement magnétique de la Terre.

8.2 SONDER LE VENT SOLAIRE

L'ensemble du système solaire est baigné par un vent chaud, rapide et de faible densité qui s'échappe continûment de la couronne, la haute atmosphère du Soleil, et qui transporte avec lui son propre champ magnétique. (Voir les paragraphes 6.5, 6.6 et 6.7.)

Grâce aux sondes spatiales, nous pouvons étudier *in situ* les constituants du vent solaire: particules, champs magnétiques et champs électriques.

S'échappant à la cadence de un million de tonnes par seconde, le vent solaire se dilue et, au niveau de l'orbite terrestre, ce n'est plus qu'un plasma raréfié. Les sondes ont également montré, qu'à ce niveau, le champ magnétique entraîné par le vent solaire s'est étiré et s'est considérablement affaibli. Cependant, la vitesse du vent solaire a peu diminué, car les obstacles susceptibles de le ralentir sont peu nombreux.

8.3 LE COCON MAGNÉTIQUE DE LA TERRE

Dans ces vastes étendues, situées entre la Terre et le Soleil, d'invisibles forces entrent en collision, parfois avec violence; le vent, qui s'échappe en permanence du Soleil, va rencontrer le champ magnétique terrestre engendré par l'effet dynamo dû aux courants électriques qui circulent dans le noyau de la Terre. (Cette rencontre turbulente se produit à une distance de 10 rayons terrestres environ.)

Les sondes interplanétaires ont montré que le champ magnétique terrestre écartait le vent solaire et creusait, à l'intérieur, une cavité qui constitue un cocon protecteur autour de notre planète. Ce cocon forme un bouclier qui nous protège des particules solaires énergétiques, probablement létales. Même si le champ magnétique à la surface de la Terre est plus faible que celui de l'aimant d'un jouet, son intensité est pourtant déjà suffisante pour faire obstacle au vent solaire et pour le dévier.

La magnétosphère de la Terre – ou celle d'autres planètes – est la région entourant la planète où le mouvement des particules ionisées, électrons, protons et ions, est sous la dominance des champs magnétiques ou sous leur influence. L'idée de base fut émise il y a un siècle par Kristian Birkeland qui écrivait, en 1896 :

ENCADRÉ 8A
Les rayons cosmiques

Les rayons cosmiques sont des particules élémentaires extrêmement énergétiques et des noyaux d'atomes, se déplaçant à des vitesses proches de celle de la lumière, venant de toutes les directions et qui «bombardent» la Terre. Avec le plasma et les champs magnétiques solaires, ils constituent un troisième ingrédient de l'espace. Les rayons cosmiques furent découverts en 1912 par Victor Franz Hess lorsqu'il embarqua un compteur Geiger à bord d'un ballon. (Les compteurs Geiger sont utilisés pour étudier et compter les particules émises par les atomes radioactifs comme l'uranium.) Tout d'abord, comme on s'y attendait, la radioactivité diminua avec l'altitude, les particules émises par les minéraux radioactifs des roches étant absorbées par l'atmosphère; mais, parvenu à une altitude plus importante, le signal du compteur Geiger enregistra une augmentation; cela signifiait que les signaux avaient une origine extra-terrestre. En faisant voler son ballon de nuit et lors d'une éclipse de Soleil, Hess se rendit compte que les signaux persistaient en altitude et que par conséquent, ils ne pouvaient provenir du Soleil, mais venaient d'une autre source cosmique inconnue.

En 1936, plus de vingt ans après sa découverte, Hess reçut le Prix Nobel de physique. Pendant ce temps, les rayons cosmiques avaient joué un rôle important dans le décodage du monde subatomique. En pénétrant dans notre atmosphère, avec une énergie supérieure à celles mises en jeu dans nos accélérateurs, ils entrent en collision avec les atomes et les brisent en leurs éléments subatomiques. C'est en étudiant, au début des années 30, les particules secondaires de ces gerbes de rayons cosmiques, que Carl Anderson confirma l'existence du positron (l'antiparticule de l'électron) et reçut le Prix Nobel de physique la même année que Victor Hess.

Ces signaux nouveaux, d'origine extra-terrestre, furent appelés rayons cosmiques pour les distinguer des rayons alpha et bêta émis lors de désintégrations atomiques. (Le rayon ou encore particule alpha est un noyau d'hélium et le rayon bêta désigne l'électron lorsque celui-ci provient d'une désintégration radioactive.) Les rayons cosmiques sont essentiellement des protons, des électrons et des noyaux de masse atomique croissante depuis l'hélium (2 protons) jusqu'à l'uranium (92 protons). Ils nous fournissent un échantillonnage directe de la matière qui remplit l'espace hors du système solaire, et, bien que peu nombreux, ils nous informent sur l'histoire des phénomènes les plus énergétiques de notre galaxie.

Contrairement au rayonnement électromagnétique, les particules des rayons cosmiques sont déviées lors des nombreuses rencontres avec le champ magnétique interstellaire. Avant qu'ils n'atteignent la Terre, leur direction s'est modifiée et la source primaire de leur rayonnement ne peut être identifiée; leur direction d'arrivée nous renseigne juste sur l'endroit où, pour la dernière fois, leur trajectoire s'est modifiée. Les spéculations nous permettent de penser qu'ils ont été accélérés à des énergies considérables par des chocs associés aux supernovas, étoiles massives qui explosent lorsqu'elles sont arrivées au terme de leur évolution.

Les rayons cosmiques sont également déviés par le champ magnétique qu'emporte avec lui le vent solaire. Comme Scott Forbush le montra pour la première fois en 1954, le nombre de rayons cosmiques qui nous parviennent varie avec le cycle undécennal, mais, si le Soleil est leur source, dans le sens opposé à celui que l'on attendait. Au maximum d'activité, les particules sont écartées de la Terre par le champ magnétique interplanétaire, alors plus étendu. Au minimum, le champ étant moins étendu, le seuil s'abaisse et permet aux particules d'arriver plus nombreuses des profondeurs de l'espace.

> Le magnétisme de la Terre créera une cavité autour de la
> Terre dans laquelle les corpuscules (du vent solaire)
> seront, en quelque sorte, balayés.[32]

Birkeland avança l'idée selon laquelle les électrons provenant du Soleil étaient canalisés par le magnétisme terrestre vers les régions polaires, où ils produisaient des aurores; il en fit la démonstration grâce à des expériences pour lesquelles il utilisa des faisceaux d'électrons et des sphères magnétiques (voir le paragraphe 8.7). Le terme magnétosphère fut inventé un demi-siècle plus tard, par Thomas Gold en 1959.

Les sondes spatiales qui ont eu rendez-vous avec toutes les planètes, excepté Pluton, ont montré que six d'entre elles possédaient leur propre enveloppe magnétosphérique. Mercure, la Terre, Jupiter, Saturne, Uranus et Neptune ont des champs magnétiques suffisamment intenses pour dévier le vent solaire et former une magnétosphère; Vénus et Mars n'ont pas de champ magnétique détectable.

A proximité de la Terre, le champ magnétique garde sa configuration dipolaire: ses lignes de force, semblables à celles d'un barreau aimanté, dessinent des boucles dans l'espace et convergent vers les pôles (Fig. 8.1). A plus grande distance, le magnétisme faiblit et finit par être déformé par le vent solaire; dans le mot magnétosphère, le deuxième terme n'a pas son sens géométrique, mais désigne plutôt un domaine d'influence. En dehors de celui-ci, le vent solaire est tout puissant; il façonne la magnétosphère et lui donne une forme asymétrique (Figs. 8.2 et 8.7). Si on

Fig. 8.2. La magnétosphère. Le champ magnétique terrestre creuse, dans le vent solaire, une cavité appelée la magnétosphère. La Terre, son champ dipolaire, son atmosphère et les ceintures de radiations de Van Allen se trouvent à l'intérieur de ce cocon magnétique. La magnétosphère nous protège contre le souffle vigoureux des particules du vent solaire; elle est comprimée côté jour et une onde de choc se forme à l'avant. Dans la direction opposée (côté nuit), elle s'étire et forme une longue queue magnétosphérique.

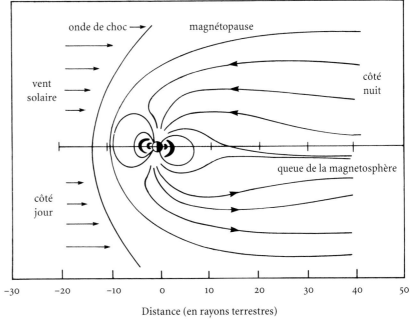

pouvait observer la limite extérieure de la magnétosphère, son apparence serait assez semblable à celle d'une comète.

Bien que très raréfié, le plasma du vent solaire possède encore le pouvoir de fléchir et de déplacer des objets sur son passage. La limite externe de la magnétosphère est comprimée et aplatie dans la direction du Soleil (côté jour); dans la direction opposée (côté nuit), les lignes de force s'étirent pour former une queue magnétosphérique, toujours dirigée «sous le vent», comme une manche à air (Fig. 8.7). La queue est constituée de deux lobes dans lesquels les lignes de force du champ magnétique ont des directions opposées. Les lignes de champ qui émergent dans le lobe sud se dirigent dans le sens opposé à la direction du Soleil; dans le lobe nord, elles sont dirigées vers le Soleil.

A l'avant de la magnétosphère, du côté jour, une onde de choc se forme. En Anglais, on l'appelle *bow shock*, car sa forme rappelle celle de la vague d'étrave qui se forme à la proue des navires (Fig. 8.3). A ce niveau, le vent solaire subit une brusque décélération, sa vitesse devient subsonique et il s'échauffe comme les roues d'une voiture qui freine brusquement, ou comme une vague qui se fracasse sur un rivage. Les particules du vent solaire sont, en majeure partie, écartées par le champ terrestre, mais quelques unes sont renvoyées dans le flux depuis l'onde de choc.

La magnétosphère est sans relâche secouée par le vent solaire. Les missions spatiales ont montré que le vent solaire ne s'écoule jamais régulièrement; comme les vents terrestres, il est ponctué de rafales et de tempêtes.

Lorsque la pression du vent solaire est importante, l'onde de choc est repoussée vers la Terre; lorsqu'elle diminue, notre domaine magnétique est plus étendu. Toute la magnétosphère change de taille constamment en fonction des variations de densité et de vitesse du vent solaire; ces variations sont souvent provoquées par les éruptions violentes, plus fréquentes au moment du maximum du cycle solaire.

8.4 PÉNÉTRER LES DÉFENSES MAGNÉTIQUES DE LA TERRE

Les particules du vent solaire transportent le dix milliardième (10^{-10}) de l'énergie transportée par les photons de la lumière visible et la magnétosphère nous protège de ce vent dilué soufflant à plein régime. Le bouclier magnétique de la Terre est si efficace, que seules quelques particules parviennent à pénétrer, ne représentant que 0,1 % en masse. Toutefois, bien que ce pourcentage soit faible, le vent solaire a une profonde influence sur notre environnement; il crée autour de la Terre une vaste cavité peuplée de particules énergétiques où circulent des courants électriques (Figs. 8.4 et 8.5).

Les particules qui pénètrent les défenses magnétiques de la Terre, arrivent essentiellement le long des lignes de force magnétiques solaires qui se connectent au champ terrestre. La connexion se fait avec plus

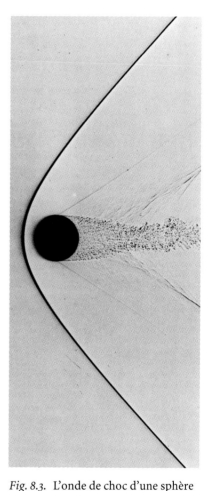

Fig. 8.3. L'onde de choc d'une sphère en mouvement rapide. En amont d'une petite sphère en mouvement libre dans l'air, on observe une onde de choc semblable à celle qui se forme par l'interaction du vent solaire et du champ magnétique terrestre (voir la Fig. 8.2). Le sillage turbulent ressemble peut-être à la queue de la magnétosphère. (Alexander C. Charters, Marine Science Institute, Université de Californie, Santa Barbara. Cliché réalisé au laboratoire de recherche balistique de l'armée des Etats-Unis.)

Fig. 8.4. Des domaines invisibles. Le Soleil est enveloppé d'un gaz ionisé de faible densité, le vent solaire. Ce vent balaye les planètes et se répand continûment jusqu'aux confins du système solaire en créant l'héliosphère, c'est-à-dire la zone d'influence du Soleil. Le champ magnétique de la Terre creuse une cavité dans le vent solaire : la magnétosphère. C'est une région où le champ terrestre contrôle les mouvements des particules chargées. (NASA)

d'efficacité si les deux champs sont de polarités opposées (Fig. 8.6). Ce couplage se produit côté jour, puis il est entraîné vers l'aval le long de la queue de la magnétosphère. Cette immense queue, qui constitue la majeure partie de la magnétosphère, représente donc un site privilégié où une brèche peut s'ouvrir dans les défenses magnétiques de la Terre.

A proximité de la queue, les champs connectés ralentissent le vent solaire. De l'énergie lui est soustraite, entraînant une circulation à grande échelle – ou convection – des particules chargées à l'intérieur de la magnétosphère (Fig. 8.7). Tandis qu'il crée et maintient la queue magnétosphérique, le vent solaire fait entrer en contact les lobes de cette queue; les lignes de force peuvent fusionner et renvoyer du plasma en direction de la Terre. En moyenne, la connexion au niveau de la queue équilibre celle qui se produit du côté jour et boucle le schéma général de circulation.

Au niveau de la queue, les phénomènes de connexion magnétique ne se produisent pas en continu; il s'agit plutôt d'une série de perturbations, appelées sous-orages, qui libèrent la magnétosphère de la tension accumulée et lui permettent de revenir à un état de plus basse énergie, plus stable. Ces sous-orages durent environ une heure et, en général, ils se produisent plusieurs fois par jour.

Fig. 8.5. Les relations Soleil-Terre. Deux puissances invisibles entrent en collision dans le vaste espace situé entre la Terre et le Soleil : le vent solaire (la couronne solaire en expansion) et le champ magnétique terrestre qui écarte le vent solaire et nous protège des particules ionisées. L'activité solaire énergétique, comme les éruptions ou les éjections de masse coronale, créent des rafales dans le vent solaire qui secouent et déforment la magnétosphère, permettant aux particules ionisées de pénétrer nos défenses. La magnétosphère de la Terre et les ceintures de radiations sont alimentées par le Soleil en champs magnétiques et en particules qui donnent naissance aux aurores polaires, mais qui peuvent constituer un danger pour les astronautes et les satellites. (NASA)

1   noyaux d'hydrogène
2   coeur du Soleil
3   noyau d'hélium
4   taches solaires
5   Soleil
6   boucles magnétiques
7   éruption solaire
8   vent solaire
9   particules ionisées énergétiques
10   couronne
11   éjection de masse coronale
     ou transitoire coronal
12   magnétosphère terrestre
13   zone aurorale
14   ceintures de radiations
15   queue magnétosphérique

Lorsque la reconnexion magnétique côté jour s'intensifie, la tension s'accroît. Le volume de lignes de champ augmente dans les lobes de la queue jusqu'à ce qu'un sous-orage se déclenche avec libération explosive de l'énergie magnétique stockée, ce qui n'est pas sans rappeler les processus qui alimentent en énergie quelques éruptions solaires (voir le paragraphe 7.4). La queue de la magnétosphère se rompt, comme un élastique que l'on a trop entortillé. Une partie de la queue est catapultée vers l'aval en créant une bourrasque dans le vent solaire.

Fig. 8.6. Couplage entre le Soleil et la Terre. Dans sa majeure partie, le vent solaire s'écoule autour de la Terre, mais quelques particules énergétiques pénètrent nos défenses magnétiques. (NASA)

Fig. 8.7. La circulation du plasma. Sur cette coupe schématique de la magnétosphère, les flèches blanches indiquent la direction des flux de plasma. Le vent solaire est dévié au niveau de l'onde de choc (*à gauche*), il s'écoule le long de la magnétopause dans la queue magnétosphérique (*à droite*); de là, il est injecté en direction de la Terre, dans la couche de plasma (*au centre*). La circulation du plasma est commandée par les tensions magnétiques qui se créent lorsque le champ magnétique du vent solaire se connecte au champ terrestre. Ce phénomène produit 80 ou 90 % du couplage entre le vent solaire et la magnétosphère, mais le plasma solaire peut aussi pénétrer par des points faibles du champ magnétique, comme l'onde de choc turbulente et les cornets polaires. (Tom Hill, Université Rice)

L'énergie dissipée par la connexion magnétique propulse l'autre partie de la queue en direction de la Terre. Les électrons et les ions se déplacent à grande vitesse le long des tubes magnétiques qui sont connectés à la Terre et qui relient le vent solaire aux zones équatoriales de stockage et aux régions polaires. Les électrons guidés vers les régions polaires intensifient les lumières aurorales (voir le paragraphe 8.7). La queue se reforme pour donner une autre configuration instable, potentiellement explosive, dans l'attente du prochain sous-orage. Les sous-orages se produisent

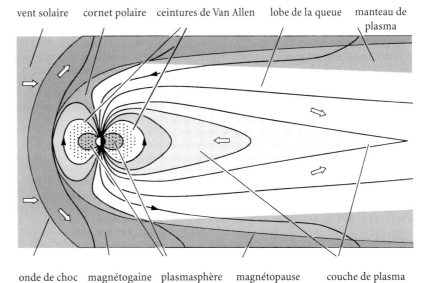

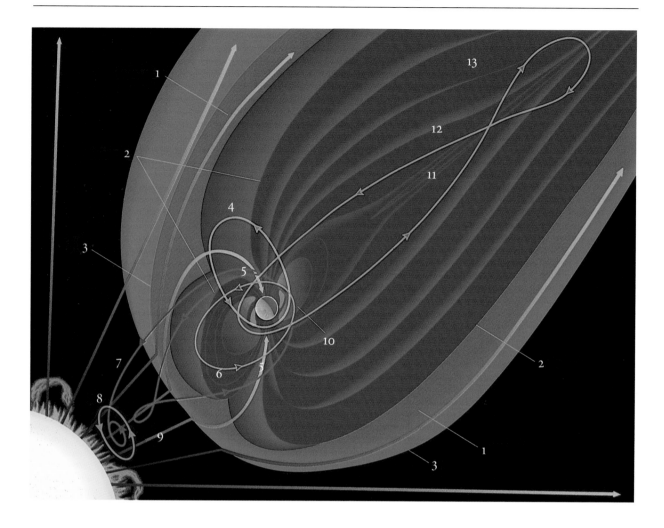

jusqu'à ce que le champ magnétique du vent solaire change de direction et que la connexion magnétique côté jour décroisse ou s'interrompe.

La magnétosphère est donc un milieu complexe, très dynamique, sous la dépendance du vent solaire qui varie sans cesse en intensité (Fig. 8.8). Les champs magnétiques qui donnent lieu aux phénomènes de connexion côté jour peuvent être apportés par les éjections de masse coronale. Ces phénomènes transitoires mettent en mouvement le cycle de stockage et de libération de l'énergie des sous-orages magnétiques.

8.5 LE STOCKAGE DES PARTICULES
DANS LA MAGNÉTOSPHÈRE TERRESTRE

Comme nous venons de le voir, les particules ionisées du vent solaire peuvent pénétrer à l'intérieur de la magnétosphère et s'y trouver piégées. Celles qui alimentent les aurores sont stockées dans la queue de

◁ *Fig. 8.8.* L'intérieur de la magnétosphère. Vers l'amont, une onde de choc marque l'impact du vent solaire contre le bouclier magnétique de la Terre ; du côté jour, cette limite se déplace plus ou moins en direction de la Terre en fonction de la force du vent solaire. La magnétogaine est une zone turbulente située immédiatement en dessous du front de l'onde de choc et dans laquelle les énergies des électrons et des protons sont plusieurs milliers de fois celles des particules du vent solaire. La magnétopause est la limite externe de la magnétosphère. Côté Soleil, le champ magnétique s'ouvre par l'intermédiaire des cornets polaires, régions en forme d'entonnoir, où les particules du vent solaire peuvent pénétrer et atteindre l'atmosphère supérieure de la Terre. La magnétosphère possède d'autres points faibles : l'onde de choc elle-même et la queue magnétosphérique. Les ceintures de Van Allen sont des régions en forme de tores peuplées d'électrons et de protons énergétiques. Sur cette figure, on a aussi indiqué les orbites des sondes destinées à étudier les différentes régions de la magnétosphère et leurs interactions avec le vent solaire – voir aussi la Fig. 8.17. (NASA)

1 magnétogaine
2 magnétopause
3 onde de choc
4 satellite Polar
5 satellite Cusp
6 satellite Cluster
7 satellite Wind
8 SOHO
9 vent solaire
10 ceintures de radiations
11 feuillet neutre
12 satellite Geotail
13 queue magnétosphérique

la magnétosphère, le long des lignes de champ dipolaire, du côté Terre par rapport au site de reconnexion. Cette zone de stockage, appelée couche de plasma (Fig. 8.7), constitue un réservoir d'électrons et d'ions qui sont précipités soudainement vers la Terre lorsqu'un sous-orage magnétique modifie la structure de la queue de la magnétosphère. Plus près de la Terre, les particules sont stockées dans des ceintures de radiations situées au niveau des régions de l'équateur géomagnétique, largement au-dessus de l'atmosphère, et où on ne s'attendait pas à trouver des flux élevés d'électrons et de protons de haute énergie.

Carl Störmer, un jeune physicien théoricien d'Oslo, fut inspiré par les expériences que réalisa Birkeland en soumettant une sphère magnétique dipolaire à des faisceaux d'électrons (voir le paragraphe 8.7). Störmer étudia mathématiquement le mouvement de particules chargées dans un champ dipolaire et, en 1907, grâce à un calcul numérique fastidieux – c'était avant l'avènement de l'informatique – il montra que les particules ionisées provenant du Soleil devaient être captées par le champ magnétique terrestre et confinées à l'intérieur de réservoirs situés à proximité de la planète. En s'enroulant en spirale autour des lignes de force magnétiques, les particules devaient se déplacer d'un pôle magnétique à l'autre, en un mouvement de va et vient, et ceci pendant de longues périodes (Fig. 8.9). Lorsque les particules s'approchent des régions polaires, le champ magnétique devient plus intense ; les spirales qu'elles décrivent sont de plus en plus serrées et elles sont réfléchies en deux points « miroirs » situés à proximité des deux pôles. Malgré cela, les scientifiques furent, pour la plupart, tout à fait surpris lorsqu'au début de l'ère spatiale, on découvrit dans la magnétosphère des ceintures en forme de tores peuplées d'électrons et de protons.

En réponse aux deux Spoutniks soviétiques, lancés en octobre et novembre 1957, les Américains lancèrent, en janvier 1958, leur premier satellite Explorer 1. A bord d'Explorer, un compteur Geiger était chargé de mesurer l'intensité des rayons cosmiques. Comme on s'y attendait, l'instrument détecta leur présence à proximité de la Terre, mais, de façon inattendue, à des altitudes plus importantes, il ne détecta aucun signal. Cet effet fut confirmé deux mois plus tard par Explorer 3. (Entre temps, Explorer 2 s'était abîmé dans l'océan.) Il s'avéra que les satellites avaient pénétré dans une zone dense peuplée de particules énergétiques qui avaient saturé le tube Geiger et avaient amené le compteur à indiquer zéro. Ces mesures montraient que l'espace était rempli d'un « rayonnement » mille fois plus intense que prévu.

Pioneer 3, une sonde américaine inhabitée, lancée vers la Lune en 1958, découvrit un deuxième réservoir en forme de tore, plus vaste et plus éloigné, lui aussi peuplé de particules ionisées énergétiques. Ces régions sont souvent appelées les ceintures interne et externe de Van Allen, d'après James A. Van Allen qui fut le premier à interpréter les observations ; on les surnomme toujours ceintures de radiations, car à l'époque

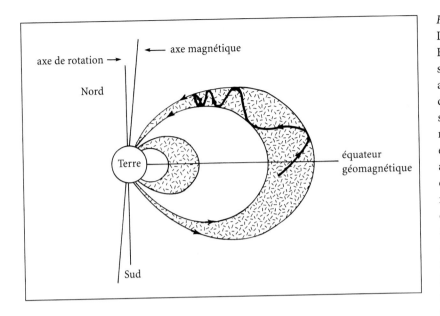

axe de rotation →   ← axe magnétique

Nord

Terre

équateur
géomagnétique

Sud

Fig. 8.9. Les ceintures de Van Allen. Le premier satellite scientifique, Explorer 1, lancé en 1958 et, par la suite, Pioneer 3, lancé au début des années 60, révélèrent la présence de deux régions encerclant la Terre et situées au-dessus de l'équateur géomagnétique : les ceintures interne et externe de Van Allen. Sur ce dessin, on a représenté la trajectoire d'une particule chargée, piégée par le champ magnétique terrestre à l'intérieur d'une des ceintures. La particule s'enroule en spirale autour des lignes de force magnétiques ; lorsqu'elle s'approche des régions polaires, l'intensité du champ augmente et en quelques secondes elle repart en direction du pôle opposé, vers un point miroir semblable. Lorsque les satellites traversent les ceintures de Van Allen, les particules énergétiques peuvent causer des dégâts aux systèmes électroniques embarqués : microcircuits, cellules des panneaux solaires et autres instruments.

de leur découverte, les particules ionisées qu'elles renferment étaient considérées comme un rayonnement corpusculaire.

La ceinture interne renferme essentiellement des protons énergétiques, de 10 à 700 MeV (ceux de plus haute énergie sont rares), elle est située à une distance moyenne de 1,5 rayon terrestre au-dessus de l'équateur géomagnétique ; la ceinture externe se trouve à une altitude de 3 rayons terrestres, elle est constituée d'électrons rapides d'origine solaire dont l'énergie est égale à quelques MeV (Fig. 8.9). Ces ceintures sont toutes deux situées à l'intérieur de la magnétosphère.

Van Allen et ses collègues de l'Université de l'Iowa étaient parfaitement au courant des travaux préliminaires de Störmer, lorsqu'en 1959 ils présentèrent leurs conclusions :

> L'existence d'un rayonnement corpusculaire de grande intensité à proximité de la Terre fut découverte par les instruments à bord du satellite 1958 alpha (Explorer 1) ... . Dans notre compte rendu du 1er mai 1958, nous avions suggéré que le rayonnement était de nature corpusculaire, probablement piégé autour de la Terre dans les deux zones de Störmer-Treiman, ayant une section en forme de croissant, et qu'il était très plausible qu'il fût intimement lié aux aurores. Sur la base de ces conclusions provisoires, nous avions pensé que le rayonnement piégé observé devait à l'origine venir du Soleil sous forme de gaz ionisé.[33]

De fait, la plupart des particules ionisées que l'on trouve dans les ceintures de radiations proviennent du vent solaire. Elles pénètrent dans la ma-

Fig. 8.10. Une nouvelle ceinture de radiations. Un tore peuplé de particules de haute énergie forme une troisième ceinture de radiations (en jaune), située le long des ceintures de Van Allen. La ceinture externe (en pourpre) est surtout peuplée d'électrons solaires et la ceinture interne (en bleu) de protons solaires énergétiques. La nouvelle ceinture renferme des ions qui proviennent de régions extérieures au système solaire et qui ont dérivé dans l'espace interstellaire. Tous ces ions et particules sont piégés par le champ terrestre et oscillent entre les deux pôles magnétiques. (Ian Worpole, © 1993 Discover Magazine)

1 ceinture de Van Allen externe
2 ceinture de Van Allen interne
3 lignes de force du champ magnétique
4 nouvelle ceinture

gnétosphère et circulent à l'intérieur (Fig. 8.7), mais le taux de circulation est fonction du couplage magnétique qui s'établit entre le champ du vent solaire et le champ terrestre. Une circulation dense amène les particules à proximité de la Terre et lorsque celle-ci est moins intense, les particules restent éloignées et sont piégées dans les ceintures. Par ailleurs, des particules de basse énergie proviennent de l'ionosphère, atmosphère supérieure de la Terre.

Récemment, des instruments installés à bord de satellites ont détecté une troisième ceinture de radiations qui renferme des noyaux de haute énergie, originaires de régions situées hors du système solaire (Fig. 8.10) et désignés sous le nom de rayons cosmiques anormaux. Contrairement aux deux ceintures précédentes, essentiellement alimentées par les électrons et les protons solaires, cette nouvelle ceinture contient de la matière interstellaire rejetée dans l'espace par des étoiles parvenues au terme de leur évolution ou formée au moment du big-bang. On y trouve des ions azote, oxygène et néon synthétisés à l'intérieur d'étoiles autres que le Soleil, mais aussi des ions hélium qui pourraient s'être formés lors de la nucléosynthèse primordiale. (Les rayons cosmiques anormaux ont des vitesses et des énergies plus faibles que celles des autres rayons cosmiques; ce sont des atomes qui n'ont perdu que un ou deux de leurs électrons périphériques. Ils sont vraisemblablement issus de processus assez proches et moins violents que la plupart des rayons cosmiques, qui se déplacent à des vitesses proches de celle de la lumière.)

Les ions piégés sont jusqu'à mille fois plus abondants que les autres rayons cosmiques (voir l'encadré 8A) et par conséquent, ils ont une composition particulière. Ils partagent l'espace avec la ceinture de radiations interne. Cette nouvelle ceinture fut décrite de façon détaillée en 1993

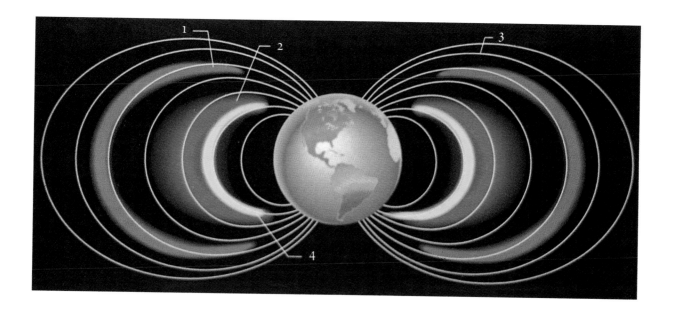

d'après les données enregistrées par le satellite SAMPEX de la NASA (Solar, Anomalous and Magnetospheric Particle Explorer) et qui confirmaient les résultats moins précis obtenus en 1991 par les satellites russes COSMOS.

Le nombre des rayons cosmiques anormaux piégés augmente probablement au fur et à mesure que le niveau d'activité du Soleil diminue au cours du cycle undécennal, lorsqu'ils sont moins nombreux à être déviés par les champs magnétiques qui s'étendent depuis le Soleil dans l'espace interplanétaire. Les observations réalisées par Pioneer 10 et 11, mais aussi celles faites par Voyager 1 et 2, montraient que l'intensité des rayons cosmiques anormaux augmentait lorsque les sondes s'éloignaient du Soleil au-delà des planètes géantes, puis vers l'espace interstellaire, permettant de penser que ceux-ci avaient une origine extérieure au système solaire.

On pense que ces ions proviennent d'atomes neutres du gaz interstellaire et qu'ils ont pénétré dans cette ceinture après un périple compliqué. Lorsque des atomes interstellaires pénètrent dans notre système planétaire, ils peuvent, sous l'effet du rayonnement ultraviolet solaire ou à la faveur de collisions avec les particules du vent solaire, perdre un ou deux de leurs électrons et être partiellement ionisés. Par la suite, ces ions sont repoussés par le vent solaire vers la périphérie du système solaire et lorsqu'ils rencontrent l'onde de choc qui marque la limite de l'héliosphère, ils sont accélérés à des niveaux d'énergie qui sont ceux des rayons cosmiques (voir aussi le paragraphe 6.7). Quelques uns de ces ions se frayent un chemin vers la Terre où ils sont piégés par son champ magnétique; par conséquent, ils nous fournissent un échantillonnage direct du milieu interstellaire qui entoure le système solaire.

8.6 EXPÉRIENCES ACTIVES DANS L'ESPACE

En ce qui concerne l'étude de l'espace, en général, une des difficultés est l'utilisation d'observations passives, soit par des études *in situ* avec des satellites, soit par télédétection depuis le sol. Normalement, l'espace n'est pas sujet aux expériences semblables à celles que l'on réalise dans un laboratoire terrestre. Cet obstacle a été surmonté lorsque l'on a stimulé activement l'environnement spatial de la Terre et que l'on a mesuré comment il répondait à ces stimulations.

Les scientifiques utilisent des sondes pour le modifier dans des conditions contrôlées. Dans les années 90, le programme CRRES (Combined Release and Radiation Effect Satellite) nous a fourni un exemple de ces expériences, une opération en coopération entre la NASA et le Département de la Défense. Ce programme comprenait un satellite de haute altitude et des fusées sondes de basse altitude qui libéraient dans l'espace des produits chimiques et d'autres substances. Le groupe des métaux

Fig. 8.11. Des éléments chimiques illuminent l'espace. Une boule jaune-vert, constituée d'atomes de baryum, réfléchit la lumière du Soleil, devenant plus grosse et plus brillante que la pleine Lune. Les atomes de baryum neutres ne sont pas affectés par les champs magnétiques et se dispersent dans une sphère qui se déplace à la même vitesse que le satellite qui les libère [il s'agit du satellite CRRES (Combined Release and Radiation Effects Satellite) de la NASA]. Le rayonnement ultraviolet solaire arrache des électrons aux atomes de baryum et crée des ions positifs qui émettent de la lumière bleue, dans un autre domaine de longueur d'onde. Les ions suivent les lignes de force du champ magnétique et forment un sillage permettant d'observer des structures qui autrement seraient invisibles. Un phénomène semblable se passe avec les comètes; elles sont entourées d'un halo d'atomes d'hydrogène et possèdent de longues queues de plasma qui peuvent être pincées par le champ magnétique interplanétaire. (Morris Pongratz, Los Alamos National Laboratory, le cliché a été pris avec une caméra de 35 mm, depuis le site de St.Croix)

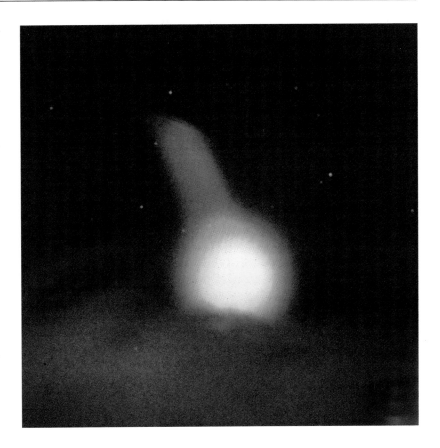

alcalino-terreux en faisait partie, il y a dans ce groupe des éléments familiers comme le baryum, le calcium et le lithium.

Lorsqu'ils sont libérés dans l'espace sous forme de vapeur, ces éléments possèdent deux propriétés intéressantes. Tout d'abord, sous l'action du rayonnement ultraviolet solaire, ils sont transformés en ions positifs. Ensuite, en absorbant la lumière solaire et en la réémettant, ils brillent avec des couleurs qui sont caractéristiques de l'élément et forment des nuages colorés visibles depuis une partie importante de la surface terrestre.

En éclairant l'espace et en le rendant visible, les vapeurs chimiques permettent de surmonter un obstacle majeur concernant son étude (Fig. 8.11).

La matière ionisée, devenue brillante, peut être utilisée pour tracer la configuration du magnétisme. Les champs magnétiques, nous l'avons vu, établissent une barrière pour les particules et constituent des canaux qui vont guider leur mouvement. Par conséquent, ces ions colorés se dispersent le long des lignes de force du champ et mettent sa structure en évidence. Au contraire, les atomes neutres réfléchissent la lumière et forment un nuage coloré sphérique, qui se déplace à la même vitesse que le satellite qui le libère.

Bien que quelques unes de ces substances, comme le sodium, le baryum et le lithium soient toxiques par contact pour les humains, leur dispersion dans l'espace ne constitue pas un danger. On les libère à très haute altitude, bien au-dessus de l'atmosphère; de plus, les quantités sont si faibles que toute substance qui retomberait serait dispersée sur une surface immense avec des concentrations beaucoup moins importantes que celles dues à l'activité humaine, comme la combustion du charbon qui libère du baryum dans l'atmosphère.

Un autre exemple de cette activité nous a été donné par des astronautes qui ont lancé des faisceaux d'électrons rapides dans l'atmosphère, comparables aux faisceaux lumineux des personnages de fiction de la Guerre des étoiles. Par un processus similaire à celui des aurores polaires, l'atmosphère s'illumine dans les couleurs verte et rouge; dans le cas des aurores, les électrons proviennent du Soleil, leur trajectoire est complexe et ils sont accélérés dans la magnétosphère (voir le paragraphe 8.7).

Dans le passé, pour réaliser ces expériences, des explosions nucléaires à haute altitude furent utilisées. Des chercheurs proposaient de faire exploser une bombe dans la ceinture de Van Allen interne, de façon à étudier les phénomènes auroraux induits par les nouvelles particules injectées, mais les militaires pensaient, avec raison, que l'on détruirait les satellites en orbite et que les communications radio seraient interrompues durablement. Entre 1958 et 1962, l'armée des Etats-Unis fit exploser des bombes atomiques dans l'atmosphère; les explosions produisirent de brillantes aurores artificielles, mais les retombées radioactives sur l'ensemble du globe étaient si dangereuses que les tests atmosphériques sont maintenant interdits par les conventions internationales.

Rétrospectivement, l'histoire complète des tests nucléaires est difficile à croire. Malgré tout, la suggestion du chimiste Harold Clayton Urey n'est peut-être pas si ahurissante; il pensait faire exploser une bombe atomique sur la Lune dans l'espoir que quelques parcelles retomberaient sur la Terre où on pourrait les récupérer. En 1956, ce lauréat du Prix Nobel s'exprimait ainsi:

> Une utilisation pacifique de l'énergie atomique militaire
> et des tirs balistiques intercontinentaux serait l'envoi
> d'une bombe atomique à la surface de la Lune, en espérant
> que du matériau quitte sa surface et parvienne plus tard,
> à la surface de la Terre, intact et non chauffé.[34]

Bien sûr, il s'agit de l'utilisation pacifique des bombes atomiques. Heureusement, par la suite les Etats-Unis décidèrent d'envoyer des hommes sur la Lune; ils rapportèrent des échantillons qui nous permirent de connaître sa composition sans pour cela devenir les fauteurs de trouble de l'Univers.

Cependant, aujourd'hui encore, nous continuons à réaliser des expériences dans l'espace qui ont des effets plutôt surprenants. Quand de l'eau ordinaire est rejetée dans l'atmosphère supérieure, elle neutralise les ions présents, et littéralement, y crée un trou. Des scientifiques ont, eux aussi, creusé des trous dans cette partie de l'atmosphère en y pompant, juste à la bonne fréquence, une grande quantité d'énergie électromagnétique; par conséquent, ils ont renforcé les oscillations naturelles du gaz ionisé jusqu'à ce qu'elles soient hors de contrôle.

Ainsi, les injections de substances, les faisceaux de particules accélérées, les bombes et les ondes électromagnétiques ont été utilisés pour sonder activement les régions qui enveloppent la Terre. Des instruments mesurent comment la perturbation se propage, comment elle croît et décroît, et permettent de retracer les propriétés de l'espace. Les particules ionisées introduites artificiellement suivent les mêmes trajectoires que les électrons responsables des aurores, les seules manifestations visibles de l'interaction entre le Soleil et la Terre.

Fig. 8.12. Aurores boréales. Les spectaculaires draperies de lumières fluorescentes rouges et vertes, photographiées en Alaska par Forrest Baldwin. (Kathi et Forrest Baldwin, Palmer, Alaska)

8.7 LES LUMIÈRES BORÉALES ET AUSTRALES

De tous les liens qui existent entre le Soleil et la Terre, les lumières boréales et australes représentent les phénomènes les plus magnifiques et les plus anciennement connus. Elles illuminent les ciels noctur-

nes des régions arctiques et antarctiques où des rideaux multicolores dansent et chatoient, à une altitude supérieure à celle des plus hauts nuages (Fig. 8.12). C'est sans doute parce qu'elles ressemblent aux lueurs du Soleil levant qu'on les nomme *aurores*; Aurore était la déesse romaine du crépuscule du matin; cette appellation remonte à l'époque de Galilée (1564–1642).

L'activité aurorale n'est pas rare; elle est presque permanente! Les aurores boréales sont visibles par les résidents des villes du grand nord, chaque fois que le ciel d'hiver est pur et sombre. (Au cours des mois d'été, époque du Soleil de minuit, il n'y a pas ou peu d'obscurité, et bien que présentes, les aurores sont très difficiles à observer.) Même aujourd'hui, les aurores apportent un certain réconfort aux habitants des régions polaires en leur rappelant que la lumière du Soleil, propice à la vie, finira par revenir. Cependant, en général, les aurores se développent dans les régions de hautes latitudes où la densité de population est faible et la plupart des gens ne voient jamais ces lueurs impressionnantes. De plus, dans les villes où la pollution lumineuse est importante, seules les aurores intenses pourront être remarquées.

L'aurore boréale est spectaculaire et facile à observer à l'oeil nu, soit depuis les régions arctiques, soit moins fréquemment, depuis des latitudes plus tempérées; on possède donc des documents depuis plusieurs siècles.

On trouve quelques unes des chroniques les plus anciennes dans les pays méditerranéens, où il y a bien longtemps, les écoles et les bibliothèques étaient florissantes. En Grèce, les récits relatant ce phénomène remontent à Plutarque, 467 avant J.-C. Aristote décrivit une aurore comme un voile de couleur rouge sang, semblable à un gouffre, probablement celle qui eut lieu en 349 avant J.-C. Cependant, des aurores spectaculaires sont rarement visibles depuis des latitudes aussi basses, peut-être une fois tous les 50 ou 100 ans.

Depuis les débuts de la civilisation, les récits les plus vivants et les plus détaillés nous viennent des pays scandinaves. En Norvège, ils remontent à l'époque des Vikings (500 à 1300). Dans une chronique nordique, *Kongespeilet* ou *Le Miroir du Roi*, écrite aux environs de 1250, l'aurore est décrite ainsi:

Ces lumières du nord ont cette nature particulière de
sembler d'autant plus brillantes que la nuit est sombre, et
toujours elles apparaissent la nuit mais jamais le jour,
plus fréquemment lorsque l'obscurité est profonde et
rarement lorsque la Lune est présente. En apparence, elles
ressemblent à une vaste flamme observée dans le lointain.
Depuis cette flamme, des points nets sont tirés dans le
ciel, leurs hauteurs sont irrégulières et ils sont
constamment en mouvement, ici un, là un autre s'élançant

Fig. 8.13. Une aurore australe. Vue depuis la Terre, l'aurore est un spectacle fascinant, mais encore plus lorsqu'on peut l'observer de l'extérieur. Les plis de la draperie matérialisent les lignes de force du champ magnétique terrestre. Cette photographie fut prise au-dessus de l'Antarctique depuis le pont de vol de la navette Discovery, au cours d'une mission militaire qui avait pour but d'étudier comment les aurores pouvaient induire en erreur les satellites d'alerte, chargés de détecter les traînées des missiles intercontinentaux. Les électrons énergétiques tombent en cascade le long des lignes du champ magnétique et excitent les atomes d'oxygène de l'atmosphère qui émettent par fluorescence, dans le vert à une altitude comprise entre 80 et 120 kilomètres. Les électrons moins énergétiques ont une profondeur de pénétration moins importante et le rayonnement de l'oxygène dans le rouge prend naissance vers 250 kilomètres d'altitude. (NASA)

plus haut; et la lumière semble s'embraser comme une flamme vivante ... . Il ne me semble pas improbable que le gel et les glaciers soient devenus si puissants qu'ils sont capables de rayonner ces flammes.[35]

Dans son livre publié en 1897, *L'expédition du Fram,* l'explorateur norvégien Fridtjof Nansen nous a donné ce récit, écrit au moment où il était prisonnier des glaces pendant le long hiver arctique :

> Les masses de feu rougeoyantes s'étaient divisées en de nombreuses bandes colorées et chatoyantes, et qui, du nord au sud, frémissaient et se tordaient dans le ciel. Les rayons scintillaient avec les couleurs de l'arc-en-ciel les plus pures, les plus cristallines, surtout du rouge-violet ou du carmin et du vert le plus clair. Plus fréquemment, les extrémités des rayons de la draperie étaient rouges et dans la partie supérieure se changeaient en un vert étincelant ... . C'était une fantasmagorie de couleurs éclatantes dépassant tout ce que l'on peut rêver. Parfois le spectacle atteignait une telle intensité qu'on en avait le souffle coupé; à cet instant, on avait l'impression que quelque chose d'extraordinaire pouvait arriver – et qu'à la fin le ciel pouvait tomber.[36]

Nansen – qui reçut le Prix Nobel de la Paix en 1922 – écrivit encore quelques phrases et ne put continuer; il était légèrement vêtu et sans gants et avait perdu toute sensibilité.

Les aurores ont lieu simultanément dans les régions polaires nord et sud. Chacune d'elles est presque une image miroir de l'autre. En 1770, au cours de son voyage à bord du *Endeavor*, le capitaine Cook fut le premier à signaler l'existence d'aurores australes. Celles-ci n'ont jamais atteint la célébrité des aurores boréales, sans doute parce qu'elles ne sont visibles que depuis des régions inhabitées ou depuis des océans assez peu fréquentés.

Aujourd'hui, les sondes nous permettent d'observer les aurores du dessus (Figs. 8.13 et 8.14). La navette spatiale a même traversé une aurore boréale. (Ordinairement, les aurores apparaissent entre 100 et 250 kilomètres d'altitude et peuvent s'étendre jusqu'à 400 kilomètres.) Alors qu'ils avaient pénétré dans l'aurore elle-même, les astronautes pouvaient fermer leurs paupières et voir dans leurs yeux les flashes de lumière provoqués par les particules ionisées. Depuis l'espace, le spectacle est aussi splendide que depuis le sol; c'est ce qu'exprime l'astronaute tchèque Vladimir Remek:

> Tout à coup devant mes yeux, une chose magique survint.
> Un rayonnement tirant sur le vert ruisselait depuis la
> Terre directement vers la station (spatiale), un rayonnement
> semblable à de gigantesques tuyaux d'orgue phosphorescents,
> dont les extrémités brillaient dans les tons cramoisis,
> et se chevauchaient par vagues tourbillonnantes de brume verte.[37]

Le spectacle des aurores a été décrit dans le folklore des cultures arctiques, où on les interprète souvent comme étant les esprits des morts, combattant ou jouant dans l'air. Les Vikings pensaient que les aurores représen-

Fig. 8.14. Une aurore vue depuis la navette spatiale. L'aurore apparaît lorsque des particules solaires de haute énergie pénètrent dans la haute atmosphère. On peut observer ces bandes multicolores chatoyantes aux hautes latitudes dans les deux hémisphères, mais on peut aussi les observer depuis l'espace. Sur cette photo prise par la navette Discovery, l'émission de l'oxygène s'étend dans une zone comprise entre 200 et 300 kilomètres d'altitude. (NASA)

taient une bataille éternelle entre les esprits des guerriers tombés. Pour les Eskimos, ces lumières vacillantes sont une danse de la mort ou des signaux que les défunts envoient pour essayer d'entrer en contact avec les vivants. Un mot eskimo pour désigner une aurore, *aksarnirq*, signifie *jouer à la balle*. Pour les Eskimos de l'Alaska, les esprits jouent à la balle avec les têtes des enfants qui se hasardent à sortir pendant les aurores.

Les aurores ont également inspiré les poètes : pour Browning, «un dragon qui crache du feu par ses naseaux»; pour Coleridge, «les bannières du Nord qui flottent au vent» et «une centaine de drapeaux de feu brillants»; pour Sir Walter Scott, «des esprits chevauchant la lumière du nord» et pour Wallace Stevens, «la verte couleur polaire, de glace, de feu et de solitude».

En Norvège ou en Suède, on croyait couramment que les aurores étaient provoquées par les bancs de harengs argentés, qui en nageant près de la surface, réfléchissaient la lumière contre les nuages. D'après *Le miroir du Roi*, la neige des régions arctiques absorbe de grandes quantités de lumière au cours du long été du Soleil de minuit et la renvoie comme un miroir lorsque l'hiver est là. Presque quatre siècles plus tard, le philosophe René Descartes pensait que les aurores étaient dues à la lumière solaire diffusée par les particules de glace de la haute atmosphère des régions nordiques. Aussi, ces idées qui considéraient les aurores comme étant des réflexions par les champs de glace arctiques ou provenant des particules de glace de l'atmosphère, persistèrent pendant des siècles avant que l'on démontrât leur inexactitude.

Lorsque l'on se déplace des tropiques vers les latitudes polaires, les aurores deviennent de plus en plus fréquentes. Cependant, les premiers explorateurs de l'Arctique furent surpris de découvrir que leur fréquence n'augmentait pas tout au long du chemin vers le pôle. En 1860, Elias Loomis, un Américain, professeur d'histoire naturelle, établit la carte de la distribution géographique des aurores et montra qu'elles se répartissaient selon un anneau autour du Pôle nord. Herman Fritz, ingénieur et physicien suisse, développa le travail de Loomis et, dans son livre bien connu alors, *Das Polarlicht*, il publia, en 1881, une conclusion identique. Loomis et Fritz montrèrent que la fréquence et l'intensité des aurores étaient plus grandes à l'intérieur d'une couronne de forme ovale de 500 kilomètres de large et s'étendant sur 2000 kilomètres depuis le pôle. Dans cette zone, les aurores peuvent avoir lieu chaque nuit au cours de l'année.

Un siècle plus tard, en 1957–58, lors de l'Année Géophysique Internationale, la distribution des aurores fut cartographiée de façon plus détaillée grâce à l'utilisation de caméras panoramiques. Une analyse de centaines de milliers de photographies de la totalité du ciel situé au-dessus de l'horizon montrait que la zone aurorale avait une forme ovale, centrée sur le pôle magnétique de la Terre.

Aujourd'hui, les sondes spatiales permettent d'observer l'ovale auroral dans son intégralité, comme dans la Fig. 8.15, où il est représenté en projection sur les continents. L'ovale auroral est constamment en mou-

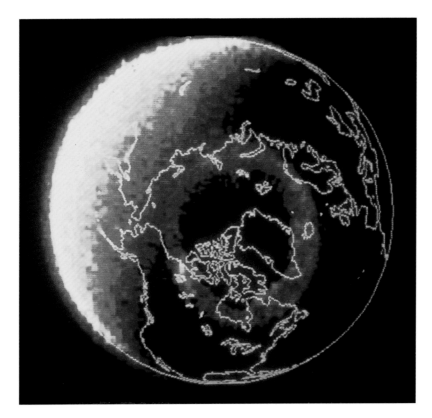

Fig. 8.15. L'ovale auroral. Cet immense anneau lumineux, de 4 500 kilomètres de diamètre, est centré sur le Pôle Nord géomagnétique. Il est dû aux interactions électromagnétiques qui se produisent à la limite entre la magnétosphère et le vent solaire. Le croissant brillant, en haut à gauche, est la face éclairée de la Terre. Ce cliché fut réalisé par une équipe de l'Université de l'Iowa d'après les données enregistrées à 20 000 kilomètres d'altitude par le satellite Dynamics Explorer 1. (Louis A. Frank)

vement, il s'étend en direction de l'équateur ou se rétracte vers les pôles et change d'éclat. Les ovales auroraux sont créés simultanément dans les deux hémisphères et ils sont observables depuis la Lune.

Comme les rayons des deux ovales sont plus grands que l'altitude à laquelle l'aurore se développe, depuis le sol un observateur n'en voit qu'une petite partie, qui ressemble à une draperie lumineuse chatoyante qui tombe du ciel.

Loomis et Fritz établirent une corrélation entre le nombre de taches solaires et la fréquence des aurores. Les aurores brillantes sont plus fréquentes lorsque le nombre de taches est important. Leur fréquence a tendance à suivre le cycle undécennal et cela laisse supposer que le Soleil, en quelque sorte, contrôle la brillance des aurores.

En 1896, l'influence du Soleil fut expliquée plus complètement lorsque le Norvégien Kristian Birkeland montra que les électrons solaires pouvaient être guidés vers les régions polaires, le long des lignes de force du champ magnétique terrestre. En tombant en cascade en direction des pôles magnétiques, les électrons sont ralentis par les collisions avec les atomes de l'atmosphère; ces derniers sont excités et brillent comme une enseigne lumineuse cosmique.

Birkeland démontra sa théorie en envoyant des faisceaux d'électrons sur une sphère magnétisée et phosphorescente – terrella – et détermina les points où les électrons la rencontraient. (A l'intérieur de la terrella, un électro-aimant créait un champ magnétique dipolaire, et elle était placée dans une enceinte représentant l'espace extérieur, où on pouvait faire le vide.) Il observa que les trajectoires des électrons étaient courbées par le champ magnétique et que les structures reproduisaient d'assez près celles des aurores polaires.

Au début des années 60, des détecteurs de particules placés à bord de fusées montrèrent que Birkeland avait raison (au moins en partie)! L'aurore est principalement excitée par les électrons qui bombardent les couches de l'atmosphère supérieure, avec des énergies d'environ 6 keV et des vitesses de 50 000 kilomètres par seconde. Des courants électriques de 1 million d'ampères peuvent être produits le long de l'ovale auroral, et la puissance électrique générée lors de la décharge est vraiment gigantesque – environ 10 fois la consommation d'électricité annuelle des Etats-Unis. (Birkeland pensa également à l'existence de ces courants auroraux, mais à cette époque là, l'idée fut tout à fait ignorée.)

Lorsque les électrons pénètrent brusquement dans l'atmosphère supérieure, ils entrent en collision avec les atomes d'oxygène et d'azote et les excitent à des niveaux d'énergie qui ne peuvent être atteints dans les zones inférieures plus denses. (Les constituants les plus abondants de notre atmosphère sont l'oxygène (21%) et l'azote (78%); les transitions aurorales de ces éléments sont des transitions «interdites» dans les zones de haute densité.) Les atomes excités restituent rapidement l'énergie qu'ils ont acquise en émettant un rayonnement lumineux: c'est le phénomène de fluorescence.

Les atomes d'oxygène excités rayonnent dans le vert (557,7 nm) et dans le rouge (630 et 636,4 nm); toutefois, pour que l'oxygène émette dans le rouge, les électrons doivent être très énergétiques, si bien que le vert est la couleur aurorale la plus commune. Chaque couleur correspond à une altitude déterminée; pour l'oxygène, l'émission verte apparaît vers 110 kilomètres et l'émission rouge entre 200 et 400 kilomètres. La partie inférieure des draperies vertes les plus brillantes est parfois frangée de rose, dû à l'excitation des molécules neutres d'azote; les couleurs bleue et violette sont émises par les molécules ionisées d'azote, mais on les observe rarement.

Mais d'où viennent les électrons et comment se chargent-ils en énergie? Comme on avait remarqué que les aurores les plus intenses se développaient aux époques de maxima solaires, on avait pensé que les électrons auroraux acquéraient de l'énergie lors des éruptions et qu'ils s'engouffraient dans l'atmosphère supérieure à travers les entonnoirs que constituent les cornets polaires. Dans une autre théorie assez répandue, on pensait que les électrons du vent solaire étaient retenus dans les ceintures de Van Allen avant d'être précipités dans les zones aurorales, conséquence d'une activité solaire intense. Toutefois, les particules solaires qui pénètrent par la voie polaire ne sont pas assez énergétiques pour donner naissance à toutes les aurores, et les particules dans les ceintures ne sont pas assez nombreuses.

Aujourd'hui, nous savons que les électrons qui donnent naissance aux aurores viennent de la queue de la magnétosphère terrestre et qu'ils se chargent en énergie localement, dans la magnétosphère elle-même. Lors des sous-orages (voir le paragraphe 8.4), l'ovale auroral est activé de façon intermittente. Le gain en énergie des particules résulte de l'intensification du taux de circulation à l'intérieur de la magnétosphère, essentiellement due à la création de courants électriques qui transportent ces particules depuis la zone de stockage que constitue la couche de plasma; ces courants sont du type de ceux que proposait Birkeland. Typiquement, de tels événements se produisent quatre à cinq fois par jour, mais sont plus fréquents lorsque le Soleil est actif et que des éjections de masse coronale amènent les champs magnétiques solaires à se connecter au champ terrestre. Ainsi, c'est réellement le Soleil qui contrôle l'intensité des aurores.

Lorsqu'une éruption solaire, avec les ondes de choc et les champs magnétiques qui lui sont associés, atteint la magnétosphère, l'ovale aurorale devient plus intense et se dilate. Lors de rares éruptions violentes, animées de grandes vitesses et aux champs magnétiques intenses, l'ovale s'étend presque jusqu'à l'équateur. Par exemple, en 1859, 18 heures après que Carrington eut observé la lumière blanche de l'éruption, des aurores furent visibles à Honolulu pour l'hémisphère nord et à Santiago du Chili pour l'hémisphère sud. Ces grandes aurores, observables simultanément dans les deux hémisphères, ne se produisent qu'une ou deux fois par siècle; elles sont accompagnées de perturbations qui affectent l'ensemble du champ magnétique terrestre.

8.8 LES ORAGES GÉOMAGNÉTIQUES

Au milieu du XIXᵉ siècle, une série de découvertes permit d'arriver à la conclusion que l'activité solaire était à l'origine de variations globales du champ magnétique terrestre. En 1838, le mathématicien Karl Friedrich Gauss montra que le champ magnétique de notre planète était généré dans son noyau et qu'il s'étendait dans l'espace selon une structure dipolaire. Cela laissait supposer que des observations réalisées sur l'ensemble du globe seraient nécessaires pour comprendre le magnétisme terrestre. Quelques années plus tard, Heinrich Schwabe découvrit le cycle des taches solaires (voir le paragraphe 5.3). Pendant ce temps, La Grande Bretagne avait conçu un réseau d'observations magnétiques dans tout son empire colonial; en partie parce que l'on utilisait des boussoles pour la navigation. le colonel Edward Sabine, directeur de quatre des observatoires, put montrer que les fluctuations globales du magnétisme étaient synchronisées avec le cycle solaire.

En réponse à une lettre de l'astronome John Herschel, qui attirait son attention sur les résultats de Schwabe, Sabine écrivait:

En référence à la période de 10 ans déterminée par Schwabe,
qui comporte un minimum en 1843 et un maximum en 1848, il
se trouve, par la plus curieuse des coïncidences (si ce
n'est rien de plus qu'une *coïncidence*), que dans un papier
qui attend présentement d'être lu à la Royal Society, je
retrouve précisément les mêmes années, au moment de ce
minimum et de ce maximum, une inégalité périodique dans la
fréquence et dans la magnitude des perturbations magnétiques
(terrestres) et dans la magnitude de la variation moyenne
mensuelle de chacun des 3 éléments magnétiques présentés
simultanément dans les deux hémisphères.[38]

L'existence de perturbations magnétiques globales fut ainsi établie, et on
montra que dans son ensemble, le champ magnétique variait en fonction
du nombre de taches solaires, qui, on le sait, est lié à l'activité magnétique
du Soleil.

Parfois, il arrive que les boussoles fluctuent rapidement et fortement,
signe de variations importantes du champ terrestre : ce sont les orages
géomagnétiques. Contrairement à notre météorologie, les orages géomagnétiques sont invisibles et silencieux, mais comme nos tempêtes, ils
peuvent avoir des effets dévastateurs.

Si on fait la moyenne sur une année à l'échelle globale, on s'aperçoit
que les orages géomagnétiques varient en phase avec le cycle solaire.
Lorsque le Soleil présente un plus grand nombre de taches, le champ magnétique terrestre est plus fréquemment perturbé par de violents orages.
Ce ne sont pas les taches elles-mêmes mais les éruptions qui sont à l'origine de ces perturbations, et les aiguilles des boussoles sont en quelque
sorte «le baromètre» de ces éruptions solaires sporadiques.

Peu de temps après le début du XXe siècle, E. Walter Maunder, astronome à l'Observatoire Royal de Greenwich en Angleterre et spécialiste
des taches solaires, découvrit que les rares orages géomagnétiques très
intenses étaient associés à la présence de grandes taches près du centre
du disque solaire et que nombre de ces orages survenaient à des intervalles de 27 jours, temps correspondant à la rotation synodique du Soleil
(rotation observée depuis la Terre). Il en déduisit que cette répétition
pouvait s'expliquer :

en supposant que la Terre avait rencontré, jour après jour,
un flux qui, continuellement alimenté par une seule et
unique zone de la surface du Soleil, nous apparaissait, à
la distance où nous nous trouvions, tourner avec la même
vitesse que la zone dont il était issu.[39]

Comme Julius Bartels le fit remarquer, des orages géomagnétiques peuvent survenir lorsque l'on n'observe pas de taches. En 1932, Bartels désigna les sources des orages sous le nom de régions M et nota que si elles

étaient parfois associées à la présence de taches, dans de nombreux autres cas, elles semblaient ne correspondre à aucune structure visible. Cette abréviation M signifiait probablement «magnétique», mais il se pourrait qu'elle signifiât «mystérieux», car pendant plusieurs décennies, l'origine de ces orages géomagnétiques demeura un mystère pour les astrophysiciens solaires.

Finalement, ces insaisissables régions M se révélèrent être les trous coronaux que l'on observe sur les clichés en rayons X du Soleil (voir les paragraphes 6.3 et 6.5). Des flux rapides dans le vent solaire, issus de ces trous, balayent périodiquement la Terre et donnent naissance, tous les 27 jours, à des orages géomagnétiques. Les orages récurrents débutent graduellement avec une intensité modérée et finissent par dominer l'activité géomagnétique pendant la phase de déclin du cycle solaire.

De grands orages géomagnétiques non-récurrents se développent sporadiquement à intervalle d'une année environ; ils commencent de façon soudaine et sont provoqués par les perturbations interplanétaires dues aux éjections de masse coronale (voir l'encadré 8B). Comme nous l'avons vu dans le paragraphe 7.7, ces phénomènes transitoires sont plus fréquents lorsque les taches sont nombreuses. Un ou deux jours avant que des orages non récurrents se développent, on observe les signatures de ces éruptions intenses sous forme de rayonnements et ces derniers peuvent être utilisés pour établir une prédiction et pour nous aider à nous prémunir contre leurs effets. (Qu'ils soient récurrents ou non, les orages géomagnétiques sont toujours accompagnés de sous-orages intenses – voir le paragraphe 8.4 – et dans une certaine mesure, bien que ce point de vue soit contestable, on peut les décrire comme une série de sous-orages.)

Les conséquences des orages géomagnétiques sont vraiment considérables. Plusieurs fois, au cours de chaque cycle solaire, une éruption engendre une brève mais violente rafale dans le vent solaire et, dans son ensemble, la magnétosphère va réagir à cet impact cataclysmique. Lorsque les ondes de choc suivies par les champs magnétiques arrivent à proximité de la Terre, la limite externe de la magnétosphère côté jour est comprimée et sa taille est réduite de moitié. Des taux élevés de connexion entre le champ magnétique du vent solaire et le champ terrestre augmentent la taille de la queue magnétosphérique qui se connecte aux pôles, provoquant une intensification de l'ovale auroral; dans les deux hémisphères, de magnifiques aurores se développent jusque dans les régions tropicales.

Les courants électriques auroraux et les électrons associés aux orages géomagnétiques chauffent la haute atmosphère de façon inégale et imprévisible, provoquant son expansion; les satellites sont freinés sur leurs orbites et ils déclinent plus rapidement et de façon plus inattendue. (Au cours du cycle undécennal, le chauffage de l'atmosphère augmente également peu à peu sous l'effet du rayonnement – voir le paragraphe

8.9.) Les satellites géostationnaires, fixes au-dessus d'un point de la Terre, en orbite synchrone à 6,6 rayons terrestres d'altitude, peuvent être en danger lorsqu'un orage géomagnétique comprime la magnétosphère et que sa limite, située vers 10 rayons terrestres, passe en dessous de l'altitude de vol des satellites, exposant ceux-ci, de plein fouet, aux chocs des particules du vent solaire.

Le champ magnétique connaît des variations temporaires de taille à grande échelle qui créent des anomalies dans le fonctionnement des détecteurs des satellites, qui désorientent les instruments de navigation, les pigeons et autres migrateurs dont le guidage dépend du champ terrestre. Souvent les grands orages géomagnétiques interrompent les communications radio et il arrive même que les pilotes perdent le contact avec leur tour de contrôle.

A la surface de la Terre, les champs magnétiques induisent des courants électriques qui créent des survoltages dans les lignes à haute tension. Ce survoltage peut provoquer la détérioration des transformateurs des centrales électriques et, en surchargeant les systèmes de distribution du réseau, plonger dans l'obscurité des villes entières. Le 13 mars 1989, lors d'un orage géomagnétique particulièrement intense, en quelques secondes, toute la province du Québec fut privée d'électricité et 6 millions d'habitants furent plongés dans l'obscurité complète pendant 9 heures. En ne comptant que les pertes dues à la demande non satisfaite, le coût de ce «black-out» fut estimé à 500 millions de dollars (2,5 milliards de francs). (Au moment où le réseau d'alimentation disjonctait, de grands transformateurs lâchaient ailleurs, au Canada et aux Etats-Unis.) Comme les compagnies de service comptent de plus en plus sur de longs réseaux de transmission pour alimenter la demande des centres de distribution dispersés, elles deviennent de plus en plus vulnérables.

Le rayonnement intense et les particules énergétiques qui accompagnent les éruptions solaires mettent en danger les astronautes non protégés et représentent une menace pour les satellites. Ainsi, l'enjeu est considérable, les intérêts pratiques et commerciaux nécessitent que l'on comprenne et que l'on prévoie les grands orages géomagnétiques.

ENCADRÉ 8B
Changer les paradigmes concernant les orages géomagnétiques

Pendant au moins un demi-siècle, on a cru que les grands orages géomagnétiques non-récurrents étaient provoqués par les éruptions solaires intenses. On pensait que ces explosions soufflaient des nuages de champs magnétiques et de matière qui atteignaient la Terre un ou deux jours plus tard et secouaient le champ magnétique terrestre jusque dans ses fondations.

Aujourd'hui, on considère que cette image n'est pas exacte. De nombreux astronomes solaires pensent que ce sont les éjections de masse coronale qui sont à l'origine des orages géomagnétiques et que toute éruption associée au transitoire serait l'effet plutôt que la cause. Tout se passe comme si le matériel coronal, plutôt que d'être jeté dehors comme un hôte indésirable, fêtait son départ en offrant un feu d'artifices. On ne peut pousser l'analogie trop loin, car les éjections de masse coronale qui provoquent les orages géomagnétiques quittent le Soleil «sans cérémonie» et les éruptions qui les accompagnent sont faibles. Mais c'est ce qui avait amené les astronomes à douter que les éruptions étaient à l'origine des perturbations majeures du système Soleil-Terre.

Jack Gosling, du Laboratoire National de Los Alamos prit fait et cause pour défendre ce nouveau paradigme; il montra que les éjections de masse coronale sont bien associées aux gros orages et compléta d'autres études qui signalaient que les ondes de choc interplanétaires et les grands événements à particules leur étaient également liés. Tout le monde ne fut pas d'accord avec cette façon de voir. En 1993, la publication de son article intitulé «Le mythe de l'éruption solaire» dans le *Journal of Geophysical Research*, avait déclenché une formidable controverse qui promettait de mettre ce domaine de recherche en effervescence, au moins pendant le temps que les détracteurs et les supporters examinent les questions soulevées par ce nouveau paradigme.

Plus récemment, Nancy Crooker, de l'Université de Boston, et Ed Cliver, du Laboratoire Philips de l'US Air Force, remirent en question ces points de vue établis – dans ce cas, il s'agissait des orages récurrents. Ils affirmaient que les trous coronaux, que l'on pensait depuis vingt ans être à l'origine de l'activité magnétique récurrente, ne constituaient pas à eux seuls toute l'histoire. Crooker et Cliver revenaient à des propositions formulées au début de l'ère spatiale et pensaient que les périodes les plus intenses des orages récurrents résultaient de l'interaction entre le vent solaire rapide et le vent solaire lent.

D'après cette représentation, les régions M – longtemps mystérieuses – qui sont à l'origine des orages géomagnétiques récurrents, ne sont plus assimilées seulement aux trous coronaux, sources du vent solaire rapide, mais aussi aux jets coronaux adjacents, sources probables de la composante lente du vent solaire. Comme les éjections de masse coronale prennent souvent naissance dans la ceinture de jets coronaux, les auteurs laissaient penser qu'elles pourraient jouer un rôle dans les orages récurrents. A l'instar des recherches de Gosling sur les orages non-récurrents, il est probable que cette étude sera à l'origine de nouvelles controverses et de nouvelles investigations. Mais c'est ainsi que la science progresse!

8.9 ASTRONAUTES ET SATELLITES EN DANGER

Nous sommes les enfants de l'ère spatiale et, de plus en plus, nous vivons sous la dépendance des sondes et des satellites en orbite autour de la Terre. Les satellites géostationnaires servent de relais et renvoient vers la Terre des signaux utilisés par la navigation aérienne et maritime, les échanges monétaires, les bourses de commerce ou de marchandises et les communications téléphoniques. D'autres satellites, sur orbites plus basses, balayent l'ensemble de la planète et nous informent des modifications de l'environnement, nous permettent d'établir les prévisions météorologiques et d'effectuer une reconnaissance militaire.

L'homme est de plus en plus présent dans l'espace. En un ou deux jours, les avions nous emportent à peu près partout dans le monde. Des astronautes construisent une station spatiale géante en orbite autour de la Terre, d'ici quelques décennies ils prévoient de retourner sur la Lune et même d'aller sur Mars en prélude à une future colonisation extra-terrestre.

Les sondes et les satellites, qui se déplacent dans un environnement ionisé et hostile, sont de plus en plus à la merci du Soleil. L'espace à proximité de la Terre est continuellement alimenté en particules par le vent solaire, des éruptions imprévisibles libèrent d'énormes quantités de matière et d'énergie, inondant le système solaire de particules rapides, de champs magnétiques et de rayonnements, depuis les ondes radio jusqu'aux rayons X.

Huit minutes après une éruption intense, une forte bouffée de rayonnements X et ultraviolet atteint la Terre et bouleverse sérieusement la structure de l'atmosphère supérieure, provoquant des dégâts dans les systèmes globaux de communications. En arrachant des électrons aux atomes, ces rayonnements perturbent et modifient l'ionosphère, couche ionisée de l'atmosphère supérieure de la Terre. (L'ionosphère est examinée de façon plus détaillée dans le paragraphe 9.4.) Lors d'éruptions modérées, les communications radio à haute fréquence (ondes courtes) peuvent être interrompues dans tout l'hémisphère qui fait face au Soleil, et le retour à la normale ne se fait que lorsque l'éruption est terminée. (Le côté nuit, protégé par la Terre, n'est pas affecté.)

L'US Air Force et la Navy sont particulièrement concernés par le problème des communications radio. Il est arrivé qu'une éruption solaire coupe tout contact avec l'avion transportant le Président Ronald Reagan à Chicago; pendant plusieurs heures le Commandant en Chef des armées ne put ni envoyer, ni recevoir de messages. Plus récemment, à San Francisco, des portes automatiques de garages commencèrent à s'ouvrir et à se fermer mystérieusement et des alarmes antivol se mirent à sonner sans raison apparente; ces phénomènes furent attribués finalement à un système radio de secours de la Navy utilisé lors d'une éruption. Pour surveiller en permanence l'activité éruptive du Soleil, l'US Air Force gère un réseau global de télescopes optiques et de radiotélescopes au sol et puise dans les données recueillies par les télescopes à rayons X et les détecteurs de particules nationaux dans l'espace.

Lors de périodes de forte activité éruptive, sous l'effet des émissions accrues de rayonnements X et ultraviolet, les températures de la haute atmosphère montent en flèche et sont presque deux fois plus élevées qu'aux moments de faible activité, passant de 700 K à 1100 K. Cet échauffement a pour résultat une expansion de l'atmosphère supérieure, mais aussi une augmentation concomitante de la densité à l'intérieur de la zone où se situent les orbites des satellites. Ces derniers sont freinés, ils tombent sur des orbites plus basses et parfois les stations de contrôle au sol perdent temporairement le contact.

Contrairement au freinage dû aux orages géomagnétiques, dont les effets épisodiques sont imprévisibles, les éruptions sont à l'origine d'une dégradation des orbites plus importante aux moments de forte activité solaire, c'est-à-dire essentiellement lors des maxima du cycle undécennal et la durée de vie des satellites s'en trouve raccourcie. Elles provoquèrent, en particulier, les chutes spectaculaires de la station Skylab et du satellite SMM (Solar Maximum Mission); tous deux furent détruits, avec ingratitude, par le phénomène qu'ils étaient censés étudier – les éruptions solaires. Toutefois, on peut estimer les durées de vie des satellites en établissant les prédictions de la fréquence et de l'intensité des éruptions ainsi que les variations de la densité de l'atmosphère qui en résultent.

Les particules ionisées énergétiques, piégées à l'intérieur des ceintures de Van Allen, représentent un danger permanent pour les satellites qui les traversent. Les particules peuvent passer à travers la mince paroi métallique des satellites et endommager les micro-puces électroniques. (Les composants électroniques miniaturisés ont une faible masse et nécessitent une faible puissance, ce qui accroît les capacités des satellites, mais ces derniers sont plus vulnérables que les anciens engins spatiaux, plus lourds et plus gros.) On pallie ces inconvénients en utilisant des blindages métalliques pour les satellites et des protections renforcées contre les radiations pour les puces électroniques; de plus, les orbites sont calculées de façon à réduire le temps passé dans les ceintures de Van Allen ou à les éviter.

On ne peut rien faire pour protéger les cellules des panneaux solaires qui alimentent en énergie presque tous les satellites; les cellules photovoltaïques convertissent la lumière solaire en électricité et sont exposées à l'espace. Le danger apparut pour la première fois en 1962, lorsqu'une explosion nucléaire aérienne – appelée *Starfish* – produisit des ceintures artificielles de radiations qui anéantirent d'un coup les panneaux solaires de plusieurs satellites en orbite basse. En traversant de façon répétée les ceintures de radiations naturelles, les satellites sont détériorés lentement et, là encore, leur durée de vie s'en trouve raccourcie. (Lorsque les ceintures de Van Allen se dilatent sous l'effet d'une activité solaire exceptionnelle, les cellules solaires peuvent vieillir de plusieurs années en quelques jours; en outre, le nombre des électrons magnétosphériques très rapides tend à augmenter à l'époque du minimum, mais les raisons d'une telle augmentation ne sont pas encore connues.)

Cette menace répétitive est particulièrement grave pour les satellites en orbite basse qui passent au-dessus d'une zone centrée au large de la côte brésilienne. Cette région, connue sous le nom d'anomalie de l'Atlantique sud, a été comparée à la mer des Sargasses, une zone permanente de danger pour la navigation maritime, mais mal connue. L'anomalie de l'Atlantique Sud a pour origine un déplacement de 500 kilomètres, par rapport à son centre, du noyau magnétique de la Terre. Par conséquent, au-dessus de l'Atlantique sud, les particules piégées dans la ceinture interne peuvent être plus proches de la surface qu'ailleurs. On peut penser qu'il s'agit d'une hernie localisée de la magnétosphère. (Le rayon équatorial de la Terre est égal à 6 378 kilomètres, et la limite de la ceinture interne se situe à quelques centaines de kilomètres d'altitude.)

Des éruptions, peu fréquentes, mais particulièrement intenses, peuvent précipiter dans l'espace et en particulier vers la Terre, des protons très énergétiques qui, en entrant en collision avec une sonde ou un satellite, l'anéantissent d'un seul souffle dévastateur. Un événement à particules de ce type possède une énergie considérable (supérieure à 10 MeV) due à la masse relativement importante des protons et à leur vitesse (proche de celle de la lumière); il peut à lui seul endommager sérieusement le matériel embarqué à bord des satellites. (Dans l'espace lointain, les rayons cosmiques formés d'ions lourds produisent les mêmes effets et le danger est plus grand à l'époque du minimum solaire.)

En moyenne, un événement à particules important frappe la Terre une fois par mois à l'époque du maximum et peut-être une fois par an au minimum. Toutefois, ces moyennes sont quelque peu trompeuses, car ces événements ont tendance à être groupés; on peut en observer plusieurs en un mois, puis cette période d'activité est suivie d'une accalmie, durant laquelle le Soleil semble reconstituer ses forces pour un nouvel assaut. Ces événements ont déjà mis hors service plusieurs satellites météorologiques et de communication. Les armes spatiales peuvent avoir le même effet, et si vous ignoriez que le Soleil était responsable, vous pourriez croire que l'on essayait de détruire nos satellites. En réalité, les militaires surveillent 30 000 objets dans l'espace et à tout instant chacun d'eux est localisé.

Les protons solaires sont si énergétiques que le champ magnétique terrestre ne constitue qu'une faible protection, au moins pour les satellites géostationnaires qui sont sur des orbites très hautes. En outre, ils sont si rapides qu'on ne peut donner l'alerte de façon efficace; lorsqu'un phénomène éruptif se produit, ils peuvent arriver quelques minutes seulement après les ondes lumineuses.

Une controverse existe quant à leur origine. Quelques astronomes pensent que les protons sont accélérés à ces très grandes vitesses et à ces énergies par les éruptions intenses, les autres font intervenir les ondes de choc qui se forment à l'avant des transitoires coronaux. Les éruptions prennent naissance dans des régions plus restreintes et les particules chargées suivent les lignes de force du champ magnétique interplanétaire. Pour que les protons se lancent vers une collision avec la Terre, l'éruption doit se produire sur le bord ouest du Soleil. Au contraire, les éjections de masse coronale intéressent un volume d'espace plus important et ont plus de chance de se connecter à la Terre. Ces deux types de phénomènes éruptifs contribuent sans doute aux flux de protons que la Terre reçoit, mais la controverse n'est pas éteinte.

Les flux de particules de haute énergie intéressent les équipes et les passagers des avions commerciaux, surtout ceux qui empruntent les routes polaires. Les compagnies aériennes ont de plus en plus d'avions volant à des altitudes plus importantes qu'auparavant et au-dessus du pôle nord géomagnétique où le champ terrestre n'arrête pas les particules solaires. Dans les régions polaires, les particules sont canalisées par les lignes de force du champ terrestre, elles pénètrent à basse altitude et exposent les passagers à des taux d'irradiation élevés.

Le risque pour la santé est plus grand pour les pilotes, le personnel de bord et ceux qui empruntent souvent les couloirs aériens polaires. Le taux de mortalité par cancer, estimé à 1% pour un vétéran de 20 ans, est plus important que pour un fumeur occasionnel, mais moins grand cependant, que le risque encouru par le fumeur moyen. Les femmes enceintes sont informées qu'elles doivent éviter ces vols à cause des risques pour le foetus.

Il existe des risques bien plus grands pour les astronautes et les pilotes militaires qui volent dans l'espace à des altitudes encore plus importantes. D'après un expert de l'Agence de la défense nucléaire des Etats-Unis, on peut fournir à ces hommes des médicaments qui leur permettent de survivre temporairement à une dose mortelle d'irradiation. C'est une question de patriotisme et de coût. De toute façon, ils doivent mourir, alors pourquoi ne pas recevoir l'injection, sauver le vaisseau spatial et rentrer pour mourir dans leur lit. Etre le premier cadavre dans l'espace n'a pas de signification.

A cause du risque génétique potentiel, les astronautes sont supposés avoir eu tous leurs enfants avant de voler. Les hommes sont plus résistants aux radiations que les femmes, probablement à cause des hormones, et leur résistance atteint un niveau maximum entre quarante-cinq et cinquante ans. Si le danger génétique et les autres risques pour la santé sont les facteurs prédominants, pour la plupart, les astronautes devront être des hommes d'âge moyen.

L'espace est radioactif! Même en orbite basse, proche de l'équateur, et sous la protection du champ magnétique terrestre, des astronautes ont été gênés par des flashes dans les yeux provoqués par des protons énergétiques. (Les particules pénètrent les parois du véhicule spatial et traversent les globes oculaires.)

Fig. 8.16. L'homme dans l'espace. L'astronaute Donald Peterson pendant une sortie de 4 heures dans l'espace, correspondant à 3 orbites autour de la Terre; il est attaché à un filin de 15 mètres de long et se dirige vers la queue de la navette Challenger. A des centaines de kilomètres d'altitude, il n'y a pas d'atmosphère et les astronautes doivent porter une combinaison spatiale qui leur permet de s'alimenter en oxygène et qui les protège du froid et de la chaleur extrêmes. Cependant, cette protection est insuffisante contre les particules solaires énergétiques; les astronautes doivent s'abriter à l'intérieur du vaisseau spatial ou être soumis à des radiations potentiellement mortelles. (NASA)

Lorsque les astronautes ne sont pas protégés par le champ magnétique terrestre, en orbite de forte inclinaison, sur la Lune ou lors des futurs vols interplanétaires, les grands événements à particules peuvent mettre leur vie en danger. Par exemple, un véhicule spatial ne les protège pas de la cataracte ou du cancer de la peau, et les particules seraient mortelles pour un astronaute non protégé en sortie extra-véhiculaire (Fig. 8.16) pour décharger la cargaison, construire une station spatiale, marcher sur la Lune ou sur Mars.

Jusqu'à présent, un désastre a été évité, en particulier parce que les séjours sur la Lune étaient de courte durée (quelques jours) et qu'ils ont eu lieu en l'absence d'éruptions majeures. Par chance, il y eut une éruption importante en août 1972, qui aurait pu être mortelle pour les astronautes, mais elle eut lieu entre les vols Apollo 16 (avril 72) et Apollo 17 (décembre 72).

Un futur voyage vers Mars, plus long, comportera des risques considérables. Le voyage aller devrait durer 9 mois et au total, deux ou trois ans. Certains estiment qu'au cours du vol, un tiers des cellules du corps seront détruites. Bien sûr, à l'époque du maximum les éruptions intenses ne sont pas fréquentes (quelques fois par an) et encore moins au minimum. Cependant, comme les rayons cosmiques dangereux sont plus nombreux à l'époque du minimum (voir l'encadré 8A), un vol à ce moment là ne serait pas non plus sans danger.

En avertissant les futurs astronautes de façon appropriée, ils pourraient se protéger temporairement derrière des parois épaisses du vaisseau spatial ou dans des abris souterrains sur la Lune. Les astronomes utilisent des télescopes au sol ou à bord de satellites et des détecteurs de particules *in situ* pour surveiller de près l'activité solaire. Cela devrait leur permettre de prédire les épisodes éruptifs courts, mais violents, et les «saisons» plus longues de la «météorologie spatiale» et d'utiliser l'espace en encourant moins de risques. Des prévisions précises des grandes perturbations, comme les orages géomagnétiques, les rayonnements solaires intenses et l'arrivée de protons rapides pourraient aussi permettre de tenter une action de sauvegarde et de réduire les dégâts causés aux satellites, mais aussi aux lignes de transport électrique au sol.

En attendant, les physiciens continuent d'effectuer des mesures et essayent de comprendre les interactions de ces régions de l'espace proches de la Terre.

8.10 RECHERCHE CONTEMPORAINE
SUR LES RELATIONS SOLEIL-TERRE

Dans le cadre le plus général, ces recherches ont pour objectif d'étudier l'interaction dynamique entre le Soleil et la Terre. Dans le passé, les sondages effectués dans le vent solaire et à l'intérieur de la magnétosphère nous avaient permis d'obtenir des bribes d'information, mais, pour la plupart, les sondes étaient isolées et n'étaient pas sensibles aux autres régions de l'espace proches de la Terre.

Les limites de ces différentes régions varient constamment, et des fluctuations dans une région entraînent invariablement des variations ou des réajustements dans les autres. Et, en définitive, ces interactions complexes sont sous la dépendance des caprices du Soleil. Les observations localisées ne nous donnaient qu'une image floue de notre environnement très dynamique et très changeant. Essayer de comprendre en se basant sur cette image incomplète, c'est comme essayer de reconstituer un puzzle avec seulement quelques pièces, de plus, dont la forme et la taille varient au cours du temps.

Aujourd'hui, les agences spatiales des Etats-Unis, de l'Europe occidentale, du Japon et de la Russie vont mettre en commun leur expérience et leurs ressources pour développer une nouvelle stratégie dans le but de faire des mesures simultanées et coordonnées (Fig. 8.17). Pour la première fois, les scientifiques pourront savoir ce qui se passe dans les différentes régions de ce système qui couple la Terre à sa force fondamentale – le Soleil. Cela nous aidera à comprendre les configurations à grande échelle et les interactions de ces phénomènes variés.

Ce programme est connu sous le nom de ISTP (International Solar

Fig. 8.17. Les programmes de recherches internationaux des relations Soleil-Terre. Au cours des années 90, une flottille de sondes étudiera ces interactions. Le nom de chacun des engins désigne la région de la magnétosphère qu'il est chargé d'étudier. La sonde japonaise Geotail, lancée par les Etats-Unis en 1992, a une très longue orbite qui décrit une boucle dans la queue magnétosphérique, une des régions où les particules du vent solaire peuvent pénétrer à l'intérieur de la magnétosphère. La sonde Wind de la NASA, lancée en 1994, étudie le vent solaire avant que ne se produise l'impact avec la magnétosphère; tandis que la sonde Polar, également de la NASA et lancée en 1995, étudie les régions polaires et observe le transfert des particules solaires responsables des aurores. SOHO (SOlar Heliospheric Observatory), fruit d'une coopération entre l'ESA (European Space Agency) et la NASA, a été lancé en 1995. SOHO est placé au point de Lagrange L_1, point d'équilibre gravitationnel entre le Soleil et la Terre. Les quatre satellites Cluster, destinés à étudier les structures à petite échelle de la magnétosphère et du vent solaire, ont été détruits au printemps 1996, lorsque la fusée Ariane 5a explosé. Cette mission, en coopération entre l'ESA et la NASA, envisage le lancement d'un seul satellite de remplacement.
(NASA – voir aussi la Fig. 8.8)

1 Geotail
2 Interball (queue magnétosphérique)
3 Polar
4 Interball (zone aurorale)
5 Wind
6 Cluster
7 SOHO

Terrestrial Physics); chaque satellite de cette armada étant dédié à une région clé (voir aussi la Fig. 8.17).

Wind, dans le milieu interplanétaire où le vent solaire rencontre la magnétosphère; Polar, au niveau des cornets polaires où les particules peuvent pénétrer dans l'atmosphère et Geotail, dans la queue de la magnétosphère, à un million de kilomètres de la Terre. Le satellite de la mission Cluster fera des mesures dans la magnétosphère pour en étudier les structures à petite échelle et enfin SOHO (SOlar and Heliospheric Observatory) lancé en décembre 1995, observe le Soleil, analyse ses structures et sonde ses couches profondes (voir aussi l'encadré 6B et le paragraphe 4.5).

Cette série de mesures ne précisera pas seulement comment l'espace proche est alimenté en énergie par le Soleil; mais aussi, comment s'établit le couplage entre le vent solaire et la magnétosphère d'une part, et entre la magnétosphère et l'atmsosphère supérieure d'autre part. Toutes ces sondes nous donneront une vue d'ensemble exceptionnelle des relations qui existent entre le Soleil et la Terre – un *tour de force* majeur de l'ère spatiale.

Le Parlement de Londres, trouée de soleil dans le brouillard, 1904. Alors qu'il rêvait de peindre le Soleil, Claude Monet écrivait: «se couchant comme une énorme boule de feu derrière le Parlement», mais le mouvement du Soleil et les changements dus au temps lugubre qui règnait à Londres, ajoutaient à la difficulté. Monet utilisa un orange diffus et des teintes rougeâtres pour rendre l'effet du Soleil couchant dans une atmosphère de brouillard dense, qui écrasait le bâtiment néo-gothique massif et le transformait en une silhouette de tours et de pinacles. (Musée d'Orsay, Paris. Cliché Musées Nationaux)

CHAPITRE 9

Transformer
l'atmosphère qui entretient la vie sur terre

9.1 NOTRE FRAGILE PLANÈTE VUE DE L'ESPACE

Il y a plus de vingt ans, des astronautes, en route pour la Lune, se retournèrent pour regarder notre planète et la virent suspendue, seule, qui se balançait dans le froid glacial de l'espace. Pour la première fois, notre havre nous apparut comme une boule scintillante, bleu-turquoise, légère et ronde, chatoyante comme une bulle, tachetée de délicats nuages blancs (Figs. 9.1 et 9.2). Cette perspective fut à l'origine d'une prise de conscience mondiale qui nous fit voir la Terre comme un endroit unique et vulnérable, un minuscule et fragile oasis.

En 1948, l'astronome Fred Hoyle anticipait un tel impact en déclarant :

> Lorsqu'une photographie de la Terre, prise de l'extérieur,
> sera disponible, nous acquerrons, au sens émotionnel, une
> dimension supplémentaire ... .
> Lorsque l'isolement complet de la Terre deviendra évident
> à tout homme, quelles que soient sa nationalité ou ses
> croyances, une nouvelle idée, d'une puissance inégalée,
> émergera.[40]

Pour nos ancêtres, il y a seulement quelques siècles, l'océan, les terres émergées et le ciel semblaient vastes et presque sans limites. Mais tout a changé et aujourd'hui, le monde entier est notre cour de récréation.

Ce n'est qu'au moment où nous pouvons contempler la Terre depuis l'espace que nous réalisons l'importance de ce que nous sommes en train de lui faire subir. Et ce n'est probablement pas accidentel si l'avènement de l'ère spatiale a coïncidé avec un intérêt grandissant pour l'environnement et l'avenir précaire du monde vivant.

Seul l'espace nous permet de voir notre planète comme un tout, comme un système unifié et unique, foisonnant de vie (Fig. 9.3). Les engins spatiaux surveillent les éléments vitaux de notre planète, les satellites météorologiques en sont un exemple. Ils nous fournissent aussi des vues « à vol d'oiseau » détaillées de sa surface, en évolution constante (Fig. 9.4).

Les astronautes peuvent contempler la ligne courbe de l'horizon, surmontée de cette mince pellicule d'air qui assure notre ventilation et maintient un environnement favorable à notre développement (Fig. 9.5). Dans *La planète bleue*, Jim Buchli décrivait ce spectacle :

Fig. 9.1. La planète océan. Comme le montre ce cliché du Pacifique nord, les trois quarts de la surface de la Terre sont recouverts d'eau. C'est la seule planète du système solaire à posséder des quantités susbstantielles d'eau sous les trois formes possibles : gazeuse (vapeur d'eau), liquide et solide (glace). Des nuages blancs formés de cristaux de glace tourbillonnent juste en dessous de l'Alaska; la région à prédominance blanche est la péninsule du Kamtchatka (Sibérie). A l'horizon on aperçoit l'archipel du Japon. On observe aussi simultanément le côté jour et le côté nuit. (NASA)

Fig. 9.2. L'aube. Le Soleil levant sur le golfe du Mexique et l'océan Atlantique tel que l'ont vu les astronautes d'Apollo 7. La silhouette sombre représente la majeure partie de la péninsule de Floride. (NASA)

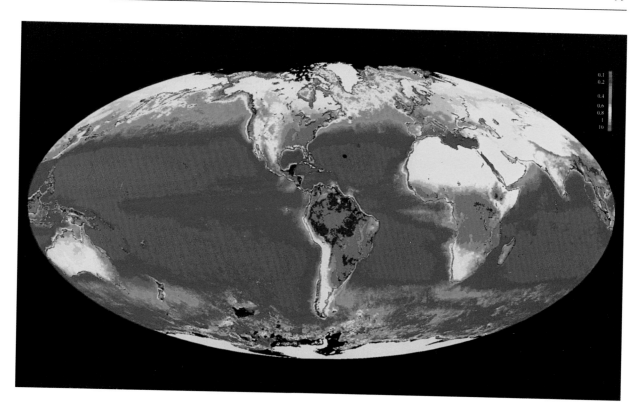

Fig. 9.3. La mappemonde de la biosphère. Première représentation globale montrant la répartition de la vie dans l'océan et sur les terres émergées. Pour les océans, on a carté les concentrations de plancton, plantes et animaux microscopiques qui se développent dans les zones éclairées des eaux océaniques. Le rouge et l'orange indiquent les plus fortes concentrations, le jaune et le vert, les concentrations modérées, le bleu et le violet, les plus faibles concentrations. Pour les continents, les zones vert foncé représentent les forêts équatoriales, les zones vert clair, les forêts tropicales et subtropicales et le jaune représente les zones de faible végétation et les déserts. Cette image fait la synthèse de plusieurs années de données recueillies par les deux satellites Nimbus 7 (océans) et NOAA 7 (terres émergées). (G.C. Feldman et C. J. Tucker, NASA)

Regardez comme l'atmosphère est peu épaisse ... . Au delà de cette mince ligne bleue, c'est le vide de l'espace. Et en dessous c'est ce qui entretient la vie. Et tout ce que nous faisons subir à cet environnement et à notre qualité de vie se passe sous cette petite ligne bleue. C'est toute la différence entre ce dont nous jouissons et l'écrasante obscurité inhospitalière de l'espace. Ce n'est pas très étendu, n'est-ce pas? [41]

L'épaisseur de l'atmosphère représente le millième du diamètre de la Terre, soit 10 kilomètres, guère plus que la distance que vous pourriez courir en une heure.

Les limites de tolérance des organismes vivants sont si étroites, que de faibles variations du flux d'énergie solaire peuvent constituer la différence entre un environnement favorable et un environnement hostile à la vie. Les variations du rayonnement solaire peuvent avoir une influence sur l'épaisseur de la couche d'ozone (voir le paragraphe 9.6) ou sur les fluctuations thermiques globales, comme celles que l'on a observées au cours du dernier siècle (voir le paragraphe 10.3); enfin, des variations de la quantité de lumière et de sa distribution sont à l'origine des périodes glaciaires-interglaciaires (voir le paragraphe 10.6). Bien entendu, des variations minimes de la composition de l'atmosphère ou de la quantité de rayonnement pourraient transformer notre globe et le rendre invivable.

Fig. 9.4. Le désert Mojave. Cette image aux couleurs renforcées, obtenue en infrarouge par le satellite Landsat, révèle des failles non détectées auparavant qui coupent les parties est et centrale. Les couleurs vives révèlent des alignements de roches constrastées. (Jurrie Van Der Woude, Jet Propulsion Laboratory)

Fig. 9.5. Une mince ligne colorée. Un rouge lumineux marque la mince pellicule de notre atmosphère qui nous réchauffe, nous protège et fait de notre planète un astre hospitalier. Cette photo a été prise depuis l'espace au lever du Soleil, au-dessus du Pacifique. L'ionosphère, en bleu, est créée par le rayonnement X solaire. (NASA)   ▽

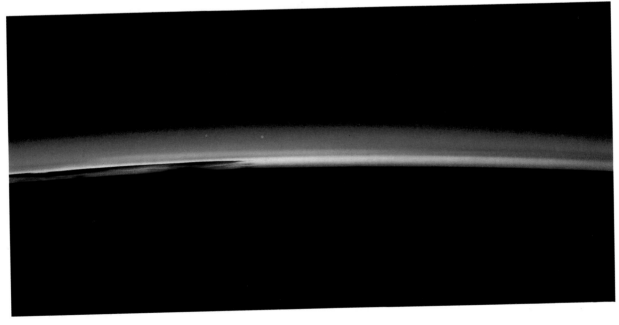

9.2 L'EFFET DE SERRE, SUPPORT DE LA VIE

Aujourd'hui, la surface de notre planète est confortablement tiède parce que l'atmosphère piège, partiellement, la chaleur du Soleil et la retient à proximité du sol. La mince enveloppe gazeuse agit comme un filtre unidirectionnel; elle se laisse traverser par le rayonnement solaire mais elle empêche une partie de la chaleur rayonnée par la surface de s'échapper dans l'espace. Le sol ré-émet l'énergie qu'il a absorbée sous forme de rayonnement infrarouge, de plus grande longueur d'onde, moins énergétique que le rayonnement visible, il ne peut donc traverser l'atmosphère aussi facilement.

En absorbant et en retenant la chaleur, les gaz atmosphériques contribuent au réchauffement de la planète. C'est ce que l'on appelle l'effet de serre « naturel » pour le distinguer d'un effet de serre global « non-naturel », dû à l'activité humaine (on l'appelle aussi l'effet de serre anthropique).

Maintenant, cet effet de serre « naturel » est réellement une question de vie ou de mort, car il permet à la Terre de conserver une température supérieure, de 31° Celsius, à ce qu'elle serait en son absence. La température moyenne de la surface de la planète est de 15° Celsius; sans cet effet de serre, elle serait égale à −16 °C, très inférieure à la température de congélation de l'eau (comparable à la température moyenne du sol lunaire), les océans gèleraient et la vie, telle que nous la connaissons, n'existerait pas.

L'idée selon laquelle l'enveloppe atmosphérique devait contribuer au réchauffement de la Terre n'est pas nouvelle, mais fut émise, en 1827, par le mathématicien français Joseph Fourier et développée, en 1860, par le physicien britannique John Tyndall. (Fourier est célèbre pour ses travaux théoriques sur les fonctions périodiques, une branche des mathématiques connue sous le nom d'analyse de Fourier; Tyndall expliqua, entre autre, la couleur bleue du ciel.) Fourier pensait que l'atmosphère jouait le même rôle que les vitres d'une serre, qui laissent passer la lumière solaire, mais retiennent la chaleur rayonnée par le sol.

Tyndall mesura comment le rayonnement infrarouge était transmis par différents gaz et fut étonné de découvrir qu'une quantité significative d'infrarouges était absorbée par des constituants mineurs de l'atmosphère, comme la vapeur d'eau et le dioxyde de carbone. En 1861, il s'exprimait ainsi:

> La vapeur d'eau qui a une telle action destructrice sur le rayonnement (calorifique) obscur du Soleil, est, en comparaison, relativement transparente aux rayons lumineux. D'où l'action différentielle en ce qui concerne la chaleur provenant du Soleil et celle rayonnée depuis la Terre vers l'espace, action qui est considérablement augmentée par la vapeur d'eau de l'atmosphère . . . . Les mêmes remarques s'appliqueraient à l'acide carbonique (dioxyde de carbone) diffusé dans l'air.[42]

Comme Tyndall le montra également, les principaux constituants de l'atmosphère, l'azote (78 %) et l'oxygène (21 %), ne jouent aucun rôle dans l'effet de serre; ces molécules diatomiques sont incapables d'absorber le rayonnement infrarouge. Au contraire, les molécules de vapeur d'eau et de dioxyde de carbone, qui sont triatomiques, ont de plus grandes capacités d'absorption.

Le chimiste suédois, Svante Arrhenius, donna des bases solides à ces idées en déterminant quelle quantité de chaleur était absorbée par la vapeur d'eau et le dioxyde de carbone dans l'atmosphère. Il parvint à la conclusion que de faibles variations des quantités de ces deux composants pouvaient produire soit des périodes glaciaires, soit des épisodes interglaciaires plus chauds. Selon ses propres mots, écrits en 1896 :

> Un simple calcul montre que la température (du sol) dans les régions arctiques s'élèverait de 8 à 9 ° Celsius si la quantité d'acide carbonique (dioxyde de carbone) était 2,5 à 3 fois supérieure à sa valeur actuelle. Pour que la température devienne celle d'une période glaciaire, la quantité d'acide carbonique dans l'air devrait chuter vers 0,65 à 0,55 de sa valeur actuelle; ce qui abaisserait la tempéture de 4 à 5 ° Celsius.[43]

Aujourd'hui, nous pensons que ce sont des changements dans la distribution globale de la lumière solaire qui amènent des périodes glaciaires (voir le paragraphe 10.6). Néanmoins, Arrhenius fit une bonne estimation de l'effet de réchauffement global dû au doublement de la quantité de dioxyde de carbone dans l'air, et ceci sans l'aide des calculateurs modernes et des modèles informatiques complexes. Il mit aussi l'accent sur le fait que l'activité industrielle augmentait, de façon sensible, la quantité de dioxyde de carbone atmosphérique.

Pourquoi l'atmosphère ne continue-t-elle pas à emmagasiner de l'énergie jusqu'à ce qu'elle explose? Le réchauffement dû à l'effet de serre augmente jusqu'à une certaine température qui équilibre la chaleur reçue du Soleil et celle rayonnée vers l'espace par la Terre, à condition toutefois que la production d'énergie solaire demeure constante et que la composition de l'atmosphère ne varie pas. De même, le niveau d'une mare reste presque constant malgré les apports par le ruissellement et les pertes.

Avec une plus grande quantité d'énergie solaire, ou plus de vapeur d'eau ou de dioxyde de carbone dans l'air, le point d'équilibre glissera vers une moyenne globale plus élevée. C'est pourquoi il fait plus chaud en été, mais aussi pourquoi les nuits nuageuses tendent à être plus douces que les nuits claires; dans ce cas, le rayonnement infrarouge émis par le sol est bloqué par la vapeur d'eau des nuages.

A l'évidence, on peut avoir trop d'une bonne chose, comme par exemple s'étendre au Soleil d'été tout au long du jour. La surface de Vénus, sous une atmosphère dense de dioxyde de carbone, est devenue suffisamment chaude pour que le plomb y fonde. La planète s'est désséchée par évaporation comme une bouilloire laissée trop longtemps sur le feu; aucune vie ne peut y exister. Mars possède une atmosphère peu épaisse, c'est un monde où l'effet de serre est très réduit, enfermé dans un âge glaciaire permanent.

9.3 L'ATMOSPHÈRE CHANGEANTE DE LA TERRE

Dans le cosmos, rien n'est fixe, rien n'est permanent, tout se déplace, tout évolue. Les êtres humains, mais aussi les étoiles naissent et meurent; depuis l'époque lointaine du big-bang, l'Univers entier est en expansion. Parfois les changements se font de façon lente et graduelle, parfois ils sont rapides et violents; le flux de rayonnement solaire et l'atmosphère de la Terre ne font pas exception.

Ls Terre et les autres planètes se sont formées en même temps que le Soleil, il y a 4,6 milliards d'années. Tandis que la Terre se formait par accrétion et que sa température interne s'élevait, l'atmosphère primitive se constituait à partir du dégazage volcanique (les volcans vomissaient des laves et libéraient les gaz qui étaient piégés dans les roches). Les océans se sont formés par condensation de la vapeur d'eau contenue dans cette atmosphère primitive. (Les débris cosmiques, attirés par le champ de gravitation de la jeune Terre, entraient en collision, vaporisaient les roches et libéraient des gaz qui venaient enrichir l'atmosphère primitive.)

Au début de sa vie, la luminosité du Soleil ne représentait que 70 % de sa luminosité actuelle. A mesure que le temps s'écoulait, la luminosité augmenta, de façon régulière et inexorable, conséquence de l'accroissement de la quantité d'hélium dans le coeur du Soleil; sa densité moyenne étant plus importante, la température des régions centrales s'élevait et les réactions nucléaires devenaient plus rapides.

Si à cette époque, le Soleil était moins lumineux, les océans auraient dû geler, même en présence d'un effet de serre équivalent à celui que nous connaissons aujourd'hui. Par ailleurs, les plus anciennes roches sédimentaires, qui se déposèrent en milieu aquatique, sont datées de 3,8 milliards d'années, c'est-à-dire moins de 1 milliard d'années après que la Terre se fût formée; la présence de fossiles vieux de 3,5 milliards d'années nous apporte la preuve que la vie existait déjà, et que les êtres vivants semblent s'être développés dans un environnement liquide tempéré. Pendant des milliards d'années, la température, à la surface de la Terre, ne fut pas très différente de ce qu'elle est aujourd'hui, même si depuis l'origine, la luminosité du Soleil a augmenté de 30 %.

Le désaccord entre l'existence d'un climat tiède et les prédictions basées sur la faible luminosité du Soleil est devenu le paradoxe du *faible Soleil jeune*. Ce paradoxe peut être levé si on imagine que l'atmosphère primitive de la Terre renfermait mille fois plus de dioxyde de carbone qu'aujourd'hui; l'effet de serre renforcé qui en aurait résulté aurait empêché le gel des océans et permis à la planète de conserver un climat tempéré.

A mesure que le temps passait, le Soleil devint de plus en plus brillant et de plus en plus chaud. Or, le climat tempéré de la Terre ne pouvait se maintenir que si l'intensité de l'effet de serre diminuait; sinon les océans se seraient évaporés et la vie aurait disparu. Donc, l'atmosphère terrestre, les roches et les océans ont apparemment constitué ensemble un thermostat permettant de faire diminuer la quantité de dioxyde de carbone.

Tout d'abord, lorsque le Soleil devint plus lumineux, la température de la Terre augmenta. Corrélativement, une évaporation plus importante entraîna des précipitations abondantes qui purent soustraire le dioxyde de carbone de l'atmosphère. L'effet de serre diminua d'intensité, abaissant la température. (Ceci fut peut-être contrebalancé en partie par la chaleur piégée par la vapeur d'eau.) Le processus fut si efficace que le dioxyde de carbone ne représente actuellement que 0,036 % des gaz atmosphériques. (En réalité la quantité de dioxyde de carbone chuta alors jusqu'à 0,028 %, mais elle a augmenté récemment à cause de notre activité industrielle et de la déforestation.)

La réduction s'est opérée de la façon suivante : le dioxyde de carbone de l'atmosphère s'est dissout dans les eaux de pluie, le ruissellement de ces précipitations chargées d'acide carbonique a érodé et dissous les roches et libéré des éléments qui se sont déposés dans la mer où les organismes planctoniques, les crustacés et les coquillages les ont utilisés pour construire leurs squelettes. Après leur mort, leur accumulation sur le plancher océanique a formé des sédiments riches en carbonate de calcium. Ces dépôts sédimentaires sont si étendus qu'ils renferment une quantité de dioxyde de carbone équivalente à celle que renferme l'atmosphère de Vénus, où l'effet de serre s'est emballé.

L'ensemble du monde vivant (plantes et animaux) joue un rôle dans la transformation de l'atmosphère et dans la détermination de sa composition. Il y a des milliards d'années, lorsque la température à la surface de la Terre était trop élevée pour les êtres vivants, l'atmosphère devait contenir très peu d'oxygène. Ce gaz s'accumula peu à peu lorsque la vie s'épanouit. (Il y a deux milliards d'années, les algues bleues commencèrent à libérer de l'oxygène dans l'atmosphère, et il y a 400 millions d'années, la quantité d'oxygène devint suffisante pour permettre à la vie de sortir du milieu océanique et de conquérir les continents.) L'oxygène moléculaire est aujourd'hui un de ses constituants majeurs (environ 20 %).

Si les plantes ne renouvellaient pas sans cesse notre provision d'oxygène, celui-ci finirait pas s'épuiser puisqu'il est utilisé par les êtres vivants pour la respiration. Même en l'absence de vie, l'oxygène réagirait chimiquement, et en 4 millions d'années environ, il serait incorporé dans des composés comme le dioxyde de carbone et l'eau, ou dans les roches. Cependant, notre monde est vivant, et bien que chimiquement réactif, l'oxygène reste dans l'atmosphère.

Peut-être la vie a-t-elle développé la possibilité de contrôler son environnement et de faire en sorte qu'il lui demeure favorable, en dépit de modifications qui constitueraient autant de dangers. Cette théorie, développée par James Lovelock, inventeur et scientifique britannique, et par Lynn Margulis, microbiologiste américaine, est connue sous le nom de *l'hypothèse Gaïa*, de la divinité grecque personnifiant la déesse Terre. (Ce nom fut suggéré par le voisin de Lovelock, le Prix Nobel de littérature William Golding, auteur de *Sa Majesté-des-mouches*). Selon cette hypothèse controversée, le monde physique, c'est-à-dire les roches, les océans et l'atmosphère, est affecté par les espèces biologiques – végétales et animales – en sorte qu'il offre des conditions optimales au maintien de la vie. Après tout, malgré l'augmentation de luminosité du Soleil, les conditions physiques et chimiques à la surface de la Terre sont demeurées favorables à la vie au cours des 3 derniers milliards d'années. Comme Lovelock et Margulis le notaient en 1974 :

> La connaissance que nous avons de l'environnement terrestre primitif, suggère fortement qu'une des premières tâches de la vie fut de s'assurer un environnement favorable pour résister aux changements physiques et chimiques hostiles. Une telle sécurité ne pouvait venir que des processus actifs de l'homéostasie, dans laquelle les tendances défavorables pourraient être pressenties et des mesures défensives pourraient être adoptées avant que des dommages irréversibles ne se fussent produits.[44]

Malgré tout, il n'existe probablement pas d'échappatoire. Quelle que soit la tendance de la vie, son futur lointain n'est pas assuré! Au fur et à mesure que le Soleil deviendra plus lumineux et que la chaleur augmentera, le thermostat que constitue l'effet de serre pourra soustraire tout le dioxyde de carbone de l'atmosphère, venant empêcher la photosynthèse; les plantes dépériront et à leur tour, les animaux qui les consomment. (En comparaison à cet épuisement à long terme, l'augmentation de dioxyde de carbone due à la combustion des carburants fossiles est apparemment négligeable.) Et si la vie agit en sorte d'éviter cette catastrophe, la vapeur d'eau provenant de l'évaporation des océans renforcera l'effet de serre, qui réchauffera la surface de la Terre, conjointement avec le Soleil. Les astronomes estiment que dans trois milliards d'années, le Soleil sera suffisamment chaud pour que les océans s'évaporent ne laissant qu'une planète calcinée, morte et stérile.

Si cela ne nous éradique pas de la surface de la Terre, c'est le Soleil qui le fera, lorsqu'il entrera dans sa phase d'expansion. Dans 7 milliards d'années, son évolution doit le mener au stade d'étoile géante, on pense qu'il se dilatera suffisamment pour engloutir la planète Mercure et qu'il deviendra deux mille fois plus lumineux qu'aujourd'hui. Il sera assez brillant pour que les roches superficielles entrent en fusion et pour transformer les satellites glacés de Jupiter en globes d'eau liquide. Alors, la seule échappatoire imaginable serait une migration vers les planètes lointaines qui connaîtront un climat tempéré agréable. (En définitive, lorsque le Soleil sera parvenu au stade de géante, il s'étendra au-delà de l'orbite terrestre, mais d'ici là, il aura perdu une masse considérable; son emprise gravitationnelle sera moins grande et la Terre se sera écartée, lui évitant tout juste d'être englobée à l'intérieur du Soleil.)

Ainsi, les prospectives à long terme ne sont pas toutes mirobolantes. De plus, des dangers existent à plus courte échéance, qui peuvent provenir du Soleil ou des manipulations de l'homme sur l'environnement. Pour en comprendre les effets, nous devons d'abord examiner dans quelle mesure le rayonnement solaire transforme l'atmosphère, la réchauffe et lui confère une structure en couches.

9.4 LES COUCHES DE L'ATMOSPHÈRE, CRÉÉES PAR LE SOLEIL

Par un jour clair, on peut voir à l'infini ou au moins sur une longue distance. Au cours d'une journée chaude, sèche et sans vent, l'air est impalpable. A l'occasion, le passage d'un nuage nous rappelle la présence de l'atmosphère, et lorsqu'il fait froid nous sentons le contact de l'air sur notre peau. Le souffle du vent, les oiseaux et les avions soutenus en vol sont autant de preuves que quelque chose de substantiel nous entoure.

Comme tous les gaz, l'air est très compressible, et comme les molécules qui le constituent sont très éloignées les unes des autres, c'est un espace presque vide que l'on peut comprimer dans un volume plus petit. Le champ gravitationnel de la Terre exerce une attraction sur l'atmosphère et, au niveau du sol, les couches sont comprimées par le poids des couches supérieures. Malgré cela, la densité des couches inférieures de l'atmosphère n'est que le millième de celle de l'eau; un litre d'air pèse environ un gramme.

Lorsque l'on s'élève en altitude, la compression est moindre et graduellement, l'air se dilue dans le vide de l'espace. A 10 kilomètres (altitude légèrement supérieure à celle du Mont Everest), la densité n'a plus que le dixième de sa valeur au sol. Il n'y a plus d'insectes et seuls quelques oiseaux peuvent encore voler dans un air si raréfié. Au-delà de 50 kilomètres d'altitude, l'atmosphère est trop ténue pour qu'un avion puisse voler.

Il nous est presque possible d'observer la diminution de la pression avec l'altitude lorsque l'on observe un groupe de rapaces décrivant des cercles au-dessus d'une prairie. En surface, l'air est chauffé par le sol, il se dilate (sa densité diminue) et s'élève en transportant la chaleur et en la distribuant vers les niveaux d'altitude supérieure. Ces ascendances sont utilisées par les oiseaux pour prendre leur essor et il arrive parfois que les rapaces montent brusquement comme s'ils étaient tirés par des ficelles. (Une bougie s'éteindrait rapidement si l'ascension de l'air chaud au-dessus de la flamme ne permettait le renouvellement de l'oxygène. Dans un vaisseau spatial, la faible gravité et l'absence de compression de l'air empêcheraient l'air chaud de s'élever; il enroberait la flamme et l'étoufferait.

Fig. 9.6. Les différentes couches de l'atmosphère. La température diminue avec l'altitude où l'air se dilate sous l'effet des pressions plus faibles et se refroidit. Mais elle augmente à l'intérieur de deux zones critiques : la stratosphère (qui renferme la couche d'ozone) est essentiellement chauffée par le rayonnement ultraviolet solaire et l'ionosphère est créée et chauffée par le rayonnement X.

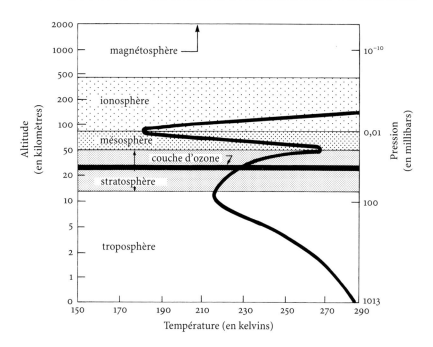

Mais si la gravité tire l'atmosphère vers le sol, pourquoi le ciel ne nous tombe-t-il pas sur la tête, comme le craignaient les Gaulois? L'air est chauffé par le Soleil, les molécules s'agitent perpétuellement et entrent en collision; c'est ce qui crée la pression, empêchant l'atmosphère de s'effondrer sur le sol.

A mesure que l'on s'élève, l'atmosphère devient plus ténue, les collisions entre les molécules sont moins nombreuses, la pression est plus faible. La diminution de la pression avec l'altitude explique l'ascension des ballons. Lorsqu'un ballon est rempli d'un gaz léger, une pression plus grande s'exerce à la base du ballon et il est poussé vers le haut. Si la force ascensionnelle est égale au poids de l'enveloppe et de son contenu, le ballon reste suspendu dans l'air.

La pression n'est pas seule à varier avec l'altitude; la température varie également, mais dans ce cas, il ne s'agit pas d'une simple diminution. Le profil vertical de la température montre deux cycles complets alternés de décroissance et de croissance (Fig. 9.6). La lumière visible traverse l'atmosphère, elle réchauffe le sol et l'air qui est en contact avec celui-ci. Le Soleil émet également des rayonnements ultraviolet et X qui chauffent la partie supérieure de l'atmosphère et lui confèrent une structure en couches, chaque couche absorbant différentes longueurs d'onde.

La couche la plus basse, celle des phénomènes météorologiques, est contrôlée par la lumière visible. La circulation atmosphérique générale, commandée par les différences des flux d'énergie solaire entre les régions équatoriales et les régions polaires, crée un modèle météorologique complexe de brassage, qui nous a amené à la désigner sous le nom de troposphère (du Grec *tropos*, changement).

Dans la troposphère, la température diminue régulièrement avec l'altitude. Lorsque des masses d'air chaud s'élèvent depuis la surface du sol, sous l'effet de la diminution de pression, elles se dilatent et se refroidissent. Presque tous, nous avons constaté des températures froides en montagne, et les pilotes indiquent des températures largement inférieures à zéro à l'extérieur d'un avion. A une altitude de un ou deux kilomètres, la température moyenne devient inférieure à 0 °Celsius (273 kelvins) et atteint son niveau le plus bas à 12 kilomètres au-dessus du niveau de la mer. Le sommet de la troposphère correspond à l'altitude maximale atteinte par les courants atmosphériques. (L'épaisseur de la troposphère varie avec la latitude, de 16 kilomètres au-dessus des régions équatoriales chaudes, à 8 kilomètres au-dessus des pôles.)

Le sommet de la troposphère fut détecté à la fin du XIXᵉ siècle, lorsque le météorologue français Léon Philippe Teisserenc de Bort lâcha des centaines de ballons-sondes équipés de thermomètres et de baromètres jusqu'à 15 kilomètres d'altitude. A cette altitude, la température cesse de décroître et semble marquer un palier. Comme la température était inchangée au-dessus de la troposphère, on pensait que les constituants de l'atmosphère devaient se disposer en couches, ou strates, en fonction de leurs poids; c'est pourquoi de Bort appela cette région la stratosphère.

Contrairement à toutes les prévisions, dans la stratosphère, la température croît à des altitudes plus élevées, pour atteindre –3 °C (270 K) vers 50 kilomètres; malgré cela, nous continuons d'employer le mot stratosphère pour désigner cette couche. (La température augmente parce que les molécules d'ozone absorbent le rayonnement ultraviolet – voir le paragraphe 9.6.)

L'élévation de température dans la stratosphère avait été pressentie lorsque des tirs d'artillerie de la première Guerre mondiale furent entendus à des distances auxquelles on ne s'attendait pas. Cela indiquait que les ondes sonores étaient courbées par réfraction par la stratosphère et renvoyées vers le sol. (Dans les zones externes du Soleil, les ondes sonores sont piégées à l'intérieur d'une région relativement froide, prise en sandwich entre deux régions plus chaudes – voir le paragraphe 4.1.)

Au-delà de la stratosphère, nous arrivons dans la mésosphère (du grec *mesos*, au milieu), caractérisée de nouveau par une décroissance rapide de la température avec l'altitude, depuis –3 °C à 50 kilomètres, jusqu'à – 93 °C (180 K) à 85 kilomètres environ, où on atteint les plus basses températures enregistrées dans l'atmosphère. Cette chute s'explique essentiellement par la diminution de la concentration en ozone et par conséquent une diminution de l'absorption du rayonnement ultraviolet.

La mésosphère est aussi connue sous le nom de «ignorosphère», car elle se trouve au-dessus de l'altitude supérieure de vol des avions, mais elle est trop basse pour être étudiée par les satellites. A cette altitude, l'atmosphère est trop ténue pour porter les ballons ou les avions, mais cependant encore assez dense pour que la résistance de l'air fasse chuter les satellites. Quant aux fusées-sondes, elles traversent cette région trop rapidement pour permettre une étude détaillée.

En décembre 1901, Guglielmo Marconi surprit le monde en transmettant un signal radio depuis l'Angleterre jusqu'à Terre Neuve. (Le physicien italien devint un héro national, il établit l'American Marconi Company qui devint plus tard la RCA (Radio Corporation of America) et en 1909, il reçut le Prix Nobel de physique pour l'établissement des communications radio à longue distance. Comme les ondes radio voyagent en ligne droite et ne peuvent traverser la Terre, personne n'imaginait qu'il pourrait envoyer un signal sur une aussi longue distance.

Les ondes radio sont réfléchies par une couche ionisée, que l'on appelle l'ionosphère, et qui s'étend à partir de 70 kilomètres d'altitude. (L'explication du phénomène fut donnée au début de l'année 1902 par Arthur E. Kennely, alors à Harvard School of Engineering, et presque en même temps par Oliver Heaviside, en Angleterre.)

Dans les années 20, l'essor rapide des émissions radio et le développement des signaux radio pulsés, aidèrent à préciser la structure de l'ionosphère et ses variations quotidiennes. Edward Victor Appleton et ses étudiants mesurèrent l'épaisseur de cette couche réfléchissante en déterminant le temps qui s'écoulait entre la transmission d'un signal et la réception de son écho; comme tous les rayonnements électromagnétiques, les ondes radio se propagent à la vitesse de la lumière. Les mesures montrèrent qu'il existait au moins trois couches que l'on désigna par les lettres D, E et F et situées respectivement à des altitudes de 70, 100 et 200–300 kilomètres. Ces trois couches constituent l'essentiel de ce que nous appelons maintenant l'ionosphère. (En 1947, Sir Edward Appleton reçut le Prix Nobel de physique pour ses recherches sur la haute atmosphère, et tout spécialement pour la découverte des couches dites d'Appleton.)

Les ondes radio ne sont réfléchies par l'ionosphère que si leur longueur d'onde est supérieure à une certaine valeur critique. (Cette longueur d'onde critique permet de mesurer la densité électronique dans l'ionosphère; plus la longueur d'onde est courte, plus la densité est grande.) Les ondes radio de longueur d'onde inférieure à la valeur critique peuvent traverser directement l'ionosphère, elles sont en quelque sorte assez courtes pour passer entre les électrons. Les ondes radio les plus courtes et les micro-ondes sont utilisées pour les communications avec les satellites et les sondes qui se déplacent au-delà de l'ionosphère.

Quels sont les phénomènes qui créent l'ionosphère et comment est-elle contrôlée? Ce mystère ne fut résolu qu'après la seconde Guerre mondiale, lorsque les fusées V-2 capturées furent emportées aux Etats-Unis. Les chercheurs du Naval Research Laboratory les utilisèrent, ainsi que d'autres fusées construites par les ingénieurs américains, pour lancer des spectrographes dans la haute atmosphère; ils montrèrent que le Soleil émettait des rayonnements énergétiques dans les domaines de longueurs d'onde ultraviolet et X. Lorsque le rayonnement arrive dans l'atmosphère supérieure, il arrache des électrons aux molécules d'azote et d'oxygène et crée des électrons libres et des ions positifs. L'état de l'ionosphère est modulé par le Soleil, elle se développe à son lever et s'affaiblit à son coucher; elle subsiste pendant la nuit, mais ne reçoit plus d'énergie.

On explique les différentes couches d'Appleton D, E et F en considérant que les rayonnements de différentes longueurs d'onde pénètrent à des profondeurs variées. Les rayons X, de grande énergie, pénètrent plus profondément avant d'être absorbés que les rayonnements moins énergétiques, de plus grande longueur d'onde. La majeure partie du rayonnement ultraviolet traverse tout droit l'ionosphère et atteint la stratosphère, seul l'extrême ultraviolet possède assez d'énergie pour participer à la formation de l'ionosphère.

De nouveau, dans l'ionosphère la température augmente avec l'altitude. L'absorption de l'énergie des rayonnements ultraviolet extrême et X et l'ionisation des molécules sont deux processus qui libèrent de la chaleur et contribuent à son chauffage. Les températures montent en flèche et atteignent les valeurs maximales enregistrées dans l'atmosphère. D'ailleurs, cette région qui s'étend depuis 90 kilomètres d'altitude jusqu'à environ 500 kilomètres est appelée thermosphère; elle contient les couches E et F de l'ionosphère.

Au-delà, on entre dans l'exosphère où la densité est si faible, qu'un atome peut accomplir une révolution complète autour de la Terre sans entrer en collision avec un autre atome. La température est si élevée et les atomes se déplacent si rapidement qu'ils peuvent échapper à l'attraction gravitationnelle terrestre et s'évader dans l'espace. L'ionosphère et la thermosphère sont les deux dernières couches qui marquent l'entrée dans l'espace interplanétaire.

Le rayonnement solaire chauffe notre atmosphère et lui confère une structure en couches. Cependant, comme l'énergie et la luminosité solaires varient constamment, dans tous les domaines de longueur d'onde et à toutes les échelles temporelles, ces variations peuvent altérer dangereusement l'atmosphère et influencer les conditions de vie.

9.5 LE SOLEIL, ÉTOILE INCONSTANTE

Jour après jour nous assistons au cycle incessant du lever et du coucher du Soleil, sphère incandescente, en apparence immuable et dont la chaleur et la lumière ont rendu la vie possible sur la Terre. Ce flux total d'énergie a été appelé la «constante solaire», parce que les fluctuations de l'atmosphère ne permettaient pas d'y déceler des variations, au moins au niveau de la surface terrestre. On définit la constante solaire comme étant la quantité moyenne d'énergie reçue, hors de l'atmosphère, au niveau de l'orbite terrestre, à la distance moyenne Soleil-Terre, par unité de temps et par unité de surface; cela représente une puissance 1370 watts par mètre carré (une puissance représente l'énergie par unité de temps; 1 watt étant égal à 1 joule par seconde). Il y a tout juste une dizaine d'années, de nombreux astronomes s'accrochaient à l'idée que le Soleil brillait de façon stable.

Cependant, le Soleil est un compagnon inconstant. Sa luminosité diminue et augmente en fonction de son niveau d'activité. Le rayonnement solaire varie dans tous les domaines spectraux, à toutes les échelles de temps mesurables, et on peut retrouver les traces de cette inconstance dans l'influence omniprésente des champs magnétiques dans l'atmosphère solaire.

La découverte récente des variations de la constante solaire fut néanmoins quelque peu inattendue. Par exemple, un groupe dirigé par Charles Greeley Abbot, Secrétaire de la Smithsonian Institution de 1919 à 1944, réalisa pendant plusieurs dizaines d'années des mesures quotidiennes de la constante solaire, sur quatre continents, depuis le niveau de la mer, jusqu'au sommet des montagnes. Abbott en arriva à la conclusion que le Soleil était une «étoile variable» et pensa que les fluctuations climatiques étaient corrélées aux variations de cette constante, mais ses collègues conclurent que si l'énergie lumineuse variait, cela représentait moins de 1% sur plusieurs dizaines d'années. Les fluctuations remarquées par Abbot furent attribuées à une atténuation ou à des distorsions dues à l'atmosphère, ou encore à des instruments mal calibrés.

La constante solaire est remarquablement constante, puisqu'elle varie rarement de plus de 0,2%. Toutefois, le Soleil rayonne une telle quantité d'énergie que ces faibles variations ont des conséquences sérieuses. La détection sans équivoque de telles fluctuations nécessitait l'emploi de radiomètres extrêmement précis et stables qui pourraient être installés à bord de satellites.

Il fallut attendre 1980 pour obtenir la preuve définitive que la constante solaire était sujette à des variations (Fig. 9.7). Un détecteur extrêmement sensible, inventé par Richard C. Willson du Jet Propulsion Laboratory, à Pasadena en Californie, permit de la mesurer avec une précision

Fig. 9.7. Un étoile variable. Le flux total d'énergie solaire reçue par la Terre n'est pas constant, mais varie sur des échelles de temps qui vont de quelques jours à quelques années. Des radiomètres installés à bord de deux satellites, Nimbus 7 (*en haut*) et Solar Maximum Mission (*en bas*), ont enregistré ces variations intégrées sur toutes les longueurs d'onde. En moyenne, le Soleil était plus lumineux à l'époque des maxima (1980 et 1990) et sa luminosité diminua de 0,1% lors du minimum en 1986. De fortes diminutions temporaires (quelques jours) sont dues à la présence de grandes taches sur l'hémisphère solaire visible; apparemment, à l'époque du maximum, le nombre de facules brillantes compense l'effet dû aux taches (voir la Fig. 9.8).

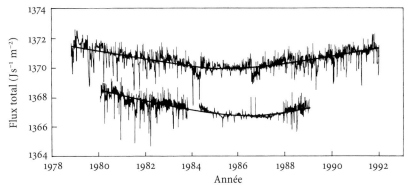

incroyable, au dix millième près (0,01 %) lorsque l'on faisait la moyenne sur une journée. (Son détecteur, dénommé ACRIM (Active Cavity Radiometer Irradiance Monitor), fut placé à bord du satellite SMM (Solar Maximum Mission) lancé en février 1980.) Mesurée avec une telle précision, l'énergie totale rayonnée par le Soleil est presque toujours variable, jusqu'à quelques dixièmes de pour-cent, et à toutes les échelles temporelles, de 1 seconde à 10 ans et peut-être même des siècles.

Des variations semblables avaient été également détectées par le radiomètre ERB (Earth Radiation Budget) à bord du satellite Nimbus 7, lancé en octobre 1978; l'enregistrement avait été plus long, mais il était moins précis. (Le radiomètre ERB fut développé par John R. Hickey et ses collègues du Laboratoire Eppley à Newport, Rhode Island.) Sur le diagramme de la Fig. 9.7, les deux séries de données sont décalées de 0,2 %, décalage dû à une différence de calibration des deux radiomètres, mais la précision de chacune des séries de mesures est bien meilleure que la calibration. Donc, lorsqu'on la mesure avec une précision suffisante, la constante solaire n'est pas du tout constante.

Hugh S. Hudson, un astrophysicien solaire de l'Université de Californie, à San Diego, fit équipe avec Willson pour l'aider à identifier quelles étaient les variations du rayonnement en relation avec les structures bien connues du Soleil. Ils montrèrent que les baisses les plus importantes correspondaient à la rotation d'un grand groupe de taches et étaient expliquées par celle-ci. Le champ magnétique très condensé dans les taches agit comme un clapet, en bloquant l'énergie – c'est d'ailleurs pour cette raison que les taches sont sombres – il provoque des diminutions de la constante solaire qui atteignent 0,3 % et qui durent quelques jours.

Au cours de leurs premières années d'opération, les radiomètres à bord de satellites montrèrent que le flux d'énergie solaire diminuait, lentement mais régulièrement, en même temps que le nombre de taches solaires, et ceci à raison de 0,1 % par an de 1980 à 1985. La baisse était trop rapide pour pouvoir continuer longtemps. A cette cadence, une ère glaciaire aurait débuté en quelques années. Heureusement, la constante solaire atteignit son plus bas niveau et retrouva sa valeur antérieure au cours des cinq années suivantes, lorsque le nombre de taches solaires augmenta de nouveau.

Cela signifiait que le flux d'énergie solaire était commandé par le cycle magnétique undécennal. Mais, de façon surprenante, le Soleil est plus lumineux lorsque le nombre de taches augmente. En ne tenant compte que de la présence des taches, on ne pouvait s'attendre à un tel résultat.

En réalité, l'augmentation de la luminosité est provoquée par les facules (voir le paragraphe 5.1), régions brillantes visibles sur la photosphère. Les plus vastes d'entre elles se trouvent à proximité des taches, mais à l'extérieur on observe un réseau de structures plus petites, également brillantes, qui couvrent l'ensemble du Soleil. (Le réseau est bien reconnaissable lorsque l'on observe dans la chromosphère, où les régions

Fig. 9.8. L'augmentation de la brillance faculaire. En majeure partie, l'augmentation de la luminosité du Soleil actif peut être attribuée aux facules. Ce sont des structures magnétiques photosphériques qui occupent des surfaces plus importantes aux moments de forte activité, lorsque les taches sont nombreuses. Ici, la luminosité totale, S, a été corrigée de l'assombrissement dû aux taches solaires, P; la différence S – P$_s$ (*ligne sombre*) est étroitement corrélée avec l'aire occupée par les facules (*ligne claire*). [Adapté d'après Peter Foukal et Judith Lean, Science *247,* 556–558 (1990)]

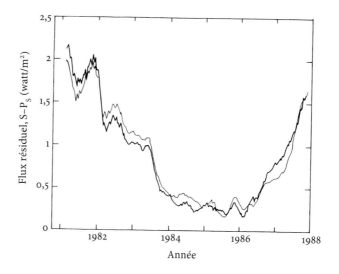

les plus brillantes sont désignées sont le nom de plages, les facules étant des structures photosphériques.)

Les variations de la luminosité solaire sur une période de dix ans sont dues à une sorte de compétition entre les taches solaires et les facules, avec un avantage pour les facules. Au fur et à mesure que l'activité magnétique augmente, ces structures deviennent toutes deux plus nombreuses, mais l'excès de brillance dû aux facules est plus important que la perte due aux taches. Ceci a été démontré par Peter V. Foukal du Cambridge Research and Instrumentation, Inc., dans le Massachusetts et par Judith Lean du Naval Research Laboratory, à Washington, D. C. (Fig. 9.8). Ils montrèrent que, lorsque l'on a soustrait l'effet d'obscurcissement dû aux taches, il existe une bonne corrélation entre les variations à long terme de la constante solaire et l'émission faculaire provenant de l'ensemble du disque.

A une échelle temporelle de quelques minutes à quelques jours, les taches l'emportent sur les facules, tandis qu'à plus long terme (des mois ou des années), les rôles sont inversés; en effet, les facules ont des durées de vie plus longues que les taches, et couvrent une plus grande portion du disque. Néanmoins, il se peut que l'histoire ne soit pas complète, car les fluctuations prédites de la constante solaire arrivent à sous-estimer le flux de rayonnement total à l'époque où le nombre de taches est maximum. Toutefois, on peut être sûr que le Soleil est plus lumineux lorsque son activité magnétique augmente.

Les fluctuations de la constante solaire, à l'échelle de dix ans, provoquent un réchauffement et un refroidissement de la planète et peuvent produire une variation de la température globale d'équilibre de 0,2 °C. (Comme le temps de réponse du climat est supérieur à la durée du cycle solaire, on pense que le changement réel de température est plus faible.) Cette variation d'équilibre est comparable aux variations globales de

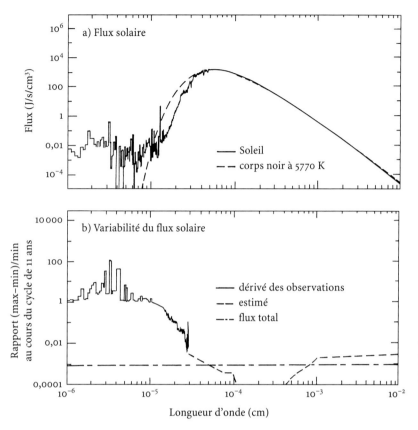

Fig. 9.9. Le rayonnement reçu par la Terre. Flux de rayonnement solaire reçu au niveau de l'atmosphère supérieure de la Terre, à différentes longueurs d'onde. Le spectre solaire, à l'époque du minimum, est comparé avec celui d'un corps noir à 5 770 K (*en haut*). Le maximum de la courbe correspond aux longueurs d'onde de la lumière visible; à gauche, c'est le domaine de l'ultraviolet, à droite celui de l'infrarouge. La portion du spectre correspondant aux longueurs d'onde radio ne figure pas. La courbe du bas montre la variation du flux solaire depuis le maximum jusqu'au minimum du cycle undécennal; celle-ci est plus prononcée pour les longueurs d'onde ultraviolettes. Les variations du flux au cours du cycle solaire, intégrées sur tout le spectre, sont indiquées par la ligne droite en pointillé. (Judith Lean, Naval Research Laboratories)

température en surface au cours du dernier demi-siècle, ce qui laisse penser que si des fluctuations de la constante solaire se produisaient à cette échelle temporelle plus longue, elles pourraient en être en partie responsables. Par conséquent, le flux d'énergie solaire peut à la fois atténuer et aggraver le réchauffement global, et lorsque l'on essaye d'évaluer l'ampleur du réchauffement dû à notre activité, le Soleil doit être pris en compte (voir aussi le paragraphe 10.3).

La période pendant laquelle la constante solaire a été mesurée précisément n'est pas assez longue pour pouvoir déterminer l'étendue de sa variabilité. Cependant, des indices historiques indirects permettent de penser que le Soleil est vraisemblablement à l'origine des changements climatiques à long terme, à l'échelle du millénaire, du siècle ou peut-être de la dizaine d'années. Des variations de la constante solaire pourraient affecter notre environnement, le climat, et par voie de conséquence, l'humanité. Par exemple, entre 1645 et 1715, il y eut une période assez longue pendant laquelle on n'observa pas ou peu de taches solaires et qui coïncida avec un refroidissement significatif dans l'hémisphère nord : «le petit âge glaciaire» (voir le paragraphe 10.6). Des observations d'étoiles de type solaire permettent de penser que des variations plus importantes de la constante solaire seraient possibles et

Fig. 9.10. L'absorption atmosphérique. La majeure partie du rayonnement solaire correspondant aux courtes longueurs d'onde n'atteint jamais le sol. La courbe indique les altitudes dans l'atmosphère auxquelles un rayonnement incident donné est absorbé de 50 %. Elle indique aussi les éléments absorbants primordiaux dans les différentes bandes spectrales et en particulier, les domaines de longueurs d'onde qui correspondent à la production et à l'absorption de l'ozone. Heureusement pour la vie, à une altitude bien supérieure à 50 kilomètres, le protoxyde d'azote arrête les émissions ultraviolettes de courtes longueurs d'onde qui présentent une grande variabilité. A plus faible altitude, l'ozone et l'oxygène moléculaire absorbent les rayonnements ultraviolets de plus grandes longueurs d'onde, qui sont aussi dangereux pour la vie. Les fluctuations des émissions ultraviolettes modulent la structure de la couche d'ozone. [Adapté d'après R. R. Meier, Space Science Reviews 58, 1–185 (1991)]

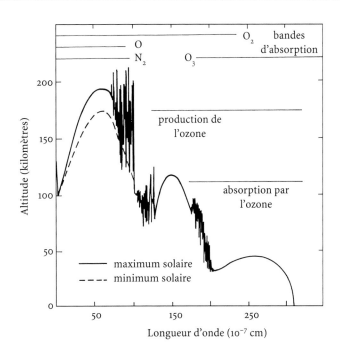

susceptibles, soit de faire fondre les calottes polaires, soit d'engendrer une nouvelle période glaciaire et de modifier les conditions futures d'habitabilité de la planète. Il est donc indispensable d'observer de près les petites variations de la constante solaire, sans savoir toutefois ce que sera l'évolution future.

L'ensemble du spectre solaire est modulé par l'activité solaire (Fig. 9.9). La majeure partie du rayonnement solaire est émise dans le visible et le proche infrarouge où les variations sont relativement modestes. Au contraire, il existe d'énormes variations dans les courtes longueurs d'onde qui ne contribuent que pour une faible part au rayonnement total du Soleil. L'ultraviolet est au moins dix fois plus variable que les rayonnements dans le visible, si bien qu'en dépit de sa faible participation au rayonnement total, il peut contribuer de façon significative à la variabilité de la constante solaire. L'émission X du Soleil varie dans de plus grandes proportions encore – au moins un facteur cent – mais sa contribution est insignifiante.

Les émissions ultraviolette et X proviennent des zones externes des régions actives, situées dans la chromosphère et la basse couronne, et réagissent mieux à un accroissement de l'activité magnétique que les émissions dans le visible qui se forment dans les plus basses couches, plus froides de l'atmosphère solaire. Aux époques de forte activité, lorsque les éruptions sont plus fréquentes, la production de rayonnements ultraviolet et X peut augmenter considérablement.

Comme seuls ces rayonnements de très courtes longueurs d'onde possèdent assez d'énergie pour ioniser l'atmosphère et transformer sa

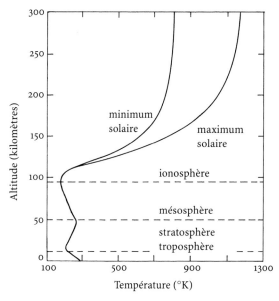

Fig. 9.11. Les variations du profil des températures de l'atmosphère. Le rayonnement solaire chauffe l'atmosphère et crée une succession de couches dont les limites sont définies par des changements du profil des températures à 15, 50 et 100 kilomètres d'altitude. Au-dessus de 100 kilomètres, la croissance de la température est étroitement corrélée au cycle undécennal; elle croît plus rapidement aux époques de maxima en raison d'une augmentation des flux de rayonnements X et ultraviolet. [Adapté d'après *Solar Influences on Global Change* (Washington, D. C.: National Academy Press, 1994)]

chimie, et comme ces émissions présentent la plus grande variabilité, l'atmosphère supérieure de la Terre subit constamment des modifications. Les plus courtes longueurs d'onde sont absorbées dans l'atmosphère à des altitudes plus importantes (Fig. 9.10) où la température moyenne globale peut doubler entre le minimum et le maximum d'activité (Fig. 9.11). Le rayonnement ultraviolet module la couche d'ozone dans des proportions comparables à celles des modifications dont l'homme est responsable. La portion du spectre visible, la moins variable, pénètre jusqu'au sol; cependant, cette quantité de lumière peut encore varier suffisamment pour réchauffer ou refroidir l'atmosphère.

Ces fluctuations de la quantité d'énergie peuvent modifier les températures globales superficielles et avoir une influence sur les climats et la météorologie, perturber la couche d'ozone, chauffer et dilater l'atmosphère supérieure. Les cycles climatiques de réchauffement et de refroidissement dus au Soleil, la production et la diminution de la couche d'ozone, peuvent être masqués par l'activité humaine. Pour évaluer l'ampleur des changements créés par l'homme et bien comprendre comment l'atmosphère peut répondre à son activité future, il faut comprendre comment le Soleil exerce son influence sur notre planète. Nous devons regarder au-delà de la Terre et le considérer comme un facteur de changement.

Notre attention va maintenant se porter sur la couche d'ozone qui est à la fois modulée de l'extérieur par les variations du rayonnement solaire ultraviolet et menacée de l'intérieur par les substances chimiques de notre activité industrielle.

9.6 LE RAYONNEMENT SOLAIRE ULTRAVIOLET ET LA COUCHE D'OZONE

Qu'est-ce que l'ozone et comment est-il créé? Sous l'action du rayonnement ultraviolet solaire, les molécules diatomiques d'oxygène sont dissociées en atomes. Quelques atomes libres vont se combiner aux molécules d'oxygène pour former des molécules d'ozone, constituées de trois atomes d'oxygène (O_3). Les molécules d'ozone sont détruites naturellement lorsqu'un oxygène libre se combine à un des oxygènes de la molécule d'ozone, donnant deux molécules d'oxygène, mais la quantité d'ozone formée sous l'action des photons ultraviolets est bien supérieure à celle qui disparaît de cette façon. Une couche d'ozone s'est donc constituée en altitude, dans la stratosphère.

Cette nouvelle molécule a la propriété d'absorber le rayonnement solaire ultraviolet. L'ozone n'est pas très abondant puisqu'il représente une partie par million en volume (ppmv) des gaz atmosphériques, à peu près la concentration obtenue en versant une goutte dans une baignoire. Malgré cela, il peut absorber presque entièrement l'ultraviolet nocif avant qu'il n'atteigne le sol. (De l'ozone dangereux pour la santé est produit par l'homme au niveau du sol – voir l'encadré 9A.)

L'atmosphère n'a pas toujours contenu de l'ozone, puisque celui-ci ne peut se former en l'absence d'oxygène. A ses débuts, la Terre était trop chaude pour permettre aux plantes d'exister, et la quantité d'oxygène dans l'atmosphère devait être infime. Sans cette couche d'ozone, les photons ultraviolets pénétraient jusqu'à la surface des océans et créaient d'importantes réserves de substances organiques grâce auxquelles les premiers organismes vivants purent se nourrir.

En quelques milliards d'années, les algues unicellulaires et les bactéries modifièrent la composition de l'atmosphère primitive qui devint celle que nous connaissons, riche en oxygène. En absorbant le dioxyde de carbone, ces organismes primitifs rejetaient de l'oxygène. Toutefois, au cours de ce processus, ils ruinaient peu à peu leur environnement et se détruisaient eux-mêmes, puisque l'oxygène était un poison pour nombre d'entre eux et que le rayonnement ultraviolet ne pouvait plus atteindre la surface de l'océan et renouveler les provisions de matières organiques dont ils se nourrissaient. Mais les êtres vivants ont une remarquable faculté d'adaptation, car actuellement, on peut encore rencontrer ces formes d'algues et de bactéries. De plus, tous les organismes qui utilisent l'oxygène dans la fonction de respiration possèdent des anti-oxydants qui protègent leurs cellules des effets nocifs de ce gaz.

La quantité d'ozone que renferme notre atmosphère dépend des caprices du Soleil. Continuellement des molécules d'ozone sont créées et détruites par des réactions chimiques qui font intervenir les photons ultraviolets solaires. Un équilibre s'est établi, mais c'est un équilibre dynamique.

L'épaisseur de la couche d'ozone varie lorsqu'au cours du cycle undé-cennal, le Soleil passe de l'agitation au calme. Lors des périodes actives, la production plus importante d'ultraviolets entraîne la formation d'une plus grande quantité d'ozone dans la stratosphère, au contraire, lorsque l'activité baisse, la quantité d'ozone produite est moins importante.

Les variations cycliques de l'abondance globale de l'ozone modulent la diminution suspectée due aux substances chimiques de l'activité humaine. Les analyses effectuées par satellites, en accord avec les modèles courants, indiquent que l'excès d'ozone produit au cours des cinq années d'augmentation de l'activité solaire peut compenser la destruction due à l'activité humaine pendant cette période ; au cours des cinq années suivantes, la diminution due à la baisse d'activité du Soleil équivaut à la destruction anthropique globale pendant la même période. Le Soleil pourrait donc expliquer la destruction d'une part importante de l'ozone stratosphérique pendant les périodes où son activité faiblit (1978 à 1985), mais elle ne peut expliquer le fait que la quantité d'ozone est restée quasiment stable depuis 1985, alors que l'activité solaire est redevenue au moins équivalente à ce qu'elle était en 1978, sinon plus importante.

ENCADRÉ 9A
L'ozone au niveau du sol, un polluant nocif

Plus près du sol, la présence d'ozone ne nous est pas bénéfique. La pollution par l'ozone donne un smog qui provoque une irritation des yeux, des voies respiratoires et des attaques des tissus végétaux. Dans les grandes villes comme Los Angeles et Mexico – qui de plus se trouvent dans une cuvette entourée de montagnes – on conseille aux enfants, aux personnes âgées et aux adeptes du jogging de rester chez eux pendant les périodes d'alerte au smog. Le risque est surtout grand pour les enfants, car comparativement à leur taille, ils inhalent beaucoup plus d'air qu'un adulte et aussi parce qu'ils passent plus de temps dehors.

Contrairement à l'ozone stratosphérique, qui est créé sous l'effet du rayonnement ultraviolet solaire, l'ozone au niveau du sol est produit par les activités humaines, essentiellement à partir des gaz d'échappement des automobiles et des camions. Des concentrations élevées d'ozone et du smog sont dues également aux feux de champs, de prairies au Brésil et de savanes en Afrique du Sud, avec un niveau de pollution équivalent à celui des régions industrialisées d'Europe, d'Asie et des Etats-Unis. Cet ozone peut être transporté à des centaines de kilomètres par le vent et les risques potentiels ne sont pas limités aux villes très peuplées et très industrialisées.

Fig. 9.12. Evolution des spectres radio (*en haut*) et ultraviolet (*en bas*). Ces rayonnements varient avec le cycle undécennal, ils s'intensifient aux époques de maxima (1980 et 1990) et deviennent plus faibles à l'époque du minimum (1986). L'enregistrement en radio à 10,7 cm de longueur d'onde a été obtenu avec un radiotélescope au sol à Ottawa (Canada). Le spectre ultraviolet a été obtenu par le satellite Nimbus 7. [Adapté d'après R. F. Donnelly, présenté au Septième Symposium Quadriennal sur la physique des relations Soleil-Terre, La Haye (1990)]

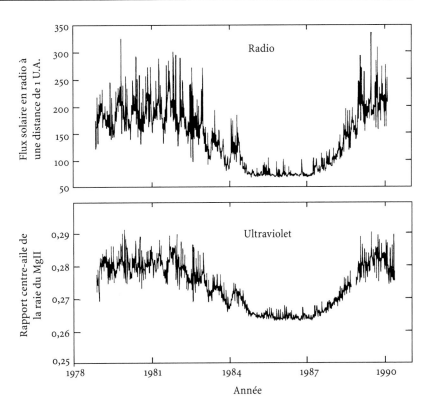

Ce n'est que lorsque nous connaissons la variabilité du rayonnement ultraviolet de façon détaillée que nous pouvons extraire, des mesures par satellites, la composante due à l'activité humaine. Comme ce rayonnement ne peut être observé que depuis l'espace, il serait utile d'obtenir aussi des mesures radio indirectes depuis le sol (Fig. 9.12).

L'ozone est également détruit par les particules énergétiques dont les flux varient avec l'activité solaire. Les grands événements à protons, associés aux éruptions intenses, peuvent provoquer les mêmes réactions que les photons ultraviolets et entraîner des diminutions de la quantité d'ozone stratosphérique. Les électrons seraient eux aussi susceptibles de créer des composés chimiques qui peuvent détruire l'ozone.

Sur l'ensemble du globe, ni le rayonnement ultraviolet solaire, ni l'ozone n'ont une distribution uniforme. Par exemple, aux latitudes tropicales où le rayonnement ultraviolet est plus intense et où la variabilité des saisons est faible, la quantité d'ozone produite est plus importante. Aux plus hautes latitudes, les niveaux d'ozone suivent les variations saisonnières, mais le transport de l'air tropical vers les pôles contrebalance partiellement ce déséquilibre.

Les substances de notre industrie chimique sont elles aussi transportées vers les régions polaires où elles rongent littéralement la couche d'ozone. Si le développement de ces produits continuait, sans perdre de son intensité, cela pourrait nous mener à une destruction globale de la couche d'ozone qui dépasserait toutes les variations dont le Soleil est responsable. Comme nous le verrons, la mise hors la loi de ces substances progresse. Pour être capable de déterminer de façon sûre la diminution de l'épaisseur de la couche d'ozone, et dans le futur de la reconstituer, il faut évaluer le rôle joué par le Soleil dans ces phénomènes de destruction et de restauration. Avec cet avertissement présent à l'esprit, nous évoquerons la diminution de la couche d'ozone due aux activités humaines, puis les mesures internationales prises pour enrayer le processus.

9.7 LA DISPARITION DE L'OZONE

La quantité d'ozone dans la stratosphère est comparable au niveau de l'eau contenue dans un seau percé. Lorsque l'on verse de l'eau dans le seau, le niveau s'élève jusqu'à ce que les apports compensent les pertes. On atteint alors un état d'équilibre et le niveau restera stable tant que les deux cadences seront égales. Si vous versez l'eau à une cadence différente ou si vous percez des trous supplémentaires dans le seau, le niveau variera. Il en est de même de la quantité d'ozone stratosphérique qui varie en fonction du flux de rayonnement ultraviolet ou des substances chimiques que nous utilisons dans notre vie quotidienne et que nous rejetons dans l'atmosphère.

Un «trou d'ozone» a été découvert au-dessus de l'Antarctique (Fig. 9.13). Il se forme à l'intérieur d'un vaste vortex polaire semblable à un gigantesque tourbillon ou à l'oeil d'un cyclone. Chaque année, le trou se développe au début du printemps austral lorsque la lumière solaire déclenche les réactions chimiques de destruction de l'ozone, et commence à se combler en automne, lorsque l'on entre dans le long hiver sans soleil. L'air appauvri en ozone se disperse sur l'ensemble du globe, puis lentement l'ozone se reconstitue et l'année suivante, le cycle se répétera.

La mise en évidence du trou d'ozone a nécessité l'emploi de spectrophotomètres Dobson. Installés au sol, ils permettent de mesurer la quantité de rayonnement ultraviolet qui pénètre dans l'atmosphère, à des longueurs d'onde spécifiques. Les raies d'absorption sont renforcées ou affaiblies en fonction de l'augmentation ou de la diminution de la quantité d'ozone. Actuellement, d'autres instruments de mesure nous donnent la répartition globale des concentrations d'ozone : les satellites utilisent les techniques spectrales de rétrodiffusion de l'ultraviolet; depuis le sol, grâce au dispositif Lidar, on émet un faisceau laser verticalement dans l'atmosphère et on mesure la puissance rétrodiffusée par l'ozone atmosphérique.

Lors de l'Année Géophysique Internationale en 1957–58, pour la première fois une légère diminution de l'ozone au-dessus du Pôle Sud avait été observée. (Comme nous le verrons ultérieurement, depuis cette époque, la taille du trou d'ozone au-dessus de l'Antarctique a augmenté.) Des scientifiques britanniques avaient trouvé que la quantité totale

Fig. 9.13. Un trou dans le ciel. Cette carte établie par satellite montre une concentration en ozone exceptionnellement faible, c'est le trou dans la couche d'ozone qui se forme au printemps, au-dessus du Pôle Sud (octobre 1990); sa surface dépasse celle du continent Antarctique, qui est égale à 14 millions de kilomètres carrés. Le réchauffement dû au printemps disloque le vortex polaire et disperse l'air appauvri en ozone sur le reste de la planète, mais une partie reste sur place jusqu'à l'hiver suivant et accélère le refroidissement. (NASA, Science Source/Photo Reasearchers)

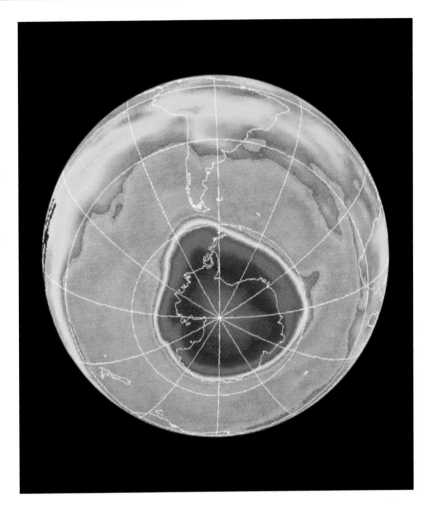

d'ozone variait annuellement en Europe. Lorsque cette variation fut comparée à celle mesurée à la station antarctique, en tenant compte d'une différence de six mois dans les saisons, les valeurs au printemps étaient plus faibles que prévu. Tout d'abord on pensa qu'une grosse erreur avait été commise ou que l'instrument était à l'origine d'une anomalie; cependant, à l'automne, les valeurs remontèrent pour atteindre celles que l'on avait extrapolées à partir des résutats obtenus en Europe. D'après un compte rendu historique de Dobson, écrit en 1968 :

> Lorsque le même type de variations annuelles se fut répété
> un an plus tard, nous réalisâmes alors que les premiers résultats
> étaient correctes et que Halley Bay montrait une différence plus
> intéressante que d'autres régions du monde. Il semblait clair que le
> vortex hivernal au-dessus du Pôle Sud s'était maintenu tardivement
> au printemps et que cela avait conservé de faibles concentrations
> d'ozone. Lorsqu'il se disloquait soudain en novembre, la quantité

d'ozone et les températures stratosphériques s'élevaient toutes deux soudainement.[45]

Pendant plusieurs dizaines d'années, la concentration totale d'ozone fut mesurée à Halley Bay; au printemps, une diminution anormale fut toujours constatée et qui devenait progressivement plus importante à mesure que le temps passait. Le trou d'ozone antarctique devint si dominant dans les données enregistrées depuis le sol, que l'on ne pouvait plus l'ignorer. Etonnés, les scientifiques de l'ère spatiale revérifièrent les données obtenues par satellites et découvrirent que depuis des années, ils avaient, sans le savoir et consciencieusement, enregistré cette diminution imprévue de l'ozone. Les experts, embarrassés, avaient programmé leurs ordinateurs de façon à rejeter les mesures qui divergeaient trop des conditions normales, et le trou d'ozone, considéré comme une anomalie, avait été écarté.

Le trou antarctique s'est développé depuis plus de dix ans et ne montre aucun signe de régression. Aujourd'hui sa taille est égale à celle du continent nord américain et il a plusieurs milliers de mètres d'épaisseur. (Pendant une période de six semaines au cours du printemps austral, tout l'ozone est détruit à des altitudes comprises entre 10 et 20 kilomètres.)

Quelles sont les substances qui détruisent la couche d'ozone? En 1974, dans une vision prophétique, Mario Molina et F. Sherwood Rowland, deux chimistes de l'Université de Californie, à Irvine, désignèrent les coupables :

> Les chlorofluorométhanes sont rejetés dans l'environnement
> en quantités toujours croissantes. Ils sont chimiquement
> inertes et peuvent demeurer dans l'atmosphère pendant 40 à
> 150 ans, et on peut s'attendre à ce que les concentrations
> atteignent 10 à 30 fois leur niveau actuel. La photo-
> dissociation des chlorofluorométhanes dans la stratosphère
> produit des quantités significatives d'atomes de chlore
> et la destruction de l'ozone atmosphérique.[46]

La couche d'ozone est en train de se détériorer sous l'effet des composés chlorés rejetés par les humains. Ces gaz mis au point par les chimistes il y a environ cinquante ans, sont les « chlorofluorocarbones » dont le nom rappelle la composition : chlore, fluor et carbone et que l'on désigne, en général, en utilisant l'abbréviation CFC; les plus utilisés sont les CFC-11 et 12.

Les CFC n'existent pas dans la nature et sont exclusivement fabriqués par l'industrie chimique; pendant plusieurs dizaines d'années on les a considérés comme des produits miracles. Pour assembler ces molécules, on a utilisé les liaisons les plus fortes existant dans la nature et ces composés sont presque indestructibles. Les CFC sont très stables, non toxiques, non corrosifs, ininflammables et relativement faciles à fabriquer. Leur utilisation couvre un vaste domaine : gaz pour la réfrigération et la climatisation, agents d'expansion pour la fabrication de matériaux servant à l'isolation et à l'emballage, propulseurs d'aérosols en bombes (interdits aujourd'hui aux Etats-Unis et en Europe), solvants pour le nettoyage de matériel électronique et micromécanique.

Bien que des dizaines de millions de tonnes de CFC aient été rejetées dans l'atmosphère, leur concentration ne représente qu'une molécule de CFC pour 2 milliards de molécules d'air; cependant, leur impact peut être considérable.

Lorsqu'au départ, ils sont libérés dans la basse atmosphère, étant chimiquement inertes, ils ne peuvent être soustraits naturellement; ils sont insolubles dans l'eau et le lessivage par les précipitations est sans effet. Ils sont si inertes et si stables qu'une fois dans l'atmosphère ils peuvent subsister plus d'une siècle.

Dans la basse atmosphère, ils sont protégés du rayonnement ultraviolet par la couche d'ozone et peuvent migrer intacts jusque dans la stratosphère. Là, sous l'action des photons ultraviolets énergétiques, les molécules de CFC sont photodissociées et produisent des atomes libres de chlore qui à leur tour détruisent l'ozone. Comme Molina et Rowland en avaient émis l'hypothèse plus de vingt ans auparavant, les atomes de chlore sont les vrais coupables, capables de détruire des milliers de fois leur propre poids d'ozone.

Dans la stratosphère, un atome de chlore va réagir avec une molécule d'ozone et donner du monoxyde de chlore (ClO) et de l'oxygène (O$_2$); en redevenant de l'oxygène diatomique, l'ozone perd ses propriétés absorbantes. Si les choses s'arrêtaient là, ce ne serait pas trop inquiétant. Toutefois, lorsque le monoxyde de chlore rencontre un atome d'oxygène, il se forme un atome de chlore (Cl) et une molécule d'oxygène (O$_2$). Comme le cycle ne cesse de se répéter, le chlore est libre de frapper encore et encore. En termes techniques, le chlore agit comme un catalyseur, il provoque une chaîne de réactions qui détruisent l'ozone, et se retrouve intact à la fin du processus. (Les pots catalytiques de nos voitures fonctionnent selon le même processus en capturant tous les résidus non brûlés.)

Un seul atome de chlore peut détruire 10^5 molécules d'ozone avant d'être capturé par une quelconque autre molécule et de devenir inoffensif. Par conséquent, une petite quantité de chlore peut être à l'origine de modifications importantes de la couche d'ozone, qui à son tour, ne représente qu'une faible part de l'atmosphère terrestre, environ une molécule sur un million.

En certains endroits, la destruction de l'ozone est beaucoup plus rapide que sa formation naturelle. Davantage de rayonnement solaire ultraviolet atteint le sol, entraînant des conséquences graves pour l'ensemble du monde vivant.

Mais pourquoi le chlore ne détruit-il pas l'ozone jusqu'à ce qu'il n'en reste plus dans la stratosphère? Le cycle de destruction peut, à la longue, être interrompu lorsqu'un atome de chlore, au lieu de réagir avec l'ozone, réagit avec une molécule de méthane pour former de l'acide chlorhydrique. L'acide va diffuser depuis la stratosphère dans la troposphère et comme il est soluble dans l'eau, il sera lessivé par les précipitations et le cycle sera fermé.

Ce scénario simple n'explique ni pourquoi cette diminution importante de la couche d'ozone est limitée aux régions antarctiques, ni pourquoi on ne l'observe qu'au printemps. Il doit exister un phénomène qui intensifie le pouvoir destructeur du chlore, à la fois dans le temps et dans l'espace.

Bien que les CFC soient surtout libérés depuis les pays industrialisés de l'hémisphère nord, ils sont redistribués par les vents globaux. Les vents stratosphériques transportent aussi l'ozone et c'est pourquoi on en trouve des quantités importantes au-dessus des régions polaires pendant le long hiver. Pendant l'hiver, il se forme sur l'ensemble du continent Antarctique un tourbillon, avec des vents circulaires. Pendant des mois, ce vortex piège d'énormes masses d'air où les composés chlorés se condensent et sont ainsi stockés au-dessus du Pôle Sud. (voir aussi l'encadré 9B).

ENCADRÉ 9B

Les nuages de glace stratosphériques

Pour se former, le trou d'ozone nécessite la présence de nuages stratosphériques formés de cristaux de glace. Dans le vortex, les vents rapides qui tournent autour du pôle, isolent l'atmosphère antarctique des régions équatoriales plus chaudes et lui permettent de conserver une température très basse. Au cours de l'hiver polaire, des nuages stratosphériques constitués de cristaux de glace peuvent se former, même si la quantité d'eau dans l'atmosphère est très faible.

Heureusement, pendant la majeure partie de l'année et presque dans toute la stratosphère, les atomes de chlore libérés à partir des CFC sont retenus prisonniers dans des molécules réservoirs relativement inertes (comme l'acide chlorhydrique ou le nitrate de chlore) et ne peuvent, dans l'immédiat, attaquer l'ozone. Cependant, les interactions dans les nuages de glace convertissent ces réservoirs inertes en molécules plus réactives, elles libèrent du monoxyde de chlore qui pourra attaquer l'ozone lorsque le Soleil réapparaîtra.

Les premiers rayons qui frappent les cristaux de glace facilitent et accélèrent la destruction en masse de l'ozone, jusqu'à sa quasi-disparition. Puis, avec le début d'une température plus douce, le vortex polaire se désintègre et l'air appauvri en ozone se disperse sur l'ensemble du globe. (Les cristaux de glace sont des surfaces sur lesquelles le chlore et l'ozone peuvent interagir plus facilement que s'ils étaient libres.) Ces processus ont été confirmés par une augmentation du monoxyde de chlore au-dessus du Pôle Sud pendant la formation du trou dans la couche d'ozone et sa disparition lorsque le niveau de l'ozone redevenait normal.

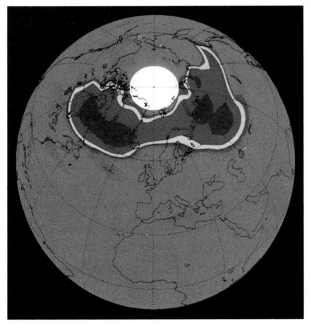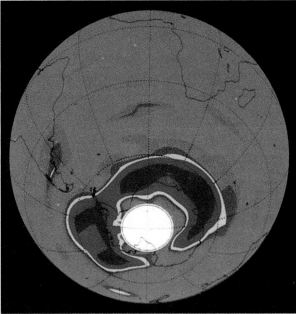

Fig. 9.14. Le chlore destructeur d'ozone dans la stratosphère. Les zones colorées en rouge et en couleurs sombres indiquent les abondances de monoxyde de chlore (ClO); ce composé est présent en assez grande quantité pour détruire environ 1 % des molécules d'ozone par jour; les deux cercles blancs aux deux pôles sont des zones où on n'a pas effectué de mesures. La carte à droite montre la répartition du ClO en août 1992 au-dessus de l'Antarctique et à gauche, en février 1993 dans l'hémisphère nord. Des concentrations dangereuses recouvrent des zones peuplées de l'Europe boréale, Scandinavie et Russie. Ces cartes ont été obtenues avec la sonde micro-onde à bord du satellite UARS (Upper Atmosphere Research Satellite). (Joe W. Waters, Jet Propulsion Laboratory)

Un vortex arctique, de la taille de l'Asie se développe également au-dessus du Pôle Nord, mais ils est plus faible, plus instable et plus chaud que le vortex antarctique. Le continent Antarctique est entouré par l'océan, tandis que l'Arctique est un océan entouré par des continents, la circulation atmosphérique est différente et l'air chaud se dirige vers le nord avant la fin de l'hiver. Le continent Antarctique, recouvert d'une gigantesque masse de glace, est plus froid que l'océan ou les terres arctiques; cela permet d'expliquer la stabilité du vortex antarctique et de ses nuages stratosphériques.

Toutefois, un trou d'ozone pourrait se former à plus grande proximité de nos régions, et peut-être même au-dessus de nos têtes. Déjà, la quantité d'ozone stratosphérique a diminué de 10 % en quarante ans, tout au moins en hiver et au début du printemps.

Le satellite UARS de la NASA (Upper Atmospheric Research Satellite) a mesuré de fortes concentrations de monoxyde de chlore pendant l'hiver, à l'intérieur du vortex arctique, lorsque celui-ci est suffisamment froid pour que des nuages stratosphériques se forment. Avec un niveau de réactivité du chlore aussi important que celui observé six mois plus tôt dans le vortex antarctique, le vortex arctique est donc prêt pour amorcer une diminution de la couche d'ozone (Fig. 9.14). Si les températures étaient assez basses, le soleil printanier pourrait créer un trou d'ozone au-dessus des régions peuplées de l'Europe et du Canada.

Au cours des dix dernières années, l'utilisation des substances chimiques a entraîné une diminution d'au moins 3 % sur l'ensemble du globe, y compris les latitudes moyennes où il y a une forte densité de population. L'équilibre de l'ozone dans l'atmosphère est sous la dépendance des variations du flux solaire ultraviolet, mais la destruction chimique de l'ozone, due à l'activité humaine, finira par être plus importante que les effets dus au Soleil. Il existe de nombreuses raisons de s'alarmer si ces substances continuent d'être produites.

Il faut signaler également que les panaches volcaniques calmes rejettent environ 10 millions de tonnes de chlore par an dans l'atmosphère.

9.8 LES REMÈDES POUR GUÉRIR LA PLANÈTE

Mais pourquoi tout ce bruit? Qui va s'inquiéter si, à cause de quelques trous dans l'atmosphère, un peu plus de rayonnement solaire atteint le sol?

En fait, la couche d'ozone constitue un filtre qui empêche les ultraviolets B (UV-B), les plus dangereux, de pénétrer jusqu'au sol. Ce sont des rayonnements de courtes longueurs d'onde, comprises entre 280 et 320 nanomètres. Les ultraviolets A, de plus grandes longueurs d'onde (320 à 400 nm), atteignent la surface, mais ils produisent moins de modifications biologiques. Lorsque dans le noyau d'une cellule, une molécule d'ADN est soumise à des photons UV-B, une liaison entre deux bases situées sur le même brin de la double hélice peut se former et empêcher la duplication; cela peut aussi réduire l'efficacité du système immunitaire des animaux et des humains, qui deviendront plus vulnérables aux maladies infectieuses et aux cancers.

Les UV-B peuvent provoquer des cataractes qui aboutiront à la cécité si elles ne sont pas traitées. Récemment, on a découvert qu'ils étaient responsables d'une déficience génétique à l'origine d'une forme de cancer de la peau. (En inhibant le gène p53, qui normalement empêche la croissance anarchique des cellules, les UV-B entraînent l'apparition d'un epithélioma squameux.)

Le danger le plus grave et qui nécessite une action politique rapide est le développement mondial des cancers de la peau. En fait, depuis longtemps les cancers de la peau des individus à la peau claire ont été associés aux trop longues expositions au Soleil. Par exemple, l'Agence Américaine de Protection de l'Environnement prévoit que d'ici l'an 2050, à cause de la diminution de la couche d'ozone, et pour les Etats-Unis seuls, 12 millions d'invidus seront atteints d'un tel cancer et que 200 000 en mourront.

Cela peut aussi bouleverser, de façon irréversible, l'équilibre fragile de la biologie marine. Une plus grande quantité d'UV-B peut endommager ou même détruire les cellules du phytoplancton (du Grec *phyto*, plante et *plagkton*, qui dérive) qui sont à la base de la chaîne alimentaire. (Les images par satellites montrent des tapis de plancton couvrant la surface des océans en début de printemps. Quand la population de plancton diminue, c'est aussi le cas des poissons qui s'en nourrissent et des mammifères qui mangent les poissons – phoques, dauphins, baleines, et les humains.

Le phytoplancton n'est pas sans défense. Ces organismes unicellulaires possèdent des pigments colorés qu'ils peuvent synthétiser pour absorber les UV-B et préserver leurs fonctions internes, mais quelques études semblent montrer que leur photosynthèse a quand même diminué. Néanmoins, des recherches récentes laissent supposer que les algues pourraient prospérer, car le rayonnement ultraviolet est plus nocif pour les organismes qui les consomment que pour les algues elles-mêmes.

Les êtres humains peuvent se couvrir, rester à l'intérieur ou acquérir une peau plus sombre. Les populations des régions tropicales et équatoriales sont protégées des cancers par la couleur plus sombre de leur peau. Toutefois, l'ensemble du monde vivant pourrait ne pas être capable de s'habituer à un accroissement de rayonnement ultraviolet. La couche d'ozone pourrait diminuer trop rapidement pour que de nombreuses espèces aient le temps de s'adapter pour survivre.

Ces inquiétudes, mais aussi le célèbre trou de l'ozone antarctique, ont permis au public de prendre conscience de la fragilité de cette couche protectrice et ont fortement poussé la classe politique à prendre des décisions pour limiter et finalement, interdire la fabrication et l'utilisation des CFC. Face à ce problème, le protocole de Montréal, ratifié en 1989, recommande une réduction de 50 % des CFC pour la fin du siècle. Révisé en 1990, il prévoit leur suppression totale en l'an 2 000 dans les pays industrialisés, et en 2010 dans les pays en voie de développement. Lorsque l'on put démontrer que la couche d'ozone s'érodait plus rapidement que prévu, les leaders de 128 pays furent d'accord pour éliminer les CFC-11 et 12, les plus dangereux, à la fin de 1997. Le nombre des pays participants, de même que celui des substances prohibées ne cesse d'augmenter. (Cet accord fut sans doute facilité par le développement de produits de substitution.)

Cependant, même si nous arrêtions aujourd'hui de rejeter des CFC dans l'atmosphère, les dégâts ne seraient pas pour autant éliminés. A cause de leur longue période de vie et de leur lente diffusion dans la stratosphère, les CFC continueront de détruire l'ozone pendant encore une cinquantaine d'années; ces substances sont, en majeure partie, déjà dans l'atmosphère, au moins 20 millions de tonnes. La destruction anthropique la plus importante de la couche d'ozone se situera probablement à la fin du XXe siècle, lorsque la charge maximum des CFC atteindra la stratosphère. Par la suite, la perte en ozone devrait se stabiliser et la tendance devrait s'inverser, au fur et à mesure que ces substances seront peu à peu éliminées par les phénomènes de lessivage.

La couche d'ozone ne redeviendra efficace que lorsqu'elle aura retrouvé son niveau initial, c'est-à-dire pas avant la fin du XXIe siècle. Pendant ce temps, les scientifiques vont continuer leur surveillance grâce à une série de satellites de la NASA; malheureusement, il n'existe pas de plan pour mesurer les variations des flux d'ultraviolets solaires. Ces mesures sont nécessaires pour déterminer si les activités humaines modifient ou modifieront le climat et la température de la Terre, et dans quelle mesure elles le feront.

Négriers jetant les morts par-dessus bord, 1840. Dans ce tableau peint par Joseph M. W. Turner, le soleil couchant fait une percée entre deux énormes vagues. Dans l'écume on distingue des formes humaines. Ce sont des esclaves malades ou mourants que l'on a jetés par-dessus bord après qu'une épidémie se fût déclarée. Le convoyeur d'esclaves pouvait déclarer qu'ils s'étaient perdus en mer et réclamer le montant de l'assurance. (Museum of Fine Arts, Boston, fonds Henry Lillie Pierce)

CHAPITRE 10

Feu et glace

10.1 CIELS CLAIRS ET TEMPS ORAGEUX

Regardez là haut! L'air transparent devient le ciel bleu! C'est parce que les molécules de l'atmosphère diffusent plus fortement le bleu que les autres couleurs.

La nuit, le ciel est sombre parce qu'il n'y a pas de lumière pour illuminer l'atmosphère. Et sur la Lune, qui ne possède pas d'atmosphère, le ciel est noir en plein jour.

Lorsque le Soleil est haut dans le ciel, il est de couleur jaune. Au moment de son coucher, il devient rouge car sa lumière traverse une épaisseur d'atmosphère plus importante et la lumière bleue est arrêtée davantage que la lumière rouge. Les poussières contribuent également au rougissement du soleil couchant.

Pendant des périodes incommensurables, notre planète a été modelée et remodelée par les forces naturelles et «l'air conditionné», grâce à plusieurs cycles indépendants. Le plus évident de ces cycles est celui de l'eau qui nous apporte notre météorologie quotidienne et engendre des différences climatiques permettant de distinguer, de façon nette, une région du globe d'une autre.

Ce cycle commence avec la lumière. Un tiers de l'énergie solaire qui arrive à la surface de la Terre est dépensé pour l'évaporation de l'eau de mer. L'évaporation libère de l'humidité sous forme d'eau douce tiède et refroidit la surface de l'océan. Cette humidité s'élève en altitude et se condense pour former des nuages transportés par les vents sur de grandes distances. L'eau retombe sous forme de pluie ou de neige, elle réalimente les fleuves, les lacs et les réservoirs souterrains et trouve enfin son chemin vers la mer.

Toutes les eaux des océans parcourent ce cycle en 2 500 ans. Les eaux océaniques, déjà vieilles de 3,5 milliards d'années, l'ont parcouru plus d'un million de fois.

Notre météorologie est pour une large part une des conséquences du cycle de l'eau, commandé par les courants et les vents, eux-mêmes engendrés par la répartition inégale de l'insolation des diverses régions du globe. Les régions tropicales et équatoriales, où le Soleil est proche du zénith, reçoivent une grande quantité de chaleur; les rayons lumineux sont presque perpendiculaires à la surface et l'absorption atmosphérique est faible. Plus près des pôles, les rayons lumineux sont obliques et doivent traverser une épaisseur d'atmosphère plus importante. Le Soleil chauffe le sol, les océans et l'air, les vents et les courants océaniques chauds corrigent le déséquilibre en transportant la chaleur de l'équateur vers les pôles ou des régions chaudes vers les régions plus froides, et réduisent ainsi les différences initiales de température; les vents et les courants froids se déplacent dans la direction opposée.

John Updike traduit poétiquement ce cycle de l'eau :

Tout autour de nous, l'eau s'élève
  sur des ailes invisibles
pour tomber en rosée, pluie, grésil ou neige,
  tandis que roulent au-dessus de nos têtes
les dômes géants nichés des couches atmosphériques
  et dans leur révolution, soulèvent
  l'humidité du nord au sud
de l'équateur aux pôles arides et glacés,
  où les latitudes ne sont plus que de simples cercles.
Moléculaire ou global, l'ordre cinétique règne
  invisible et omniprésent . . . .[47]

La façon exacte dont les schémas météorologiques globaux se développent dépend des modifications à long terme de la répartition des terres émergées et des océans. Il existe en effet un autre cycle naturel au cours duquel les grandes masses continentales se réorganisent sans cesse : soulèvements, érosion, fractures. Sur des périodes que l'on mesure en millions d'années, des continents entiers sont détruits ou recréés, modifiant sans cesse la surface de la Terre. La dérive des continents et les modifications de la circulation atmosphérique et des courants océaniques qui en découlent sont les principaux facteurs de ces changements climatiques.

Les saisons sont prédominantes dans la détermination des conditions météorologiques locales. La Terre, sur son orbite, est liée au Soleil par la gravitation. Au cours de l'année, le Soleil se déplace dans le ciel à une hauteur plus ou moins grande parce que l'axe de rotation de la Terre est incliné de 23,5 ° par rapport à la perpendiculaire au plan de son orbite (l'écliptique); c'est de là que vient le mot climat, du Grec *klima*, inclinaison. Dans chaque hémisphère, l'été est défini par la plus grande inclinaison des rayons solaires par rapport à la surface (l'angle d'incidence est le plus faible), et l'hiver par la plus faible inclinaison.

Cette variation annuelle du rayonnement solaire est à l'origine de fluctuations saisonnières importantes dans l'hémisphère nord où la plupart des terres émergées sont rassemblées. La différence moyenne de la température de l'air entre l'hiver et l'été est de 15 °C. Elle est beaucoup plus importante que les variations de températures moyennes superficielles entre la dernière période glaciaire et l'époque actuelle. Dans l'hémisphère sud, l'écart est réduit par la présence des océans et la variation des températures n'est que le tiers de celle de l'hémisphère nord.

La variation du flux solaire qui frappe la Terre devrait, dans les années à venir, continuer de déterminer sa température superficielle et sa météorologie, en tenant compte toutefois des modifications dont notre planète elle-même est responsable. Mais il existe une autre force qui peut finalement transformer le climat et cette force c'est nous.

10.2 L'AUGMENTATION DE LA CHALEUR

Au cours du dernier siècle, la planète dans son ensemble s'est réchauffée, par à coups, de presque 0,5 °C. Cependant, comme les courbes de la température globale fluctuent entre les périodes chaudes et les périodes froides, la tendance est très sensible au début et à la fin de l'enregistrement considéré (Fig. 10.1). Par exemple, la température a augmenté de 0,5 °C entre 1920 et 1940, mais ensuite elle a diminué. Les enregistrements des fluctuations de la température globale interdisent de détecter l'accroissement léger et régulier que l'on attend de l'effet de serre, mais les températures globales moyennes n'ont certainement pas diminué au cours du XXᵉ siècle. (Pour retracer cette évolution globale, on a réalisé des moyennes sur l'ensemble du globe, cependant il faut noter que quelques régions se réchauffent plus que cette moyenne, tandis que d'autres se refroidissent.)

De 1940 à 1970, la température chuta dans de telles proportions que quelques climatologues en arrivèrent à prédire l'arrivée d'une période glaciaire. Au cours des décennies suivantes, elle recommença à croître (voir aussi la Fig. 10.1), et en moyenne, le globe devint anormalement chaud. Par conséquent, les longs étés chauds récents pourraient être les prémices d'un réchauffement prononcé ou n'être qu'une partie d'un changement aléatoire et réversible, une oscillation naturelle des températures.

Fig. 10.1. Les variations des températures globales. Depuis le dernier siècle, les températures superficielles du globe se sont élevées. Sur ce diagramme, la courbe des températures est tracée comme une différence par rapport à la température moyenne (*ligne en tirets*) entre 1851 et 1980. Les températures globales des quinze dernières années, qui se situent à 0,2 °C au-dessus de la moyenne, montrent un tendance au réchauffement. Au cours du dernier siècle, cette tendance générale apparaît dans les valeurs moyennes (*ligne continue légère*), mais les variations des températures annuelles (*ligne continue grasse*) peuvent être importantes. Les fluctuations naturelles empêchent de détecter clairement le réchauffement provoqué par les activités humaines. [University of East Anglia/UK Meteorological Office; pour des données comparables, voir aussi James Hansen et Sergej Lebedeff, Geophysical Research Letters *15*, 323–326 (1988)]

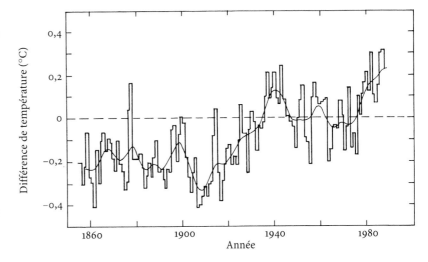

Que nous soyons en train de polluer l'atmosphère ne fait aucun doute; nous nous livrons à des expérimentations avec notre planète sans savoir où cela pourra nous mener. Depuis la révolution industrielle, nous avons injecté dans l'air des quantités toujours croissantes de dioxyde de carbone et autres gaz à effet de serre. Sur tout le globe, les automobiles et les usines crachent des gaz potentiellement dangereux et nous n'entrevoyons pas la fin du processus.

Déjà en 1957, Roger Revelle et Hans Suess notaient, de façon prophétique, que le climat pourrait changer radicalement si nous continuions à modifier la composition de l'atmosphère :

> Au cours des prochaines décennies, la combustion des
> carburants fossiles continuera d'augmenter, si les besoins
> en combustible et la puissance de la civilisation industrielle
> ne cessent de croître exponentiellement .... Ainsi, les êtres
> humains sont en train de se livrer actuellement à une
> expérience géophysique à grande échelle, telle qu'elle n'a jamais
> eu lieu dans le passé et telle qu'elle ne se reproduira plus dans
> l'avenir. En quelques siècles nous allons rendre à l'atmosphère
> et aux océans le carbone organique concentré qui a été
> stocké dans les roches sédimentaires au cours de millions
> d'années.[48]

Depuis 1958, l'augmentation du dioxyde de carbone a été mesurée sans discontinuer à la station d'observation du Mauna Loa, au sommet d'un des volcans de Hawaii. (La station de Mauna Loa est loin des activités industrielles et autres sources de pollution.) L'aspect le plus frappant de la courbe de variation du dioxyde de carbone (Fig. 10.2, en haut) est cette croissance régulière pendant toute la période des observations. Depuis 1958, les concentrations sont passées de 315 ppmv (parties par million en volume) à 360 ppmv en 1994. Cela représente une augmentation de 13 % en 35 ans, et cette augmentation et son accélération n'ont connu aucun fléchissement – aussi inexorables que l'accroissement de la population mondiale, le développement industriel et la pollution qui en résulte.

En outre, d'après l'étude des bulles d'air contenues dans les glaces polaires, nous savons aujourd'hui, que la quantité de dioxyde de carbone n'a pas cessé d'augmenter depuis le début de la révolution industrielle, au début du XVIIIe siècle (Fig. 10.2, en bas). Au cours du dernier siècle, une fraction de seconde à l'échelle cosmique, on a assisté à une augmentation dramatique de la quantité de dioxyde de carbone dans l'atmosphère, essentiellement due à la combustion du charbon et autres carburants fossiles. (La déforestation par incendie pour récupérer des terres de culture représente, à la cadence actuelle, 5000 m^2 par seconde et compte pour 25 % de l'augmentation.)

Actuellement, l'atmosphère renferme 750 milliards de tonnes de carbone sous forme de dioxyde et cette quantité augmente à la cadence de

Fig. 10.2. L'augmentation du dioxyde de carbone dans l'atmosphère. La courbe en haut donne la concentration moyenne mensuelle de dioxyde de carbone atmosphérique en parties par million en volume d'air sec, mesurée sans discontinuer depuis 1958, à la station d'observation du Mauna Loa, à Hawaii. Elle montre que ce gaz a augmenté régulièrement au cours des quarante dernières années. Les fluctuations dont dues aux variations saisonnières; les baisses enregistrées pendant la période d'été sont dues à la consommation de dioxyde de carbone par les plantes. Le second diagramme (*en bas*) montre comment les données obtenues au Mauna Loa (*cercles pleins*) se rapportent aux données obtenues à partir de l'analyse des bulles de gaz contenues dans les glaces polaires (*cercles vides*); il indique une croissance exponentielle de la quantité de dioxyde de carbone au cours des derniers 250 ans. Ce diagramme permet de faire aussi une connexion entre les températures et le taux de dioxyde de carbone, enregistrés dans les glaces polaires au cours des âges glaciaires – voir la Fig. 10.5. (Charles D. Keeling, Scripps Institution of Oceanography, University of California, San Diego)

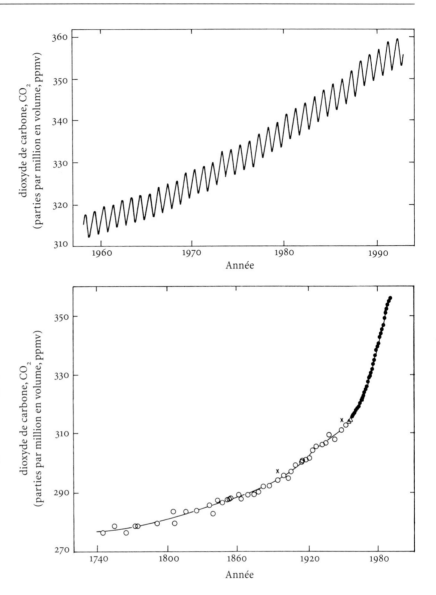

3 milliards de tonnes par an. (La quantité de dioxyde de carbone rejetée par les activités humaines est égale à 7 milliards de tonnes par an, mais seule la moitié reste dans l'atmosphère.) En d'autres termes, chaque individu déverse environ une 1 tonne par an.

Les climatologues sont inquiets, et c'est le moins que l'on puisse dire, de la possibilité d'un réchauffement global par effet de serre, si cette augmentation de la quantité de dioxyde de carbone continue sans perdre de son intensité. En général, ils s'accordent pour penser que cette quantité pourrait doubler vers le milieu du XXIe siècle, sans que l'on puisse remédier à la situation et que la chaleur piégée augmentera la température à la surface de la Terre. Il y a un siècle, Svante Arrhenius (voir le paragraphe 9.2) avait évalué, que si la quantité de dioxyde de carbone doublait, l'élévation de température serait égale à 5 °C environ.

Pour établir les prédictions du réchauffement climatique, on utilise des modèles numériques généraux de circulation qui nécessitent des ordinateurs de très grande puissance et des temps de calcul extrêmement longs; ce travail est exécuté dans des centres internationaux répartis dans le monde entier. Lorsque la quantité de gaz à effet de serre aura doublé, les climatologues prévoient une augmentation de la température globale superficielle comprise entre 1,5 et 4,5 °C; la valeur supérieure n'est pas très différente de celle qu'Arrhenius avait estimée un siècle auparavant.

Au cours des dernières décennies, des gaz à effet de serre autres que le dioxyde de carbone se sont accumulés dans l'atmosphère (voir l'encadré 10A) et leur contribution au réchauffement global est à peu près aussi importante. Cependant, les émissions de sulfures, d'origine volcanique et industrielle, forment des aérosols, petites particules en suspension dans l'air, qui peuvent réfléchir la lumière solaire; par conséquent, l'effet de serre peut être masqué au-dessus de certaines régions (voir l'encadré 10B).

Certains critiquent cette hypothèse du réchauffement, car pour eux, les modèles informatiques comportent trop d'incertitudes (voir l'encadré 10B), et aussi parce qu'ils n'ont pas permis de retracer les phases de réchauffement et de refroidissement que l'on a rencontrées au cours du dernier siècle. Des prévisions basées sur des extrapolations et des modèles non vérifiés sont évidemment très suspectes, surtout lorsqu'il n'est pas tenu compte de la variation du flux de l'énergie solaire. Il se peut que le climat terrestre, avec ses nombreuses variables et ses mécanismes de rétroaction non linéaires, soit trop chaotique et trop complexe pour que l'on puisse en faire une description précise.

Des variations naturelles de grande amplitude, qui se superposent aux enregistrements des variations de la température globale, dissimulent l'effet de serre additionnel, relativement faible, dû à l'homme. Au cours du dernier siècle, les températures superficielles n'ont pas aug-

ENCADRÉ 10A
De nouveaux gaz à effet de serre dans l'atmosphère

L'augmentation du dioxyde de carbone ne serait responsable que de la moitié de l'effet de serre anthropique; l'autre moitié serait due aux chlorofluorocarbones (CFC), au méthane et au protoxyde d'azote.

Ajouter une molécule de CFC dans l'atmosphère peut avoir les mêmes conséquences que l'addition de 10 000 molécules de dioxyde de carbone. Heureusement, comme ces composés sont susceptibles de détruire l'ozone, leur utilisation a été interdite, si bien que l'effet de serre qui en résulte peut, dans un proche avenir, arriver à un palier. (Contrairement à certaines croyances populaires érronées, la diminution de la couche d'ozone n'est pas, à elle seule, responsable de l'élévation de la température.) De plus, certains modèles laissent supposer que la diminution de la couche d'ozone pourrait faire chuter la température superficielle, venant peut-être contrebalancer la contribution des CFC au réchauffement. (L'ozone est un gaz à effet de serre.)

Comme le dioxyde de carbone, la concentration de méthane dans l'atmosphère a plus que doublé depuis le début de la révolution industrielle. Le méthane est 100 fois moins abondant dans l'atmosphère que le dioxyde de carbone, mais sa contribution à l'effet de serre est 20 fois plus importante. Le méthane est produit par les fermentations dues à des bactéries anaérobies comme celles des marécages, des rizières, des lieux d'enfouissement des déchets, des terrains de décharge, des colonies de termites et de l'appareil digestif des ruminants. (Récemment, l'Agence de la Protection de l'Environnement des Etats-Unis a dépensé 500 000 dollars pour savoir si les flatulences du bétail pouvaient contribuer à l'effet de serre.) Le méthane, connu aussi sous le nom de gaz des marais, peut s'enflammer spontanément et donner une petite flamme bleue dansante appelée feu follet. Du méthane peut s'échapper des mines de charbon, des forages de gaz naturel et des fuites des pipelines.

La quantité de protoxyde d'azote, connu sous le nom de gaz hilarant, augmente également – plus lentement que le méthane – à la cadence moyenne de 0,2 % par an. Il provient essentiellement des engrais azotés, mais aussi de la combustion des carburants dans les voitures et dans les centrales thermiques.

ENCADRÉ 10B
Les difficultés de la modélisation du réchauffement global

Aujourd'hui, les modèles informatiques représentent une version éclatée du climat réel de la Terre. Les techniques d'approximation nécessaires pour résoudre les équations avec les moyens informatiques disponibles, impliquent des mailles dont les dimensions sont plus grandes que l'échelle de variation des variables critiques dépendantes. Le nombre de points est si faible que les distinctions entre terre-océan, montagnes-plaines ou nuages-glace sont brouillées; un point à l'intérieur d'une maille représente des conditions moyennes pour des pays entiers et les modèles ne permettent pas de prévoir des conditions locales à l'intérieur de ceux-ci.

Le fait que nous ne connaissions pas précisemment le devenir des gaz à effet de serre constitue une incertitude majeure. Dès maintenant, on estime que la moitié du dioxyde de carbone rejeté par les activités humaines ne reste pas dans l'atmosphère. Un processus diminue ces rejets gazeux et permet d'amortir le réchauffement global. La Terre possède deux poumons : les forêts et les océans, mais apparement ils n'expliquent pas tout le carbone manquant. Quelques chercheurs pensent que la repousse des forêts tempérées de l'hémisphère nord peut absorber l'excès de dioxyde de carbone.

Il existe de plus grandes incertitudes qui impliquent des mécanismes interactifs et non linéaires de rétroactions; celles-ci peuvent soit amplifier (rétroaction positive), soit diminuer (rétroaction négative) les changements de faible amplitude des variables climatiques. Un exemple nous est donné avec la température de l'océan. L'eau absorbe plus de dioxyde de carbone lorsque sa température est basse; c'est la raison pour laquelle une boisson carbonatée doit être gardée froide. Lorsque les eaux océaniques deviennent plus chaudes, la quantité de dioxyde de carbone absorbée est moindre; il y en a alors davantage dans l'air, l'effet de serre est plus important et la température de l'océan augmente (rétroaction positive).

Les sulfures produits par la combustion du charbon et du fuel peuvent entraîner une rétroaction négative; en réfléchissant la lumière solaire incidente, les aérosols de sulfate refroidissent la Terre. Les volcans injectent également dans l'atmosphère des quantités substantielles d'aérosols dont les effets sont visibles dans les relevés de la température globale.

En absorbant le rayonnement infrarouge, la vapeur d'eau joue un rôle critique dans le réchauffement dû à l'effet de serre; sans cette humidité, le réchauffement global serait moins important. Si la température augmente, l'évaporation des eaux océaniques devient plus intense, l'atmosphère s'enrichit encore en vapeur d'eau; si on ajoute à cela des changements possibles de la couverture nuageuse, on comprend que l'effet de serre sera modifié.

Comme nous ne comprenons pas le rôle des formations nuageuses, le futur du réchauffement global est également nébuleux. Lorsque la Terre se réchauffe, la quantité de vapeur d'eau augmente et des nuages plus nombreux se forment. Cependant quand on tient compte des nuages dans les modèles informatiques, ceux-ci divergent énormément. Comme les nuages réfléchissent vers l'espace une plus grande quantité de lumière solaire incidente, quelques modèles prévoient un refroidissement global par rétroaction négative. Au contraire, d'autres modèles laissent présager que la chaleur rayonnée par le sol sera piégée par les nuages et renforcera le réchauffement par rétroaction positive. Il s'agit juste de savoir quel effet est dominant et avec quelle intensité, mais c'est là toute la difficulté, car personne ne semble savoir. A tout instant, les nuages recouvrent la moitié du globe et on ne peut négliger cette incertitude.

menté régulièrement et inexorablement comme le laissait prévoir l'accroissement continu de la quantité de dioxyde de carbone pendant cette période (Fig. 10.1). La chute de température entre 1940 et 1970 est particulièrement difficile à expliquer, car toute cette période fut caractérisée par un important développement économique et les températures étaient censées augmenter. Un modèle récent indique que les aérosols de sulfate et la diminution de la couche d'ozone pourrait expliquer, au moins en partie, cette contradiction (voir les encadrés 10A et 10B).

Il est possible que l'on soit gêné par des limitations semblables pour établir les prévisions du futur réchauffement global, au moins dans les dix ou vingt ans à venir. Il n'y a pas de quoi être surpris, si l'on considère que des programmes informatiques moins complexes pour l'établissement des bulletins météorologiques locaux ont une fiabilité limitée.

Cependant, quelques climatologues pensent que nous sommes piégés sous une chape de gaz suffocants qui lentement sont en train de cuire notre planète. Par exemple, en 1989, James E. Hansen, directeur du Goddard Institute for Space Studies, de la NASA, à New York, affirmait :

> Puisque les modèles climatiques globaux indiquent que l'augmentation des gaz à effet de serre (au cours du siècle passé) devait accroître la température de 0,5 °C, la modélisation et les preuves observationnelles sont en accord avec le fait que l'effet de serre («non naturel») est en train de changer notre climat.[49]

Certains pourraient rétorquer qu'il exagérait.

Si nous voulons estimer l'ampleur du réchauffement global, nous devons replacer la Terre dans un contexte plus vaste et comprendre les variations du Soleil. Le climat et la météorologie sont gouvernés par le Soleil et il est vraisemblable que de nombreux modèles ne tiennent pas suffisamment compte des variations du rayonnement solaire. Comme nous le verrons, au cours du dernier siècle, les changements de la température globale sont corrélés avec les variations de l'activité solaire et seraient moins liés à l'activité humaine que nous le pensions auparavant.

10.3 LE RAYONNEMENT SOLAIRE ET LE RÉCHAUFFEMENT GLOBAL

Le climat de la Terre est gouverné par le Soleil. L'énergie solaire fournit la chaleur qui évapore l'eau des océans et produit les différences de températures qui, à leur tour, vont donner naissance aux vents et aux courants océaniques. Comme on l'a vu, le Soleil est une étoile variable, on peut donc s'attendre à ce que les variations du flux d'énergie engendrent des changements climatiques. Jusqu'à une date récente, pour les besoins des prévisions météorologiques, on supposait que l'énergie totale rayonnée par le Soleil était constante.

Nous avons découvert que les émissions en rayonnement ultraviolet et X variaient énormément et que l'atmosphère supérieure de la Terre se

Le Soleil et la météorologie

Jusqu'à une époque assez récente, les corrélations entre les variations de la luminosité du Soleil et la météorologie étaient traitées avec le même scepticisme que les invasions par des extra-terrestres. Actuellement, après des siècles de controverses concernant les effets du Soleil sur le climat, les scientifiques ont trouvé des liens, apparemment indiscutables, entre le cycle undécennal et les changements climatiques. En 1987, par exemple, la météorologiste allemande Karin Labitzke et son collègue américain Harry Van Loon, montrèrent que les vents stratosphériques et quelques unes des fluctuations météorologiques oscillaient au même rythme que le Soleil. Ils présentèrent des preuves convaincantes montrant que les tempêtes hivernales de l'hémisphère nord cadraient à la fois avec la périodicité et la phase du cycle solaire.

Le vent stratosphérique qui tourbillonne au-dessus du Pôle Nord et le réchauffement de la mi-hiver, aux Etats-Unis et en Europe de l'ouest, ont été remarquablement corrélés au cycle undécennal, au cours des quarantes dernières années, à condition de tenir compte d'un changement de direction, tous les deux ans, du vent stratosphérique équatorial. (Ce vent équatorial se dirige alternativement vers l'ouest ou vers l'est; il change brusquement et périodiquement de direction tous les 26 ou 30 mois, cette dérive étant connue sous le nom d'oscillation quasi biennale.) Le vortex polaire arctique est en général plus fort et plus froid lorsque ce vent équatorial souffle vers l'ouest, mais à l'époque du maximum solaire, le vortex demeure faible et chaud, indifféremment à la direction du vent.

Cet effet, dû à la circulation stratosphérique, pourrait s'étendre en profondeur dans l'atmosphère et produire des réchauffements à la mi-hiver, lorsque l'activité solaire est forte et lorsque le vent circule vers l'ouest. Labitzke et Van Loon ont en effet montré que dans les régions tropicales, la température de la troposphère augmente et diminue en phase avec le cycle solaire. Lors des périodes de forte activité, l'accroissement du flux d'énergie semble intensifier la circulation atmosphérique.

Nous ne savons ni comment les variations solaires sont amplifiées pour influencer la météorologie de façon significative, ni quel est le mécanisme physique qui couple les variations des vents stratosphériques aux régions de plus faible altitude. Les corrélations entre le Soleil et la météorologie sont frappantes, mais on commence tout juste à les comprendre et la controverse ne s'éteindra pas avant longtemps. Toujours est-il que les connexions entre les petites variations du flux solaire et des changements mesurables sur terre montrent que dans l'atmosphère, il existe des équilibres étonnamment délicats.

comportait comme une éponge; en absorbant une quantité plus ou moins grande de ces rayonnements, elle se réchauffe ou se refroidit (voir le paragraphe 9.5). Les variations de température à haute altitude produisent des changements cycliques des vents stratosphériques, sur une période de dix ans, qui, par l'intermédiaire d'un mécanisme encore inconnu, pourraient à leur tour être à l'origine de variations climatiques dans la basse atmosphère (voir l'encadré 10C).

Les variations du rayonnement visible se répercutent directement en chauffant ou en refroidissant la basse atmosphère, elles peuvent aussi soit diminuer, soit renforcer le réchauffement global dû à la pollution. Les modèles climatiques indiquent que, si elle persistait de 50 à 100 ans, la variation observée de 0,1 % du flux total d'énergie solaire pourrait produire un changement de 0,2 °C de la température globale d'équilibre. Les mêmes modèles montrent que l'augmentation de température provoquée par l'effet de serre non-naturel pendant la même période est également de 0,2 °C. Sur des échelles de temps de l'ordre d'une dizaine d'années ou moins, l'influence de la variabilité solaire sur le climat est donc comparable à celle de l'homme. Si nous voulons détecter les effets des perturbations anthropiques sur la température globale, nous serions mal avisés d'exclure la modulation due au Soleil.

A l'évidence, nous serions également mal avisés de considérer que le Soleil est la seule cause de changement, car d'autres phénomènes naturels, comme les émissions volcaniques, peuvent influencer le réchauffement global. En supposant que l'augmentation des gaz à effet de serre continue sur sa lancée, nous devrions dans cinquante ans provoquer un effet de serre 20 fois plus important que celui dû au Soleil, à condition que les variations solaires restent aussi faibles que celles que l'on a observées jusqu'à maintenant. De nombreux scientifiques ne voient pas comment de faibles fluctuations du flux de l'énergie solaire peuvent produire des changements climatiques appréciables, et ils présument que le réchauffement global finira par dépasser tout effet dû au Soleil.

L'augmentation du dioxyde de carbone peut être ralentie et les variations solaires peuvent ne pas rester toujours relativement faibles et négligeables. Les modèles indiquent qu'il faudrait une diminution de 2 % de l'intensité du rayonnement solaire pour annuler le réchauffement dû au doublement de la quantité de gaz à effet de serre depuis l'époque pré-industrielle. A la cadence actuelle, ce doublement devrait intervenir au milieu du XXIe siècle. (Le climat pourrait se refroidir sous l'influence des aérosols de sulfate rejetés à la fois par les industries et par les volcans – voir l'encadré 10B.)

Ce que nous savons du climat qui a régné au cours de la période historique et l'observation d'autres étoiles variables de type solaire ne permettent pas d'exclure, dans le futur, des fluctuations importantes du flux d'énergie solaire (voir le paragraphe 10.6). Aussi, pour évaluer au mieux

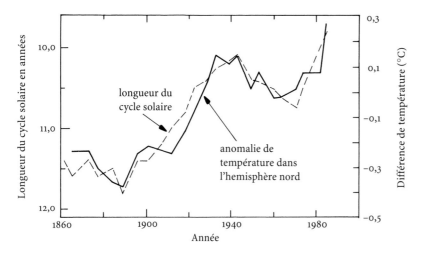

Fig. 10.3. Le cycle des taches solaires et les températures globales. Les variations des températures continentales dans l'hémisphère nord (*ligne continue*) suivent de près les variations de la longueur du cycle solaire (*ligne en tirets*). Des cycles plus courts semblent correspondre à des températures plus élevées et une activité solaire plus intense. Cela permet de penser que le rayonnement solaire est, au moins en partie, responsable de l'augmentation des températures globales au cours du dernier siècle, et que le Soleil peut, dans une large mesure, modérer ou renforcer l'effet de serre dû à l'augmentation du dioxyde de carbone dans l'atmosphère. [Adapté d'après Eigil Friis-Christensen et Knud Lassen, Science *254*, 698–702 (1991)]

les effets de l'activité humaine sur notre fragile environnement, les scientifiques veulent surveiller ce flux.

De fait, des variations de la luminosité solaire pourraient expliquer les températures superficielles observées au cours du dernier siècle. En 1991, deux Danois, Eigil Friis-Christensen et Knud Lassen ont découvert une relation frappante entre la longueur du cycle solaire et ces températures. (Depuis le milieu du XIXe siècle, la durée du cycle solaire a varié de 9,7 ans à 11,8 ans et celle-ci a été comparée aux températures dans l'hémisphère nord.) Les deux courbes sont presque superposables (Fig. 10.3.) Au contraire, pour la même période, les températures globales enregistrées ne cadrent pas bien avec l'accroissement régulier calculé à partir de l'effet de serre anthropique, laissant supposer que le Soleil pourrait avoir joué un rôle dans les variations de températures au cours du dernier siècle.

Il ne s'agit pas non plus de dire que l'effet de serre non-naturel ne pourrait pas devenir important dans un futur proche; il devrait émerger, s'il ne l'a déja fait. Si nous continuons indéfiniment à modifier la composition de l'atmosphère sans contrôle, nous laisserons un réchauffement global en héritage aux générations futures. Celui-ci pourrait intervenir rapidement, même si nous ne savons pas exactement quand. Il nous faut nous préparer pour son plein développement au cours du XXIe siècle.

10.4 LES CONSÉQUENCES D'UNE SURCHAUFFE DE LA TERRE

Une fois que le dioxyde se carbone est dans l'atmosphère, il y reste pendant des siècles, si bien que les futures générations devront affronter des problèmes qui seront les conséquences de nos actions présentes.

Les incertitudes sont grandes, mais un réchauffement significatif devrait se produire au XXIᵉ siècle. Le danger potentiel n'est pas seulement l'élévation de température, mais la vitesse à laquelle ce changement se fera. Si la cadence actuelle de rejet des gaz à effet de serre n'est pas ralentie, les températures moyennes devraient monter si rapidement et si brusquement, en quelques décennies, que les écosystèmes naturels et nos sociétés n'auront pas le temps nécessaire pour s'adapter sans stress et sans perturbations sérieuses.

Les conséquences d'un tel réchauffement vont de l'inconfortable au catastrophique et cela dépend de sa vitesse et de son ampleur (entre 1,5 et 4,5 °C lorsque la quantité de gaz à effet de serre aura doublé.) Si le réchauffement est graduel et modeste, quelques régions dans le monde pourraient en bénéficier, et grâce à sa souplesse, la société devrait s'en accommoder; s'il est rapide et important, des conséquences dramatiques pourraient s'ensuivre.

Dans le premier cas, des précipitations plus abondantes augmenteraient la fertilité de certaines régions, les moissons, et d'une façon générale, les végétaux, seraient revigorés par la plus grande concentration en dioxyde de carbone. La saison de pousse serait plus longue au nord, avec des hivers plus courts.

En outre, même les scénarios les plus sombres, avec une augmentation de 5 °C vers l'année 2030, pourraient aboutir à un climat qui permettrait au monde vivant de prospérer, comme cela a eu lieu dans le passé. Par exemple, il y a 100 millions d'années, la température était plus élevée qu'aujourd'hui, de 10 à 15 °C et les plantes et les animaux (dont les dinosaures) prospéraient. Actuellement, il arrive que des individus subissent des températures extrêmes et il existe peu d'indices montrant que les populations des climats plus chauds courent plus de risques. La moyenne des différences saisonnières pour l'hémisphère nord est égale à 15 °C. De même, les différences entre New York et Atlanta (Georgie) ou Paris et Naples sont aussi importantes que les valeurs extrêmes des prédictions et la capacité des humains à s'adapter est extraordinaire.

Par ailleurs, il existe une longue liste de catastrophes possibles, surtout si le réchauffement est brutal et important. Par leur étendue et leur gravité, quelques-uns de ces dangers qui menacent l'environnement n'ont pas de précédent dans l'histoire de l'humanité. La montée du niveau des mers inondera des villes côtières; les cyclones tropicaux augmenteront d'intensité; les réserves d'eau douce diminueront et les feux de forêts deviendront plus fréquents; l'air sera plus pollué; à l'intérieur de nombreux continents, les sécheresses seront plus sévères et nos fermes généreuses seront grillées; le midwest américain ne sera plus qu'une gigantesque cuvette poussiéreuse; les compagnies de distribution électrique ne pourront plus assurer l'air conditionné dans nos villes étouffantes; d'énormes vagues de chaleur provoqueront du stress et des morts, surtout chez les plus pauvres ou chez les individus atteints de maladies cardiovasculaires ou respiratoires.

Une montée du niveau des océans est une des conséquences les plus certaines dans les décennies à venir. D'après les prévisions, le réchauffement devrait entraîner une montée de 50 centimètres au cours du prochain siècle. Cependant, on ne remarquera pas le changement, car le niveau ne s'élèvera que de quelques millimètres par an.

En se réchauffant, l'océan se dilate (exactement comme le fluide d'un thermomètre) et atteint un niveau plus élevé, phénomène sensible en bordure des continents. L'eau chaude – et les autres fluides – occupe un volume plus grand que l'eau froide. Il faut ajouter à cela une seconde contribution, celle de la fonte des glaces continentales : glaciers et calottes du Groenland et de l'Antarctique. Mais contrairement à une croyance populaire, la fonte de la glace océanique ne sera pas la cause principale de la montée du niveau de la mer. (Lorsqu'un iceberg fond – ou un glaçon dans votre verre – le niveau ne varie pas car le volume d'eau produit est à peu près égal au volume déplacé.)

Une montée de un mètre du niveau aura des conséquences dramatiques pour les régions côtières où sont rassemblés 25 % de la population mondiale. Venise et Alexandrie seront inondées, de même que de nombreuses villes des Etats-Unis situées à proximité des côtes de l'Atlantique et du golfe du Mexique, comme Boston et New York. Au Bangladesh, l'inondation du delta du Gange provoquera des pertes humaines importantes. Aux embouchures des rivières et des fleuves, la limite entre eau douce et eau océanique se déplacera de plusieurs kilomètres vers l'intérieur ; les deltas du Nil, du Yang-Tseu-Kiang, du Mékong et du Mississippi sont des zones à risque. Des pays insulaires auront à souffrir de graves inondations ou disparaîtront : Chypre et Malte en Méditerranée, de nombreuses îles des Caraïbes ou des archipels de l'océan Pacifique.

Les centres de productions agricoles et les populations des Etats-Unis et de l'Europe se déplaceront vers le nord. Les zones de végétation se déplaceront également et les animaux migreront, comme cela a déjà eu lieu tout au long de l'histoire géologique, mais le réchauffement sera peut-être trop rapide pour permettre des migrations massives, en particulier pour les espèces végétales qui mourront avant d'avoir pu prendre racine.

Quelques études indiquent que la moitié de la végétation de la planète pourrait dépérir. De nombreux habitats sensibles au climat seront détruits, accélérant l'extinction de quelques espèces comme le papillon Monarque, l'edelweiss, le tigre du Bengale, l'ours polaire et le morse. Certains pensent que la biosphère dans son ensemble court des risques et qu'un changement global de climat menacerait l'habitabilité de notre planète.

10.5 LA VIE DANS LA DERNIÈRE LIGNE DROITE

Les humains, et en premier lieu ceux qui vivent dans les sociétés industrielles, manipulent l'environnement à l'échelle globale. Aujourd'hui nous rivalisons avec les grandes forces naturelles comme les mouvements des continents, les éruptions volcaniques, les impacts d'astéroïdes, les âges glaciaires et le Soleil en tant que facteur de changement. (On pense que la collision d'un astéroïde avec la Terre a fait disparaître les dinosaures et de nombreuses autres espèces il y a 65 millions d'années.)

Comme le dit un negro-spiritual:

Il tient le monde entier dans ses mains,
Tout le monde entier dans ses mains.[50]

mais aujourd'hui «il» n'est pas une déité surnaturelle – c'est nous. Nous avons toujours exploité la nature en croyant que notre planète était maléable, si vaste et si endurante que nous ne pourrions jamais lui faire subir des dommages irréparables. Avec la croissance sans précédent de la population et de l'industrie, la nature n'est plus indépendante et n'est peut-être pas capable de supporter ce développement sans conséquences catastrophiques.

L'homme est inévitable, partout sur le globe, et la nature
est une fantaisie, un rêve du passé, depuis longtemps évanoui.[51]

Le réchauffement global, conséquence de l'activité industrielle est inévitable, mais il existe une controverse en cours quant au péril que nous courons. Certains nous avertissent d'un «Jugement dernier», imminent de notre propre fabrication, une apocalypse provoquée par nos tripatouillages avec la nature. Dans leurs scénarios, les rejets industriels, les automobiles, les centrales thermiques et la destruction des forêts sont en train de précipiter notre planète vers la catastrophe. L'ampleur du danger a enflammé l'imagination du public. Cette anxiété s'exprime dans le poème de Mark Strand:

Je rêvais qu'il faisait nuit. Un épais tapis de nuages
s'était dissout comme par enchantement, et dessous,
nous pouvions voir les ruines – un couple enfoui dans la
poussière faisait l'amour tout au long du jour, mais
maintenant seuls des os et des cheveux étaient éparpillés
sur le sol de pierres effritées . . . .
C'était il y a bien d'années. Une voix désincarnée donnait
son cours, « . . . On se demande s'ils avaient le choix.
Les experts nous disaient: tout ce que l'on sait est
que l'automne arrive, et la chaleur de l'été continue.
D'autres allaient plus loin, et disaient que la chaleur
était une sorte d'enfer; les thermomètres se bloquaient,
les océans montaient, un rideau de cendres tombait.

Quand il apparut à tous que rien n'allait plus, la fin était en chemin, et personne ne pouvait plus subsister longtemps. »[52]

Un autre point de vue, également convaincant, considère que les prédictions catastrophiques sont exagérées et qu'elles ne sont pas fondées sur des arguments solides et sans équivoque. Les déclarations qui prétendent que la Terre va vers un désastre écologique, avec des tempêtes violentes, des villes inondées et une atmosphère empoisonnée sont à rejeter, au même titre que les spéculations dont la science fiction est l'objet. Les partisans de cette perspective optimiste pensent que les températures plus élevées et les alternances climatiques plus marquées de ces derniers temps ne signifient pas une planète plus chaude, car cette tendance ne se différencie pas des fluctuations naturelles.

Il existe aussi des questions supplémentaires concernant les conséquences économiques et sociales qu'une action corrective ne manquerait pas de soulever. Des budgets gigantesques sont à prévoir si on doit ralentir les émissions de dioxyde de carbone. Aux Etats-Unis, une réduction de 20 % au cours du XXIe siècle devrait coûter des billions (10^{12}) de dollars. Les conséquences économiques d'une prévention pourraient être plus graves que celles engendrées par un réchauffement global : il serait donc moins onéreux d'attendre et d'agir sur les effets et non sur les causes possibles. (Par ailleurs, il faut signaler que les industriels allemands et japonais ont anticipé en développant un vaste marché de technologies non polluantes pour l'environnement.)

Quelques-uns pensent qu'il faut attendre et voir si on peut avoir confiance dans les prévisions. Les autres disent que si nous attendons il sera trop tard pour agir, et que la Terre et la biosphère seront atteintes irréversiblement.

Qui pouvons nous croire? Nous serions malavisés de sombrer dans le pessimisme et de promouvoir l'hystérie collective; il nous faut donc réagir positivement, surtout à la vue des grandes incertitudes scientifiques. Par ailleurs, les enjeux sont si importants que la politique de l'autruche est tout aussi imprudente. La plupart des scientifiques préconisent donc d'agir prudemment par étape, de façon à ralentir les rejets de gaz à effet de serre, en dépit des incertitudes.

Beaucoup de politiciens se sentent concernés par le futur; aux Etats-Unis, le sénateur Al Gore, devenu par la suite Vice-président, déclarait :

> Le volume total de toute l'atmosphère est réellement petit comparé
> à la vastitude de la Terre, et chaque jour, chaque heure et partout,
> nous sommes en train de la remplir à ras bord en changeant sa
> composition … . De fait, nous nous livrons à une expérience
> massive, sans précédent – quelques uns disent non éthique. Tandis
> que nous évaluons le choix entre nous adapter aux changements que
> nous sommes en train de provoquer, ou empêcher ces changements,
> nous devrions avoir présent à l'esprit que notre choix nous engagera

nous, mais aussi nos petits-enfants et nos arrière-petits-enfants . . . .
Que signifie redéfinir notre relation avec le ciel? Que sera le regard
de nos enfants sur la vie si nous devons leur apprendre à avoir peur
de lever les yeux?[53]

Néanmoins, il est difficile de légiférer pour prendre des mesures de protection, en partie parce que la menace est lointaine et incertaine, mais
aussi parce que, pour la plupart, les individus n'aiment pas qu'on leur
dicte leur actions. Contrairement au trou de l'ozone, il n'existe pas de
preuves, clairement établies, montrant qu'il faut agir immédiatement
pour stopper le réchauffement global et une législation de prévention di-
minuerait la croissance économique et gênerait le marché. Les compagnies pétrolières sont farouchement opposées à des limitations du rejet
de dioxyde de carbone et beaucoup de consommateurs protesteraient
des coûts supplémentaires qui en résulteraient, en particulier pour l'électricité, le chauffage et les transports.

Les Etats-Unis sont la première puissance économique du monde et
le plus grand émetteur de dioxyde de carbone, à la fois en quantité totale et par tête d'habitant. Ils sont responsables de 18 % des émissions
et un Américain utilise 10 à 15 fois plus d'énergie qu'un Indien ou un
Chinois.

Dans les années 90, la politique gouvernementale des Etats-Unis dépend des actions volontaires des industriels et des individus avec pour
objectif de ramener, en l'an 2000, les émissions de dioxyde de carbone à
leur niveau de 1990. Il n'existe ni limites impératives, ni actions de régu-
larisation, ni mesures correctives comme des taxes sur la consommation
d'énergie. Jusqu'à maintenant, ce fut la seule réponse à une crise lointaine dont l'amplitude est incertaine, même si le Vice-président a recom-
mandé des mesures plus sévères.

Les spécialistes de l'environnement aimeraient que les Etats-Unis
adoptent une position plus nette, et la première puissance économique
est parfois dépeinte comme étant cupide, égoïste et irresponsable. Par
exemple, en 1993, Alexandre I. Soljenitsyne écrivait:

> Lorsqu'une conférence réunissant les peuples inquiets de
> la Terre se rassemble pour faire face à l'incontestable et
> imminente menace qui pèse sur l'environnement de la planète,
> une puissance considérable, qui consomme pas loin de la
> moitié des ressources disponibles de la planète et qui est
> responsable de la moitié de sa pollution, insiste, parce que
> ses intérêts présents sont en cause, pour diminuer les
> exigences d'un accord international raisonnable, comme si
> elle ne vivait pas sur la même Terre. Alors, d'autres pays
> se dérobent pour ne pas remplir ces exigences, même
> réduites. Ainsi, lancés dans une compétition économique,
> nous nous empoisonnons nous-mêmes.[54]

Soljenitsyne aimerait que les pays industrialisés limitent leurs désirs et leurs demandes, qu'ils se restreignent et pratiquent l'abnégation pour le bien futur du monde.

Comme nous l'avons vu, les pays industrialisés ont déclaré leur intention de limiter les émissions de dioxyde de carbone. Comme les Etats-Unis, les 12 pays de la Communauté Européenne et le Canada espèrent, en l'an 2000, ramener les émissions de dioxyde de carbone au niveau de 1990, mais ce communiqué officieux n'a pas le caractère d'une obligation légale. Quelques pays, comme l'Allemagne, se sont même engagés à ne baisser les taux qu'après cette date.

Comment pouvons-nous individuellement ou collectivement réduire ces rejets sans compromettre la croissance économique? On peut calorifuger les maisons et les bureaux, développer les systèmes de transit de masse, améliorer l'efficacité des appareils, des automobiles, de l'éclairage et autres produits manufacturés. On peut aussi, avec la même production d'énergie, encourager l'usage du gaz naturel, car il produit moins de dioxyde de carbone que le charbon et le fuel. Les voitures peuvent fonctionner avec des batteries ou à l'énergie solaire et on peut développer des énergies renouvelables : géothermique, hydroélectrique, solaire, éolienne. Enfin, on peut planter des arbres qui pompent le dioxyde de carbone de l'air, mais qui empêchent aussi l'érosion et fournissent un habitat à des espèces diverses.

Cependant, les nations pauvres ou en voie de développement ne sont pas près d'adopter des limitations qui ralentiraient leur croissance économique. La Chine n'a aucun plan pour réduire ses rejets de dioxyde de carbone en dépit du fait que ceux-ci pourraient avoir un impact considérable sur l'environnement mondial. (En Chine, les centrales électriques, les usines et les aciéries sont parmi les moins efficaces du monde, et leurs réserves de charbon sont très largement supérieures à celles des Etats-Unis.) Dans les pays en voie de développement, la déforestation est rapide et leur industrie est subventionnée par la braderie de leurs sources d'énergie dans l'espoir d'améliorer les standards de vie de leurs populations en expansion. Si on ne corrige pas ces inégalités, en l'an 2000, la contribution de ces pays au réchauffement global sera plus importante que celle des pays riches.

Les populations des nations les plus pauvres mettent l'accent sur le fait que dans les pays riches, l'individu moyen consomme plus de nourriture et d'énergie et produit plus de dix fois plus de pollution et que jusqu'à présent son gaspillage pour une plus grande prospérité a contribué pour une plus large part à la destruction de l'environnement.

Ces pays se préoccupent de leur survie économique, ils veulent bien aider, mais si on paye. Ils joueront le jeu de l'environnement si les nations les plus riches leur fournissent une aide financière.

Conscients de ces avertissements, la plupart des gouvernements du monde ont signé un traité en 1992, et se sont mis d'accord pour encourager la croissance économique sans nuire à l'environnement. Cependant, de nombreuses nations pauvres ne sont pas d'accord pour limiter les naissances, pour stopper la déforestation ou leurs émissions de gaz à effet de serre, particulièrement le dioxyde de carbone.

10.6 AU COURS DU GRAND VOYAGE

Lorsque l'on considère notre histoire sur des intervalles de milliers ou de millions d'années, ce sont de puissantes forces cosmiques qui entrent en jeu. Il y a 100 millions d'années, lorsque les dinosaures peuplaient la Terre, le climat était plus chaud et les calottes polaires n'existaient pas, la température était supérieure de 15 °C à la température actuelle. A cette époque, des bouleversements géologiques produisirent des changements réguliers et irréversibles du climat global. En dérivant, des plaques continentales entraient en collision et formaient des chaînes de montagnes ou s'ouvraient pour donner naissance à de nouveaux océans; la circulation atmosphérique et la circulation océanique se modifiaient et préparaient le terrain pour l'accumulation des glaces continentales.

Pendant les derniers millions d'années, le climat a été dominé par des périodes glaciaires récurrentes époques marquées par de grandes étendues de glace qui se sont avancées et qui ont reculé plusieurs fois de façon rythmique. Ce régime glaciaire a été interrompu tous les 100 000 ans par de brefs épisodes interglaciaires de 10 000 ans, anormalement tièdes. Actuellement, nous approchons peut-être de la fin d'une période interglaciaire.

A l'apogée de la dernière période glaciaire, environ 5 % de l'eau de mer était gelée et formait une calotte de glace. Le niveau des océans était 100 mètres plus bas qu'aujourd'hui et il aurait été possible d'aller à pied sec d'Angleterre en France, de Sibérie en Alaska et de Nouvelle-Guinée en Australie. La limite sud des glaciers atteignait l'Europe centrale et le midwest américain; sur leur chemin, ils recouvraient tout sous une couche de glace d'un kilomètre d'épaisseur.

Il y a environ 10 000 ans, commença l'époque interglaciaire que nous sommes en train de vivre et qui a vu se développer la dernière civilisation humaine. La Terre devint alors plus chaude (5 °C en moyenne) et plus humide. Les glaces commencèrent à fondre et prirent la configuration que nous leur connaissons; il ne resta que les glaces continentales du Groenland, du Canada arctique et l'énorme calotte polaire de l'Antarctique. Au cours de cette période chaude qui a persisté jusqu'à maintenant – bien qu'interrompue par de petits âges glaciaires – le niveau de la mer monta rapidement.

Comme aucune période interglaciaire précédente n'a duré plus de 12 000 ans, nous devrions bientôt entrer dans une nouvelle période glaciaire qui pourrait contrebalancer les effets du réchauffement anthropique.

Aux très hautes latitudes nord, les températures d'été ne sont plus suffisantes pour faire fondre toute la neige tombée au cours de l'hiver, indice peut-être de la lente arrivée de la prochaine glaciation. Dans plusieurs milliers d'années, Copenhague, Detroit et Montreal ne seraient pas noyées dans la touffeur d'un réchauffement global mais seraient enfouies sous des montagnes de glace. Cette longue période de transition devrait être longue et graduelle, tandis que les humains poussent rapidement le thermostat de la planète. Toutefois, au cours des prochains siècles, la période glaciaire pourrait masquer, compenser ou même surpasser tout effet anthropique.

L'avancée et le retrait des grands glaciers continentaux sont essentiellement dus aux changements périodiques de la distribution de l'énergie solaire à la surface de la Terre. Au cours de sa révolution autour du Soleil, la Terre subit des variations qui modifient les distances et l'angle d'incidence des rayons lumineux.

Cette théorie, dans ses différentes étapes de développement, est connue depuis plus d'un siècle, mais à cette époque elle ne fut pas acceptée par la majorité. C'est le mathématicien français Joseph Alphonse Adhémar qui semble avoir été le premier, en 1842, à penser que les âges glaciaires pouvaient être dus aux variations orbitales de la Terre. Cette idée fut reprise en détail par James Croll, un autodidacte écossais qui montra, en 1864, comment les longues variations périodiques de la distance Terre-Soleil pouvaient modifier le climat. La théorie fut formulée dans les années 30 et 40 par l'astronome serbe Milutin Milankovitch qui décrivit comment les variations des paramètres orbitaux de la Terre pouvaient influencer la répartition de l'ensoleillement des différentes régions du globe.

Il existe trois cycles, appelés parfois cycles de Milankovitch. La plus courte de ces oscillations périodiques est la précession, qui se répète à intervalles 26 000 ans. Elle a pour effet d'augmenter ou de diminuer le contraste entre les saisons dans un hémisphère donné.

Le second cycle est provoqué par les variations de l'inclinaison de l'axe de rotation de la Terre. Cet angle, mesuré par rapport à la perpendiculaire au plan de l'écliptique, oscille entre 21,5° et 24,5° en 41 000 ans (actuellement il est égal à 23,5°). Lorsque l'inclinaison augmente, le contraste entre les saisons s'accroît dans les deux hémisphères, les étés deviennent plus chauds et les hivers plus froids.

Le troisième cycle, le plus long, est dû aux variations de la forme de l'orbite terrestre avec une période de 100 000 ans. Celle-ci est elliptique et sous l'effet de l'attraction gravitationnelle exercée par les autres planètes, son excentricité varie. Plus l'orbite est elliptique, plus l'écart entre les distances minimale et maximale au Soleil augmente, cela a pour effet d'intensifier les saisons dans un hémisphère mais de les modérer dans l'autre.

Cette théorie n'emporta l'adhésion que dans les années 70, lorsque l'analyse de carottes de sédiments marins nous apportèrent la preuve, sans ambiguïté, de l'existence de ces trois cycles imbriqués (Fig. 10.4).

Des sédiments calcaires se déposent sans arrêt sur le fond des océans, formés par l'accumulation des squelettes et des coquilles du plancton et autres animaux marins. Ils permettent de savoir quelle quan-

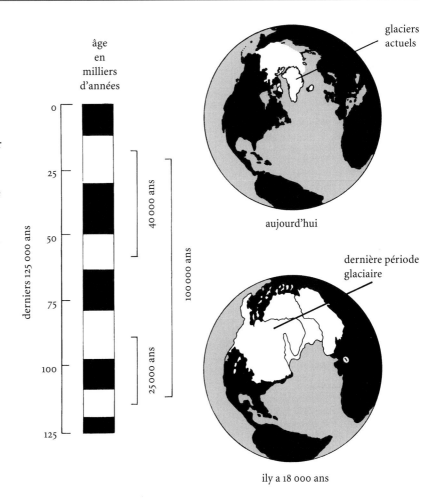

Fig. 10.4. L'origine des rythmes glaciaires. Les températures mesurées
d'après les coquilles fossilisées dans
les sédiments marins indiquent que
les âges glaciaires majeurs, au cours
des derniers 500 000 ans, reviennent
à des intervalles de 25 000, 40 000 et
100 000 ans, avec une dominante pour
la récurrence à 100 000 ans. Ces périodicités sont provoquées par les variations de l'excentricité de l'orbite de
la Terre et de l'inclinaison de son axe
de rotation qui ont pour effet de faire
varier à la fois l'insolation et sa répartition.

tité d'eau, manquant dans l'océan, était piégée dans les glaces continentales lorsque ces organismes vivaient.

Pour déterminer la succession des époques glaciaires, on mesure les
proportions relatives de deux isotopes de l'oxygène contenus dans les
échantillons. Les noyaux des atomes d'oxygène sont formés de huit protons mais contiennent huit ou dix neutrons, ce qui leur confère des masses atomiques différentes, respectivement 16 et 18. Les molécules d'eau
formées à partir de l'isotope ^{18}O, le plus rare, sont plus lourdes que celles
qui renferment l'isotope ^{16}O, si bien que leur proportion relative varie en
fonction de la température.

Lorsque la température s'élève, l'eau qui s'évapore contient de faibles
quantités de ^{18}O; lorsqu'elle baisse, la proportion de ^{18}O sera plus grande
dans la phase liquide que dans la phase vapeur. Des refroidissements
répétés entraînent la condensation d'eau avec une concentration en ^{18}O
de plus en plus faible. Pendant les périodes glaciaires, la quantité de ^{18}O
augmente dans les océans et dans le carbonate de calcium des coquilles
et diminue dans les calottes de glace. Ainsi, le rapport des isotopes

(^{18}O/^{16}O) est utilisé pour déterminer la proportion du volume des glaces stockées sur les continents.

L'étude des sédiments déposés au fond des océans est une histoire fascinante, racontée par John et Katharine Imbrie dans leur livre : *Les âges glaciaires–la solution du mystère*. Sous une forme condensée, Cesare Emilani de l'Université de Chicago montra, en 1955, que les variations du rapport isotopique de l'oxygène reflétaient l'extension et le recul des glaces au cours des derniers 300 000 ans. (Pour Emilani, le rapport isotopique de l'oxygène constituait un thermomètre, mais en 1967, Nicholas Shackleton de l'Université de Cambridge montra que ce n'était pas seulement un indicateur de la température superficielle de l'océan, mais aussi un indicateur du volume global de la glace.) Le cycle de 100 000 ans fut indentifié par Walter S. Broecker et Jan Van Donk du Lamont Earth Observatory de l'Université Columbia; ils utilisèrent les données paléomagnétiques pour établir l'échelle temporelle des variations du rapport isotopique de l'oxygène des carottes de sédiments.

Par la suite, un article fit date. Intitulé «Les variations orbitales de la Terre – origine des rythmes des périodes glaciaires», il était écrit par Jim Hays du Lamont-Doherty Geological Observatory, Jim Imbrie de l'Université Brown et Nick Shakelton de l'Université de Cambridge et publié dans la revue *Science* le 10 décembre 1976. L'analyse isotopique des carottes de sédiments montrait qu'au cours des derniers 500 000 ans, les périodes glaciaires majeures avaient des périodicités de 23 000, 41 000 et 100 000 ans, avec une récurrence plus marquée à 100 000 ans. Le rapport isotopique et la quantité globale de glace varient donc en fonction des trois cycles astronomiques.

Toutefois, il était surprenant de constater que l'extension et le retrait des glaces fussent synchronisés avec les fluctuations de l'excentricité de l'orbite terrestre et que cette périodicité fût dominante. Les deux cycles plus courts ont des effets directs plus importants sur les variations de l'ensoleillement, mais ils ont peu d'influence sur le volume des glaces. Comme le cycle de 100 000 ans n'est pas intrinsèquement assez intense, on pense qu'il doit être renforcé par un autre facteur.

Le climat est déterminé par le jeu des interactions entre le Soleil, les terres émergées, les océans, l'atmosphère et les glaces. Ensemble, ils peuvent agir pour amplifier les effets déclenchés et rythmés par les cycles astronomiques. D'après une théorie, les variations de l'ensoleillement sont à l'origine de changements des circulations océanique et atmosphérique. Ces changements qui semblent être responsables de l'apparition des glaciations sont peut-être le résultat de la surrection du plateau tibétain et de la chaîne de l'Himalaya. Avant ce bouleversement, les glaciations récurrentes de l'hémisphère nord n'existaient pas, bien qu'il y eût des variations cycliques de l'ensoleillement.

Nous pouvons déchiffrer le climat passé de la Terre en analysant des carottes de glace. Année après année, la neige s'accumule sur les calottes polaires et se transforme en glace en emprisonnant des bulles microscopiques qui sont autant d'échantillons non pollués des gaz atmosphériques présents au moment où la glace s'accumulait. On obtient des dates précises en dénombrant les couches annuelles de glace, comparables aux anneaux de croissance des arbres. Le rapport des abondances de l'hydrogène par rapport au deutérium (hydrogène lourd) est un indicateur des températures fossiles. (La technique est semblable à celle qui utilise les isotopes de l'oxygène.)

En 1987, des chercheurs français et soviétiques avaient établi des comparaisons de la composition et des températures de l'atmosphère ancienne avec l'atmosphère actuelle. Les niveaux de concentration du dioxyde de carbone et les températures globales croissent et décroissent en phase au cours des 160 000 dernières années (Fig. 10.5). Les températures augmentent en même temps que le taux en dioxyde de carbone, si bien que pendant les périodes interglaciaires, l'atmosphère en contenait en plus grande quantité que pendant les périodes glaciaires (environ un tiers). Les variations du taux de dioxyde de carbone peuvent amplifier les légères fluctuations de températures engendrées par les cycles astronomiques.(En comparant les Figs. 10.2 et 10.5 on voit que le taux de dioxyde de carbone de notre atmosphère dépasse aujourd'hui de 25 % ceux que l'on a déterminés au cours des 160 000 dernières années, si bien qu'une augmentation future de la température devrait être imminente.)

Cependant, nous ne savons pas réellement si les taux anciens de dioxyde de carbone sont cause de réchauffement ou de refroidissement, car ils pourraient être un effet des changements de température.

Fig. 10.5. Les âges glaciaires et le taux dioxyde de carbone. Au cours des 160 000 dernières années, les variations de température sont en phase avec les fluctuations du taux de dioxyde de carbone dans l'atmosphère. Cependant, nous ignorons si ce taux variable est à l'origine des changements de température ou s'ils sont tous deux reliés à un autre phénomène naturel. En Antarctique, la variation des températures va jusqu'à 10 °C, tandis que le taux de dioxyde de carbone varie jusqu'à 100 parties par million en volume (ppmv). Les données obtenues à partir des carottes glaciaires ne couvrent pas les 200 dernières années *(ligne pointillée à droite de la courbe du dioxyde de carbone)* (voir aussi la Fig. 10.2).(Adapté d'après Claude Lorius, EOS, Vol. 69, No. 26, 1988)

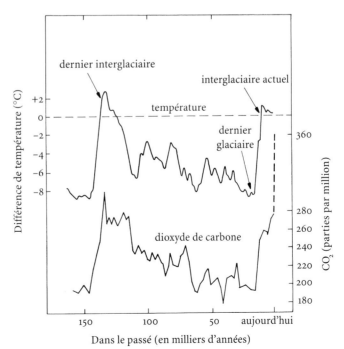

A l'évidence, les scientifiques n'ont pas la possibilité de décider si les fluctuations du taux de dioxyde de carbone précèdent ou suivent le début des âges glaciaires. Quelle que soit l'explication, on constate que la concentration en méthane des bulles d'air enfermées dans la glace était également en relation étroite avec le climat pendant la même période; comme elle était deux fois plus élevée pendant les épisodes interglaciaires, on doit alors invoquer des processus biologiques.

De plus, d'autres fluctuations plus faibles peuvent se superposer à ces grands cycles glaciaire-interglaciaire (voir aussi l'encadré 10D). Ces pe-

ENCADRÉ 10D
Le climat terrestre est-il stable?

Au cours de la période interglaciaire actuelle, qui débuta il y a environ 10 000 ans, notre planète a connu un climat stable. Ce fut donc une surprise lorsque l'analyse des carottes de glace nous révéla que le climat avait changé relativement rapidement, à la fois pendant les périodes de glaciation et les périodes interglaciaires. Par exemple, en 1994 les chercheurs du GRIP (Greenland Ice-Core Project) indiquaient que durant la période interglaciaire d'il y a 130 000 ans, lorsque la Terre était aussi chaude qu'aujourd'hui, il existait des changements climatiques caractérisés par de brusques réchauffements et des chutes sévères de la température.

Ces données laissaient supposer que le climat pouvait varier plus rapidement qu'on ne le pensait auparavant, plutôt en une dizaine d'années (voire moins) qu'en plusieurs siècles. D'après les climatologues, cela augmente le danger potentiel de bouleverser le climat actuel avec les rejets de gaz industriels.

Les experts pourraient avoir mal interprété les données. Une seconde carotte profonde donna des résultats qui corroboraient les premiers, sauf pour la dernière période interglaciaire. Lorsque la glace la plus profonde avance sur le fond rocheux, les couches se plissent et se mélangent et les scientifiques pourraient avoir été trompés par la régularité des couches supérieures. Ainsi, notre climat serait stable.

Cependant, le verdict n'est pas prononcé et les scientifiques sont circonspects. Des études récentes des espèces végétales à partir des pollens et des spores déposés dans des sédiments lacustres européens (palynologie), suggèrent l'existence de fluctuations rapides du climat au cours des dernières périodes interglaciaire et glaciaire. L'étude du passé montre que des changements très brutaux ne sont pas exclus et que si on peut appliquer cette étude à la situation présente, les gaz à effet de serre comme le dioxyde de carbone pourraient déstabiliser le climat. Nous devons donc considérer cette possibilité.

tits âges glaciaires résultent peut-être de l'activité du Soleil lui-même. Sur des échelles de temps de quelques décennies ou quelques siècles, la luminosité solaire oscille.

Ces changements ont été notés dans les récits historiques. Nous savons par exemple que la région de l'Atlantique nord connaissait un climat chaud entre 1100 et 1250; à cette époque, connue sous le nom de petit optimum médiéval, les Vikings ont pu s'intaller au Groenland et voyager jusqu'au Nouveau Monde. Puis, au début du XVe siècle, un refroisissement qui dura 400 ans provoqua l'effondrement de leurs colonies et les empêcha d'explorer le continent nord américain.

Au cours des 500 dernières années, à plusieurs occasions, l'hémisphère nord connut des épisodes extrêmement froids; quelques uns durèrent plusieurs dizaines d'années. Dans son ensemble, la période est connue sous le nom de Petit Age Glaciaire bien qu'il y eut aussi pendant ce temps des périodes plus chaudes. Aux époques les plus froides, les glaciers de montagne avançaient, les récoltes diminuaient et les villageois souffraient de la faim en Europe (Fig. 10.6). Les canaux de Venise gelaient et les Londoniens traversaient la Tamise avec leurs charrois. C'était l'époque où Hans Brinker aux patins d'argent faisait la course sur les canaux hollandais gelés.

Entre 1645 et 1715, les taches solaires disparurent pratiquement de la surface du Soleil. En 1887, l'astronome allemand Gustav Spörer attira l'attention sur cette absence qui dura 70 ans. Quelques années plus tard, E. Walter Maunder de l'Observatoire Royal de Greenwich rassembla toute une documentation et c'est pourquoi cette période est connue sous le nom de minimum de Maunder. Ses effets furent tout d'abord rapportés en 1733

Fig. 10.6. Le retour des chasseurs, Bruegel l'ancien, 1565. Durant le Petit Âge Glaciaire, période comprise entre 1500 et 1850, les températures moyennes de l'Europe du nord étaient beaucoup plus basses qu'aujourd'hui. Les épisodes les plus froids correspondent au minimum de Maunder et coïncident avec une absence notable de taches et d'autres signes de l'activité solaire (voir la Fig. 10.7). Cela permet de penser qu'une corrélation existe entre le climat terrestre et l'activité du Soleil, les périodes froides étant liées à une baisse de cette activité. (Photo P. Meyer, Kunsthistorisches Museum, Vienne)

par l'auteur français Jean-Jacques d'Ortous de Mairan qui nota une diminution des aurores boréales, mais il fut ridiculisé d'avoir pu imaginer que celles-ci pouvaient être en relation avec le nombre de taches solaires.

L'importance de cette absence n'est pas dans le nombre des taches elles-mêmes, mais dans la réduction de l'activité solaire qui lui est associée. De petites variations récentes du flux total de rayonnement suivent les variations du niveau d'activité magnétique du Soleil (voir le paragraphe 9.5). Par conséquent, on pense que les plus grandes fluctuations du flux solaire sont signalées par la présence ou l'absence de taches. Ainsi, pendant le minimum de Maunder, l'absence de taches, reliée à une diminution marquée du flux d'énergie, fut à l'origine d'un temps inhabituellement froid.

L'analyse des cernes de croissance des très vieux arbres nous révèle que le minimum de Maunder ne fut pas un phénomène isolé. En effet, les altérations que subissent ces cernes reflètent les fluctuations climatiques. Les âges sont déterminés par un comptage depuis l'époque présente à raison d'un anneau par année. De plus, on peut estimer le niveau de l'activité solaire d'après la quantité de carbone radioactif (^{14}C) présente dans les anneaux des vieux arbres toujours vivants.

La formation de carbone radioactif est le résultat du bombardement des atomes de l'atmosphère par les rayons cosmiques, flux de particules énergétiques qui viennent de l'espace. Lorsque l'activité solaire est forte, les champs magnétiques dévient les rayons cosmiques et la production de ^{14}C dans l'atmosphère est faible; au contraire, l'atmosphère renfermera plus de ^{14}C aux époques où l'activité solaire sera faible. Le carbone 14 radioactif se transforme spontanément en carbone 12 avec un taux de

ENCADRÉ 10E
Les étoiles variables

Les étoiles jeunes sont plus actives et plus irrégulières que le Soleil. Elles possèdent des taches de dimensions exceptionnelles et leur luminosité a tendance à varier dans de plus grandes proportions. En général, leur rotation est plus rapide et elles génèrent probablement des champs magnétiques plus intenses; elles émettent donc des flux de rayonnements ultraviolet et X plus intenses et plus variables que les étoiles vieilles.

Ces jeunes étoiles ont également tendance à devenir plus faibles à mesure que le niveau de leur activité magnétique augmente. Au contraire, le Soleil et les étoiles vieilles deviennent plus brillantes aux périodes de forte activité. Il semble qu'au cours de sa vie, le Soleil est passé d'une phase où la variation de sa luminosité au cours de son cycle était dominée par les taches, à la situation actuelle où elle est dominée par les facules.

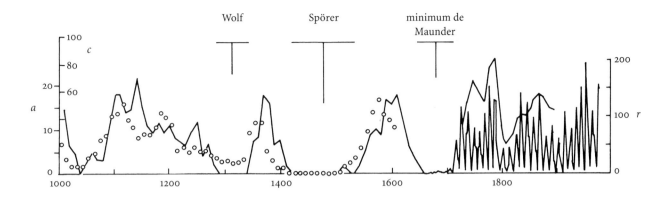

Fig. 10.7. Les fluctuations de l'activité solaire. Trois indices indépendants confirment l'existence de longues variations du niveau d'activité du Soleil. La variation du nombre annuel moyen de taches *(échelle r, à droite)* est représentée pour une période qui s'étend de 1650 à 1990. Le nombre de taches devint si faible entre 1650 et 1715, qu'il est impossible de retracer le cycle undécennal. Grâce à des observations historiques, l'astronome anglais E. Walter Maunder réunit la première documentation concernant l'absence de taches ; c'est pourquoi cette période est connue sous le nom de minimum de Maunder. La courbe, qui recouvre les années comprises entre 1000 et 1900, est une estimation du nombre de taches d'après les mesures de la quantité de ^{14}C *(échelle c, à gauche)*. Les cercles représentent le nombre d'aurores boréales observées par périodes de 10 ans *(échelle à gauche)* ; c'est un autre indice de l'activité solaire. L'étude des cernes de croissance des arbres confirme le minimum de Maunder, tandis que les autres résultats indiquent l'existence de deux autres minima : ceux de Wolf et de Spörer. (Adapté d'après les données fournies par John A. Eddy, University Corporation for Atmospheric Research)

désintégration connu, si bien que le rapport des deux isotopes mesuré dans les anneaux de croissance des arbres nous permet de connaître quelle était la quantité de ^{14}C présente dans l'atmosphère lorsqu'ils se sont formés et, corrélativement, quel était le niveau d'activité du Soleil au moment ou le ^{14}C était assimilé.

Les analyses permettent de penser que le flux d'énergie solaire a diminué plusieurs fois au cours des derniers millénaires, pendant des périodes assez longues. Johne Eddy utilisa cette technique pour retracer l'histoire de l'activité solaire, depuis l'époque actuelle en remontant jusqu'à l'âge du bronze, et montra que les données obtenues à partir des anneaux de croissance sont confirmées par d'autres observations comme le nombre des aurores polaires (Fig. 10.7). Dans un article important, intitulé « Le minimum de Maunder » et publié le 18 juin 1976 dans la revue *Science*, Eddy concluait qu'au cours des 2 000 dernières années, le Soleil s'était trouvé dans une phase relativement inactive pendant un tiers du temps. Il faisait ressortir plusieurs périodes d'un siècle chacune, appelées les minima de Maunder, Spörer et Wolf.

Il existe une correspondance étroite entre les périodes prolongées de faible activité (et d'augmentation du taux de carbone 14 dans l'atmosphère) et les épisodes climatiques froids. Aujourd'hui, grâce au ^{14}C mais aussi au béryllium radioactif mesuré dans les carottes glaciaires, nous avons clairement la preuve que plusieurs périodes d'activité solaire réduite, comprises entre 40 et 100 ans, sont survenues tous les 200 ans au cours des derniers millénaires et qu'elles ont coïncidé avec des températures plus basses que la moyenne.

Quelle doit être la diminution du flux solaire pour produire une période glaciaire modeste ? On pense que pendant les épisodes les plus froids du Petit Age Glaciaire, les températures moyennes de l'Europe du nord avaient chuté de 1 °C. Les modèles indiquent qu'une diminution de l'énergie solaire comprise entre 0,2 et 0,5 % pendant quelques dizaines d'années pourrait expliquer un tel refroidissement. Cependant, on peut noter que cette diminution est plus importante que la variation de 0,1 % mesurée jusqu'à présent.

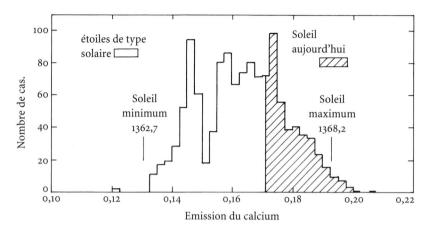

Fig. 10.8. L'activité magnétique des étoiles de type solaire. L'intensité des raies de Fraunhofer *H* et *K* du calcium donnent une indication de l'activité magnétique du Soleil actuel (*surface hachurée*) et des étoiles de type solaire (*surface unie*). La distribution large pour les plus fortes valeurs de l'activité magnétique correspond aux étoiles variables. Le pic plus étroit (*à gauche*) est attribué à des étoiles actuellement non variables qui seraient à un stade correspondant au minimum de Maunder du Soleil. La valeur de la constante solaire mesurée au cours du plus récent maximum ($1368,2J/m^2/s$) est comparée avec celle que l'on peut estimer au moment du minimum de Maunder ($1362,7J/m^2/s$). Bien que l'amplitude de la variation de l'activité solaire actuelle soit typique pour le tiers des étoiles actives, le nombre important de ces étoiles dont le niveau d'activité est faible, permet de penser que le Soleil peut subir des variations plus importantes, telles celles qui sont associées aux fluctuations dramatiques du climat terrestre. [Adapté d'après Sallie Baliunas et Robert Jastrow, Nature *348*, 520–523 (1990) et Judith Lean et al., Geophysical Research Letters *19*, 2203–2206 (1992)]

Les observations récentes d'étoiles de type solaire ont montré des variations substantielles du rayonnement stellaire (voir l'encadré 10E). Ces étoiles, ayant la même masse, la même composition et le même âge que le Soleil, subissent souvent des variations importantes de luminosité, de l'ordre de 0,5 %. Leurs émissions chromosphériques présentent des fluctuations cycliques sur des périodes comparables à la durée du cycle solaire. Et comme un tiers des étoiles observées ne montraient pas de cycle, des périodes prolongées d'inactivité ne doivent pas être rares. Ainsi, les observations d'étoiles variables de type solaire indiquent que de faibles variations persistantes du flux d'énergie pourraient produire des périodes assez longues de refroidissement comme celles associées au Petit Age Glaciaire et au minimum de Maunder (Fig. 10.8).

Dans les décennies à venir, les humains continueront de rejeter du dioxyde de carbone dans l'atmosphère et le réchauffement global ne pourra être annulé par une baisse comparable de l'activité solaire. Pour ce faire, cela nécessiterait une diminution plus importante, voisine de 1 à 2 %. Nous ne savons pas si notre destin sera le feu ou la glace. Je voudrais faire cause commune avec Robert Frost qui écrivait :

Pour certains le monde disparaîtra dans le feu,
Pour d'autres dans la glace.
D'après ce que j'ai goûté de l'amour
Je tiens avec ceux qui préfèrent le feu.
Mais s'il fallait mourir deux fois,
Je pense que je connais assez la haine
Pour dire que la destruction par la glace
Est belle aussi
Et devrait suffire.[55]

Glossaire

absorption diminution de l'intensité d'un rayonnement lorsque celui-ci traverse un milieu matériel. L'énergie perdue par le rayonnement est transférée au milieu.

absorption (raie d') raie sombre, correspondant à une longueur d'onde précise, qui se forme dans le spectre électromagnétique lorsqu'un gaz ténu et froid, interposé entre la source lumineuse et l'observateur, absorbe le rayonnement à cette longueur d'onde.

acoustiques (ondes) ondes produites par des variations locales de pression et qui se propagent dans les couches gazeuses du Soleil. Les ondes sonores piégées à l'intérieur du Soleil donnent naissance à des oscillations superficielles dont la période est de 5 minutes; les observations de ces oscillations permettent de sonder le Soleil et de connaître sa structure interne. Voir héliosismologie.

active (région) région de l'atmosphère du Soleil où s'observe l'activité solaire. Une région active représente l'ensemble du domaine magnétisé situé à l'intérieur, autour et au-dessus des taches; elle se développe lorsqu'un champ magnétique émerge à la surface du Soleil. Le rayonnement des régions actives est intensifié sur l'ensemble du spectre électromagnétique, des rayons X aux ondes radio, bien que, dans les taches elles-mêmes, la diminution de la température réduise la brillance. Les régions actives ont des durées de vie comprises entre quelques heures et quelques mois et leur nombre varie avec le cycle d'activité de 11 ans (cycle undécennal). Voir cycle d'activité solaire et taches solaires.

activité (index d') tout nombre indicateur du niveau de l'activité solaire à un instant donné. Parmi ces indices figurent le nombre de taches solaires, la surface totale couverte par les taches, les surfaces et les éclats des plages, et le rayonnement total en X et en radio.

alpha (particule) noyau d'hélium formé de deux protons et de deux neutrons.

annihilation (par paire) annihilation d'un électron et d'un positron avec production d'énergie sous forme de rayonnement gamma à 511 keV.

anomalie (de l'Atlantique sud) région où la ceinture de Van Allen interne se trouve très proche de la surface terrestre et qui constitue une zone à risques pour les satellites.

atmosphère enveloppe la plus externe d'une planète, d'un satellite naturel ou d'une étoile. Comme un gaz tend naturellement à se disperser dans l'espace, seuls les corps qui exercent une attraction gravitationnelle importante pourront retenir des atmosphères. L'atmosphère solaire désigne les couches extérieures, transparentes en lumière visible; elle comprend la photosphère, la chromosphère et la couronne. L'atmosphère terrestre est formée essentiellement d'azote (78 %) et d'oxygène (21 %) moléculaires, avec des traces de dioxyde de carbone (0,36 %).

atmosphérique (fenêtre) portion du spectre électromagnétique qui traverse l'atmosphère terrestre et qui est relativement peu atténuée par absorption, diffusion ou réflexion. Il existe deux fenêtres: le rayonnement visible et les ondes radio.

auroral (ovale) sur la Terre, couronne de forme ovale à l'intérieur de laquelle les aurores sont le plus souvent observées. Les ovales auroraux nord et sud se situent vers 67° de latitude, leur largeur est d'environ 6°. Leur position et leur extension varient toutes deux en fonction de l'activité géomagnétique.

aurores (polaires) phénomène de luminescence de la haute atmosphère que l'on observe, en général, vers les hautes latitudes nord (aurore boréale) et sud (aurore australe), dû à l'arrivée de flux de particules chargées (électrons et protons).

bêta (particule) un électron ou un positron (c'est-à-dire l'antiparticule de l'électron, qui a la même masse, mais une charge opposée) émis par un noyau atomique lors du phénomène de désintégration radioactive. A l'origine, ces particules furent désignées sous le nom de rayons bêta.

bêta (radioactivité) transformation spontanée d'un noyau radioactif avec émission d'un électron (e^-) et d'un antineutrino (radioactivité bêta$^-$) ou d'un positron (e^+) et d'un neutrino (radioactivité bêta$^+$).

bremsstrahlung (rayonnement de freinage ou «free-free»), rayonnement émis par toute particule électriquement chargée lorsqu'elle subit une décélération. A haute température, les électrons arrachés aux atomes d'hydrogène sont libres; en passant à proximité d'ions positifs, ils sont déviés par le champ électrostatique que créent ceux-ci, mais restent sur une orbite hyperbolique sans être capturés. On l'appelle aussi transition free-free, car l'électron reste libre tant avant qu'après la rencontre. Ce rayonnement peut être produit dans toutes les longueurs d'onde selon la température du milieu.

calme (Soleil) le Soleil au minimum de son activité.

choc (onde de) discontinuité soudaine en densité et en pression se propageant dans un gaz à une vitesse supersonique. Limite située vers le côté jour d'une planète, où son champ magnétique écarte le vent solaire. A ce niveau, le plasma du vent solaire subit une brusque décélération, il est comprimé et chauffé.

chromosphère partie de l'atmosphère solaire située entre la photosphère et la couronne, dont la température s'élève jusqu'à 10 000 K. Etymologiquement, ce mot signifie «sphère de couleur», car on l'observe sous forme d'une frange rougeoyante au moment des éclipses. On l'observe couramment dans la raie alpha de l'hydrogène à 656,3 nm. Les spicules sont des formations chromosphériques qui pénètrent dans la couronne à une altitude atteignant 10 000 kilomètres. Voir hydrogène-alpha et spicules.

chromosphérique (réseau) réseau cellulaire à grande échelle visible sur les spectrohéliogrammes en H-alpha et dans les autres domaines du spectre. Ce réseau apparaît aux limites des cellules de la supergranulation où des champs magnétiques ont été repoussés par les flux de matériau solaire.

convection transfert de chaleur au sein d'une masse fluide réalisé par transport de matière. Le matériau est entraîné d'une région basse et chaude vers une région plus élevée et plus froide.

CME (Coronal Mass Ejection) éjection de masse coronale. Voir ce mot.

convection (zone de) à l'intérieur d'une étoile, couche dans laquelle les courants de convection sont le mécanisme principal de transport de l'énergie vers l'extérieur.

coronal (trou) région de la couronne solaire à l'intérieur de laquelle la température et la densité sont faibles et où les émissions en extrême-ultraviolet et en rayons X sont anormalement faibles, voire absentes. Sur les images en rayons X, ces régions apparaissent sombres, comme s'il y avait un trou dans la couronne. Typiquement, les trous coronaux subsistent pendant plusieurs rotations solaires et ils sont toujours présents dans les régions polaires, mais parfois, ils s'étendent jusqu'à l'équateur. Les particules issues du Soleil s'échappent le long des lignes de champ ouvertes des trous coronaux et donnent naissance au vent solaire.

coronale (éjection de masse) (ou transitoire coronal), vaste bulle de plasma magnétisé éjectée depuis la couronne et qui se propage avec une vitesse de 1000 km par seconde. Les transitoires accélèrent de grandes quantités de particules énergétiques et peuvent provoquer des orages géomagnétiques intenses. Voir géomagnétiques (orages).

coronale (raie verte) raie d'émission du fer 13 fois ionisé (Fe XIV) à 530,3 nm; c'est la raie la plus intense de la couronne solaire.

coronaux (jets) structure mince et brillante de la couronne solaire en forme de bulbe. Ils se forment au-dessus des lignes magnétiques neutres des régions actives étendues et souvent surplombent des protubérances quiescentes. Les points d'ancrage se situent dans des régions de polarités opposées. La base des jets coronaux est constituée de lignes de champs fermées; à plus haute altitude, les lignes de champs s'ouvrent sur l'espace interplanétaire. Le plasma qui s'écoule le long de ces lignes de champ ouvertes donne naissance à la composante lente du vent solaire.

coronium élément inconnu que l'on supposait être responsable des raies d'émission du spectre de la couronne solaire à 530,3 et 637,4 nm. Par la suite, ces raies se révélèrent être celles d'éléments connus très fortement ionisés, comme le fer (Fe XIII ou Fe XIV).

coronographe lunette astronomique qui permet d'étudier et de photographier la couronne en lumière blanche. Inventée par Bernard Lyot en 1930, cette lunette possède un disque d'occultation permettant de produire une éclipse artificielle. Cependant, même si le coronographe est installé dans un site où le ciel est pur, la diffusion de la lumière par l'atmosphère terrestre demeure un problème; c'est pourquoi on installe ces instruments à bord de satellites. Avant cette invention, la couronne n'était observable que lors des éclipses totales.

corps noir nom donné à un corps qui absorbe parfaitement tout rayonnement incident. L'intensité du rayonnement émis par un corps noir et sa variation en fonction de la longueur d'onde dépendent uniquement de sa température et peuvent être prédites par la théorie quantique.

corps noir (rayonnement) rayonnement émis par un corps noir. La longueur d'onde du pic d'émission est inversement proportionnelle à la température superficielle. La quantité totale d'énergie émise par un corps noir est proportionnelle à la puissance quatrième de sa température $E = s \cdot T^4$; la constante de proportionnalité est la constante de Stefan-Boltzmann: $s = 5{,}67 \cdot 10^{-8}$ W m^{-2} K^{-4}. En général, on apparente les étoiles à des corps noirs.

corpusculaire (rayonnement) particules électriquement chargées (essentiellement des protons et des électrons) émises par le Soleil. L'hypothèse de l'existence de ce flux date des années 50, et plus tard, ce dernier fut appelé vent solaire. Voir ce mot.

cosmiques (rayons) flux de particules de haute énergie qui voyagent dans l'espace interstellaire à des vitesses proches de celle de la lumière. Le rayonnement primaire (au-delà de l'atmosphère terrestre) est constitué d'atomes ionisés dont 78 % sont des noyaux d'hydrogène, 20 % des noyaux d'hélium et les 2 % restants des ions plus lourds. En entrant en collision avec les atomes ou particules des hautes couches de l'atmosphère, les rayons cosmiques primaires donnent naissance à une pluie de particules secondaires et produisent des gerbes, des cascades, des éclatements etc....

couronne partie la plus externe de l'atmosphère solaire, constituée d'un plasma très raréfié dont la température est supérieure à 10^6 K. Le vent solaire n'est que la couronne en expansion dans le milieu interplanétaire. La couronne solaire est visible à l'oeil nu lors des éclipses totales, mais elle peut être observée en permanence devant le disque solaire en rayons X ou en ondes radio On distingue les composantes K et F. La couronne K (d'après le mot allemand Kontinuum) est la partie la plus interne de la couronne solaire où le rayonnement photosphérique est diffusé par les électrons libres (diffusion de Thomson); elle est polarisée et son intensité décroît rapidement avec la distance au Soleil. Elle émet un spectre continu, mais également des raies d'émission correspondant à des éléments très ionisés. La couronne F (F pour Fraunhofer) est la partie externe, non polarisée, où les photons sont diffusés par les particules de poussières; son spectre est celui du Soleil avec des raies d'absorption de Fraunhofer.

cycle (d'activité solaire) (undécennal), cycle d'une durée de 11 ans entre deux maxima successifs. Le cycle solaire semble être dû à un effet dynamo, créé par la rotation différentielle et la convection. Apparemment, des cycles d'activité semblables sont typiques des étoiles possédant des zones de convection.

D (couche) couche inférieure de l'ionosphère terrestre qui réfléchit les ondes radio, située entre 50 et 90 kilomètres d'altitude.

décalage (spectral) voir Doppler-Fizeau (effet).

différentielle (rotation) rotation sur lui-même d'un corps gazeux comme le Soleil, avec une vitesse qui varie en fonction de la latitude; les régions équatoriales ont une vitesse plus grande que celle des régions polaires. Au contraire, pour un corps solide comme la Terre, la vitesse angulaire est la même en tout point.

Doppler-Fizeau (effet) variation de la fréquence (ou de la longueur d'onde) d'un son ou d'une onde électromagnétique lorsque la source émettrice se déplace par rapport à l'observateur.

Doppler-Fizeau (décalage) décalage de la longueur d'onde (ou de la fréquence) reçue d'une source, dû à son mouvement relatif le long de la ligne de visée. Le décalage spectral se fait vers le rouge (vers les grandes longueurs d'onde) si l'objet astronomique s'éloigne (vitesse de récession) et vers le bleu (vers les courtes longueurs d'onde) s'il s'approche. Le décalage Doppler-Fizeau permet de mesurer la vitesse radiale. Voir radiale (vitesse).

éclipse (solaire) occultation du Soleil par la Lune. Une éclipse de Soleil ne peut avoir lieu qu'au moment de la nouvelle Lune et sa durée maximale est de 7,5 minutes. Pendant ces brefs instants, on peut observer la chromosphère et la couronne solaire. Depuis un point quelconque à la surface de la Terre, une éclipse totale est visible une fois tous les 360 ans.

écliptique plan de l'orbite terrestre autour du Soleil.

électromagnétique (rayonnement) ondes se déplaçant dans le vide à la vitesse de la lumière, par le jeu combiné d'un champ électrique et d'un champ magnétique perpendiculaires l'un à l'autre et à la direction de propagation. Chaque rayonnement est caractérisé par une longueur d'onde (distance entre deux maxima ou deux minima successifs) et une fréquence (nombre d'ondes par seconde); comme leur produit est égal à la vitesse de la lumière, la longueur d'onde diminue lorsque la fréquence augmente. L'énergie associée au rayonnement est inversement proportionnelle à sa longueur d'onde.

électromagnétique (spectre) gamme complète des longueurs d'onde des rayonnements visibles et invisibles, depuis les rayons gamma, les rayons X et les ultraviolets jusqu'aux ondes radio; la partie visible ne représente qu'une petite portion du spectre dans un intervalle de longueurs d'onde compris entre 390 et 760 nm. Voir spectre.

électron-volt unité d'énergie utilisée en physique atomique (symbole eV). C'est l'énergie acquise par un électron, dans le vide, accéléré sous une différence de potentiel de 1 volt; $1 \text{ eV} = 1,60 \cdot 10^{-19}$ joule. Cette unité permet de mesurer l'énergie transportée par une particule ou par un photon. Les photons du rayonnement X ont des énergies de quelques milliers d'électrons-volts (keV). Des millions (méga, MeV) et des milliards (giga, GeV) d'électrons-volts sont utilisés pour les particules les plus énergétiques. Par exemple, un électron ayant une énergie cinétique de quelques MeV se déplace à une vitesse proche de celle de la lumière.

émission (raies d') raies émises par un gaz incandescent sous une faible pression; ces raies correspondent à des longueurs d'onde bien précises et révèlent la composition chimique du gaz.

éruption (solaire) brusque libération d'énergie sous forme de rayonnements et de particules énergétiques, depuis une région bien localisée sur le Soleil. En général, les éruptions durent quelques minutes et le plasma solaire peut atteindre des températures de centaines de millions de degrés. Le rayonnement est émis essentiellement dans le domaine des X, mais les éruptions peuvent aussi être observés en H-alpha et en ondes radio. Le plus souvent, elles sont associées aux régions actives et sont vraisemblablement provoquées par la libération d'une énorme quantité d'énergie magnétique (10^{25} joules) stockée à l'intérieur d'un faible volume dans la couronne solaire. Voir sursaut.

Evershed (effet) flux radial de gaz dans la pénombre d'une tache, découvert par John Evershed en 1908.

facule régions brillantes de la photosphère observables en lumière blanche à proximité du limbe. Leur température et leur densité plus élevées que le milieu environnant expliquent leur éclat.

filament structure chromosphérique, massive et dense qui, en général, s'étend le long d'une ligne neutre séparant des régions de polarités opposées. Un filament est une protubérance vue en projection sur le disque du Soleil; on l'observe sous forme d'une longue structure sombre en H-alpha et dans la raie K du calcium ionisé. Voir protubérance.

fission désintégration d'un noyau atomique lourd en noyaux plus légers; ce processus nucléaire libère de l'énergie.

flocculi structure chromosphérique granuleuse que l'on observe en lumière monochromatique, comme la raie K du calcium ionisé.

Forbush (décroissance de) diminution de l'intensité du bombardement par les rayons cosmiques avec l'augmentation de l'activité solaire (et vice versa). Ce phénomène fut noté pour la première fois par Scott Forbush en 1954.

Fraunhofer (raies de) raies sombres du spectre solaire dues à l'absorption du rayonnement photosphérique par les éléments présents dans la chromosphère. La plupart des raies les plus fortes furent reconnues par Josef von Fraunhofer en 1814, qu'il désigna avec les lettres de l'alphabet. On utilise encore assez couramment cette nomenclature, par exemple, la raie D du sodium, les raies H et K du calcium.

free-free voir bremsstrahlung

fréquence pour un phénomène périodique, c'est le nombre de maxima qui passent chaque seconde devant un point fixe; la fréquence se mesure en hertz, 1Hz correspondant à une oscillation par seconde. La fréquence est l'inverse de la période et la longueur d'onde est la distance parcourue par l'onde pendant une période.

fusion processus nucléaire de production d'énergie par combinaison de noyaux légers pour former des noyaux plus lourds. Ce phénomène se produit à une échelle colossale au sein des étoiles; les bombes H utilisent la fusion.

gamma (rayonnement) forme la plus énergétique de rayonnement électromagnétique, correspondant aux plus courtes longueurs d'onde et corrélativement aux plus grandes fréquences. Comme l'atmosphère terrestre absorbe les rayonnements dans ce domaine spectral, les études du Soleil en rayons gamma se font depuis l'espace.

géomagnétique (champ) champ magnétique à proximité de la Terre. En première approximation, c'est un champ dipolaire, c'est-à-dire celui d'un barreau aimanté, situé dans le noyau mais déplacé de 500 kilomètres vers le Pacifique par rapport au centre de la Terre, et incliné de 11 degrés par rapport à son axe de rotation.

géomagnétique (orage) variation rapide du champ magnétique terrestre, d'une durée de quelques heures, provoquée par l'arrivée de flux de particules provenant d'éruptions solaires. Lors de ces orages, on observe une activité aurorale et une interruption des communications radio.

géosynchrone (orbite) (ou géostationnaire), orbite équatoriale d'un satellite située à une altitude telle que sa vitesse soit la même que la vitesse rotation de la Terre; par conséquent, vu de la Terre, le satellite reste fixe dans le ciel.

glaciaires (âges) période de climat froid et sec à l'origine de l'installation de calottes glaciaires sur les continents ou inlandsis. Les âges glaciaires sont provoqués par les variations de la quantité de chaleur reçue par la Terre et de sa distribution en surface.

granulation réseau cellulaire que l'on observe sur les images à haute résolution de la photosphère et qui représente le sommet de cellules de convection. Les granules sont des éléments brillants grossièrement circulaires de 1000 kilomètres de diamètre et d'une durée de vie de 5 minutes. Le centre des granules, brillant, correspond à de la matière chaude qui monte et le réseau intergranulaire, sombre, à de la matière froide qui redescend.

H et K (raies) dans le spectre visible, ces lettres désignent les raies les plus fortes du calcium ionisé et correspondent aux longueurs d'onde dans le violet à 393,4 nm et 396,8 nm. Ce sont des raies caractéristiques du spectre solaire et aussi de celui de nombreuses étoiles. Voir Fraunhofer.

héliosismologie (du Grec *Helios*, Soleil et *seismos*, secousse), étude de la structure interne du Soleil par l'analyse de ses modes naturels d'oscillations; on observe ceux-ci par spectroscopie comme un décalage Doppler-Fizeau des raies d'absorption du spectre. L'héliosismologie constitue une méthode d'investigation comparable à la sismologie terrestre; elle étudie la propagation des ondes acoustiques piégées dans les différentes couches du Soleil.

héliosphère région de l'espace dans laquelle la densité du vent solaire est supérieure à celle du milieu interstellaire.

héliostat miroir mobile plan que l'on utilise pour réfléchir la lumière solaire dans la direction de l'axe optique d'un télescope fixe.

hydrogène-alpha (H-alpha) lumière émise dans le visible à 656,3 nm, correspondant à la transition de plus basse énergie de la série de Balmer (cette série correspond à des sauts qui se terminent sur la deuxième orbite). Cette longueur d'onde qui se trouve dans la portion rouge du spectre est l'émission dominante de la chromosphère.

hydrostatique (équilibre) condition de stabilité qui existe lorsque la gravitation (force dirigée vers l'intérieur) est équilibrée par les pressions gazeuse et de radiation (dirigées toutes deux vers l'extérieur).

interdites (raies) raies spectrales que l'on ne peut observer dans les conditions de laboratoire, parce qu'elles sont dues à des transitions que les lois de la mécanique quantique rendent très improbables. Dans les conditions normales, un atome dans un état excité métastable perdra de l'énergie dans une collision avant que la transition vers l'état stable se soit réalisée. Cependant, dans les conditions astrophysiques, les densités sont suffisamment faibles pour permettre de telles transitions et donner les raies spectrales observées dans le spectre de la couronne.

interplanétaire (milieu) milieu dans lequel baignent les planètes du système solaire, constitué de poussières, de particules ionisées provenant du Soleil et de gaz neutre provenant du milieu interstellaire. Les particules ionisées sont essentiellement des électrons, des protons et des noyaux d'hélium (particules alpha) qui s'échappent du Soleil et qui constituent le vent solaire.

ionisées (particules) particules ayant une charge électrique, comme les protons, les électrons et les atomes ayant perdu un ou plusieurs de leurs électrons.

ionosphère couche ionisée de l'atmosphère terrestre qui s'étend entre 50 et 300 kilomètres d'altitude; son épaisseur varie considérablement en fonction du temps, de la saison et du niveau de l'activité solaire. L'ionosphère est créée par les rayonnements X et ultraviolet solaires. Dans la couche D, la plus basse, située entre 50 et 90 kilomètres d'altitude, la densité électronique est faible. Les couches E et F, respectivement à 100 et 200 à 300 kilomètres constituent la majeure partie de l'ionosphère.

isotopes atomes chimiquement identiques qui diffèrent par leur masse atomique, leur noyau possédant le même nombre de protons mais un nombre différent de neutrons.

joule unité d'énergie; le joule (J) est le travail fourni par une force de 1 newton dont le point d'application se déplace de 1 mètre dans sa propre direction. ($1\,J = 10^7$ ergs)

limbe bord apparent d'un astre tel qu'on l'observe sur le fond du ciel.

longueur d'onde pour une onde sinu-soïdale, distance entre 2 maxima ou 2 minima successifs, c'est aussi la distance parcourue pendant un temps égal à sa période. Si T est la période et N la fréquence, $(N = 1/T)$, la longueur d'onde $(\lambda) = c \cdot T = c/N$.

lumière (blanche) lumière solaire qui contient toutes les radiations visibles avec une distribution d'énergie comparable à celle d'un corps noir dont la température serait sensiblement égale à 6000 K.

magnétique (champ) champ de force qui se développe autour d'une planète ou du Soleil et qui est généré par les courants électriques circulant à l'intérieur de ces objets.

magnétographe instrument permettant de cartographier l'intensité, la direction et la distribution du champ magnétique à la surface du Soleil.

magnétopause couche qui marque la limite entre la magnétosphère et le vent solaire.

magnétosphère région entourant une planète à l'intérieur de laquelle son champ magnétique commande les mouvements des particules chargées; c'est aussi une région creusée dans le vent solaire par le champ magnétique de la planète.

magnétosphérique (queue) extension de la magnétosphère d'une planète qui se forme du côté nuit par action du vent solaire.

Maunder (diagramme de) voir papillon (diagramme).

Maunder (minimum de) période comprise entre 1645 et 1715, marquée par un refroidissement du climat et caractérisée par une absence de taches solaires et d'aurores polaires. D'après E. Walter Maunder (1851–1928).

NASA National Aeronautics and Space Administration.

neutre (région ou ligne) région où la force du champ magnétique longitudinal est proche de zéro; en général, elle se situe entre deux zones de polarités opposées.

neutrino particule élémentaire sans charge électrique, dont la masse est très faible, voire nulle, qui interagit très peu avec la matière et qui se déplace pratiquement à la vitesse de la lumière. Les réactions de fusion nucléaire qui se déroulent au centre du Soleil produisent une énorme quantité de neutrinos.

neutrino (astronomie) ensemble des expériences pour tenter de détecter des neutrinos provenant de sources cosmiques, en particulier du Soleil. Les différences observées entre les flux de neutrinos prédits par le modèle standard et ceux que l'on observe constituent le problème des neutrinos solaires.

neutron particule sans charge électrique, formée de quarks et qui, avec le proton, constitue le noyau des atomes. Il fut découvert en 1932 par Sir James Chadwick.

non-thermique (rayonnement) (ou rayonnement synchrotron), rayonnement produit par des électrons se déplaçant à des vitesses proches de celle de la lumière, spiralant autour d'une ligne de force magnétique. C'est un rayonnement à spectre continu depuis le domaine des X jusqu'aux ondes radio, émis dans un cône étroit dont l'axe est tangent en chaque point à la trajectoire de l'électron. Un tel rayonnement est fortement polarisé; le domaine de longueurs d'onde dans lequel il se produit dépend de l'énergie des électrons, 1 MeV correspond à des ondes radio.

noyau (du Soleil) région centrale où se déroulent les réactions thermonucléaires productrices d'énergie; son rayon est égal au tiers du rayon solaire.

nucléaire (force) force qui lie entre eux les protons et les neutrons à l'intérieur des noyaux atomiques et dont la portée est inférieure à 10^{-15} mètres.

ombre partie centrale la plus sombre d'une tache solaire. Voir pénombre.

opacité coefficient qui permet de déterminer la transparence d'un gaz; mesure de la possibilité, pour ce gaz, d'absorber un rayonnement.

ozone oxygène moléculaire formé de trois atomes (O_3), créé par l'action du rayonnement ultraviolet solaire sur la haute atmosphère terrestre.

ozone (couche d') région située dans la partie inférieure de la stratosphère, entre 20 et 60 kilomètres d'altitude où l'on observe la plus forte concentration en ozone (O_3). Cette couche protège notre planète du rayonnement ultraviolet potentiellement mortel.

papillon (diagramme) représentation graphique de la latitude d'apparition des taches solaires en fonction du temps, au cours du cycle solaire. Ce diagramme, qui fut établi pour la première fois en 1922 par E. Walter Maunder, tire son nom de sa ressemblance avec des ailes de papillon.

pénombre zone périphérique à structure filamenteuse d'une tache solaire.

photo-ionisation ionisation d'un atome par absorption d'un photon. Celle-ci ne peut se produire que si le photon possède au moins l'énergie correspondant au potentiel d'ionisation de l'atome nécessaire pour vaincre la force qui lie l'électron au noyau.

photon quantité discrète d'énergie électromagnétique; quantum d'énergie lumineuse; ce «grain d'énergie» se comporte comme une particule sans masse et se déplace à la vitesse de la lumière.

photosphère surface visible du Soleil, du Grec, *photos*, lumière. C'est la région de l'atmosphère d'où nous provient la majeure partie du rayonnement visible; son épaisseur, égale à 300 kilomètres, ne représente que $5 \cdot 10^{-4}$ du rayon solaire. La photosphère sépare les régions profondes, opaques au rayonnement, de celles qui lui sont transparentes; sa température est de 5780 K.

plages zones chromosphériques brillantes et denses situées au-dessus des taches ou d'autres régions actives. En H-alpha, elles apparaissent plus brillantes que les autres régions de la chromosphère.

plasma gaz ionisé contenant à la fois des atomes ou des molécules neutres, des ions positifs et des électrons négatifs. Les physiciens considèrent cet état comme étant le quatrième état de la matière, à côté des états solide, liquide et gazeux; on le rencontre dans les flammes, l'éclair, les tubes lumineux, l'ionosphère et le Soleil. On peut définir le degré d'ionisation d'un plasma; parfois il est totalement ionisé.

polarisation phénomène où les vecteurs (champs électrique et magnétique) d'un rayonnement oscillent au cours du temps selon un mode privilégié. La lumière est polarisée circulairement si les extrémités des vecteurs décrivent une circonférence; elle est polarisée linéairement si elles décrivent une droite.

positron antiparticule de l'électron qui possède la même masse, mais une charge opposée.

proton particule formée de quarks constituant avec le neutron le noyau des atomes; noyau de l'atome d'hydrogène.

proton-proton (réaction) série de réactions thermonucléaires au cours de laquelle 4 noyaux d'hydrogène fusionnent pour former un noyau d'hélium et produire de l'énergie. C'est la source principale de l'énergie solaire.

protubérances grandes masses de matière «froide» (10 000 K) et dense, soutenues par les champs magnétiques au sein de la couronne, très peu dense et à haute température (10^6 K). En H-alpha, ces formations apparaissent au limbe sous forme d'arches brillantes et sous forme de filaments lorsqu'on les observe en projection sur le disque solaire. Les protubérances quiescentes se forment loin des régions actives et peuvent demeurer stables pendant plusieurs mois; elles atteignent des dizaines de milliers de kilomètres d'altitude. Les protubérances actives, associées aux taches solaires et aux éruptions, apparaissent sous forme de boucles, de «surges» et de «sprays»; elles sont animées de mouvements violents, sont sujettes à des changements rapides et ont des durées de vie de l'ordre de quelques heures. Les protubérances éruptives peuvent s'élever jusqu'à 1 million de kilomètres avant d'exploser; elles sont souvent associées aux éjections de masse coronale. Voir coronale (éjection de masse), filament, H-alpha.

radiale (vitesse) composante de la vitesse d'un objet le long de la ligne de visée; elle se mesure d'après le décalage des raies spectrales dû à l'effet Doppler-Fizeau. Pour déterminer la vitesse réelle d'un objet, il faut aussi connaître la composante transverse. Voir Doppler-Fizeau (décalage).

radiation (ceinture de) région en forme de tore autour d'une planète dans laquelle des particules chargées (en général des électrons et des protons), piégées, spiralent autour des lignes de force du champ magnétique de la planète. Les ceintures de radiation de la Terre sont connues sous le nom de ceintures de Van Allen. Des ceintures semblables existent autour d'autres planètes comme Jupiter. Voir Van Allen (ceintures de).

radiative (zone) zone du Soleil, entre le noyau et la zone de convection, où l'énergie est transportée par les photons.

radiohéliographe radiotélescope destiné à établir la cartographie des émissions radio du Soleil.

recombinaison capture d'un électron par un ion positif. C'est l'inverse de l'ionisation.

seeing effet des mouvements turbulents de l'atmosphère sur la qualité des images astronomiques.

serre (effet de), piégeage par l'atmosphère d'une planète du rayonnement thermique infrarouge émis par le sol de cette planète. Grâce à l'effet de serre, la température moyenne de la surface de la Terre est de 15 °C; elle est supérieure de 33 °C à ce qu'elle serait si toute l'énergie infrarouge s'échappait directement dans l'espace. L'importance du réchauffement dépend de l'opacité de l'atmosphère au rayonnement infrarouge. Les principaux gaz à effet de serre sont la vapeur d'eau et le dioxyde de carbone, mais d'autres gaz en traces jouent également un rôle. Le réchauffement global de la Terre résultera de l'augmentation des concentrations des gaz à effet de serre «non naturels», rejetés dans l'atmosphère par l'activité humaine, en particulier la combustion des carburants fossiles.

Skylab station spatiale américaine en orbite autour de la Terre, lancée en mai 1973. Entre 1973 et 1974, trois équipes, comprenant chacune trois astronautes, furent envoyées vers la station. Skylab fut détruite en 1979 lorsqu'elle rentra dans l'atmosphère.

SOHO satellite en coopération entre l'ESA (European Space Agency) et la NASA, lancé en décembre 1995 et qui orbite au point de Lagrange L_1, point d'équilibre gravitationnel entre le Soleil et la Terre. Il emporte douze instruments destinés à étudier le mécanisme de chauffage de la couronne, les oscillations, le vent solaire et la structure du Soleil.

solaire (constante) flux total d'énergie solaire, intégré sur toutes les longueurs d'onde, reçu au niveau de la Terre, hors atmosphère, par unité de temps et par unité de surface. La constante solaire est égale 1,37 · 10^3 J m^{-2} s^{-1} ou 1370 W m^{-2}.

solaire (cycle d'activité) (ou cycle des taches), l'étude de l'apparition et de l'évolution des taches au cours du temps a permis de mettre en évidence un cycle qui s'étend sur une période de 11 ans (cycle undécennal). Au début d'un cycle, les taches apparaissent vers les moyennes latitudes (35 ° à 45 ° nord et sud), puis, à mesure que le temps passe, elles apparaissent de plus en plus proches de l'équateur, la latitude limite étant 7 ° nord et sud. Cette évolution au cours du temps, du nombre et de la répartition des taches est bien visible sur le diagramme papillon.

solaire (maximum) période du cycle solaire où l'on observe le plus grand nombre de taches et où les flux de particules et de rayonnement sont maxima.

solaire (minimum) période du cycle où les taches sont peu nombreuses, voire absentes et où les flux de particules et de rayonnement sont minima.

solaire (tache) zone perturbée de la photosphère; la présence de taches est un indice de l'activité solaire qui permet de distinguer le Soleil actif du Soleil calme. La structure des taches fait apparaître une zone centrale sombre, l'ombre, entourée de la pénombre plus claire. Les taches apparaissent ainsi par contraste, parce qu'elles sont plus froides (3700 K) que le milieu environnant (5780 K). Dans les taches, l'effet Zeeman (voir ce mot) révèle l'existence de champs magnétiques intenses atteignant 2 à 3000 Gauss (0,2 à 0,3 tesla). Les diamètres des taches sont variables mais peuvent atteindre 50 000 kilomètres; leur durée de vie est de quelques semaines. Généralement, elles apparaissent par paires de polarités opposées et se déplacent à la surface du Soleil, entraînées par sa rotation. On distingue la tache de tête, P (preceding), la première dans le sens de la rotation solaire, et la tache de queue, F (following).

solaire (vent) flux de particules ionisées, essentiellement des électrons et des protons, qui s'échappent du Soleil avec des vitesses atteignant 900 kilomètres par seconde. Le vent solaire est la couronne solaire en expansion dans l'espace interplanétaire et l'espace interstellaire.

Solar Maximum Mission satellite de la NASA, lancé en février 1980, destiné à étudier le Soleil pendant un maximum de son cycle. Il fut endommagé après neuf mois de fonctionnement, mais fut réparé en 1984 par une mission de la navette spatiale; il rentra dans l'atmosphère terrestre en 1989.

spectre ensemble des rayonnements électromagnétiques dispersés en fonction des longueurs d'onde. En général, sur un fond coloré continu, se détachent pour certaines longueurs d'onde des raies d'absorption (sombres) ou d'émission (brillantes) qui permettent de connaître la composition et le mouvement de la source émettrice.

spectrographe instrument équipé d'un système dispersif (prisme ou réseau) et d'un récepteur d'image qui enregistre des spectres photographiquement ou électroniquement. Un spectroscope n'a pas la possibilité d'enregistrer.

spectrohéliogramme image monochromatique du Soleil, obtenue avec un spectrohéliographe dans un filtre à bande étroite.

spectrohéliographe instrument qui permet d'obtenir des images monochromatiques du Soleil.

spectroscopie étude des spectres, en particulier de la position et de l'intensité des raies d'absorption ou d'émission, permettant de déterminer quels sont les éléments chimiques présents ou les processus physiques qui les ont créés.

spicules structures chromosphériques que l'on observe en H-alpha. Ce sont des jets fins de matière qui forment des rangs serrés aux limites des cellules de la supergranulation. Leur durée de vie est d'environ 10 minutes et ils s'élèvent dans la couronne à une altitude de 10 000 kilomètres.

Spörer (minimum) période de faible activité solaire entre le XVe et le XVIe siècle (1420–1570).

stratosphère région de l'atmosphère terrestre juste au-dessus de la troposphère qui s'étend entre 15 et 50 kilomètres d'altitude.

supergranulation (cellules de) au niveau de la photosphère, réseau formé par des cellules convectives de 30 000 kilomètres de diamètre (les supergranules), distribuées quasi uniformément; leur durée de vie est de l'ordre de 20 heures. Dans ces cellules, le flux dominant est un flux horizontal et leurs limites sont soulignées par le réseau chromosphérique qui contient des concentrations de tubes de flux magnétiques; les spicules se répartissent le long des limites du réseau.

surges protubérances associées aux éruptions chromosphériques, éjections verticales de matière bien visibles en H-alpha.

sursaut (radio) lors d'une éruption, augmentation soudaine de l'émission radio non thermique provenant de la couronne. Ces sursauts sont produits par des faisceaux d'électrons subrelativistes, éjectés depuis la basse couronne. Il existe plusieurs types de sursauts radio qui dépendent de leur dérive en fréquence en fonction du temps. Les sursauts de type I, appelés aussi orages de bruit, sursauts isolés, de 0,1 à 0,5 seconde de durée, dans la gamme des ondes métriques. Les sursauts de type II, de quelques minutes, observés au début des éruptions; l'émission apparaît aux fréquences élevées et dérive lentement vers les basses fréquences. Les sursauts de type III, de quelques secondes et dont la dérive rapide peut correspondre à des vitesses d'ascension des gaz de 100 000 kilomètres par seconde. Les sursauts de type IV durent plusieurs heures et sont observables sur toutes les fréquences radio avec une dérive lente; ils sont essentiellement provoqués par le rayonnement synchrotron.

synchrotron voir non-thermique (rayonnement).

Tcherenkov (effet) émission de lumière accompagnant le mouvement d'une particule chargée électriquement lorsqu'elle traverse un milieu transparent avec une vitesse supérieure à la vitesse de la lumière dans ce même milieu. Ce rayonnement se propage sous forme d'ondes coniques entourant la direction suivie par la particule; c'est une onde de sillage analogue à l'onde de choc d'un avion supersonique.

thermique (énergie) énergie associée aux mouvements d'agitation des molécules, des atomes ou des ions.

thermique (rayonnement) rayonnement électromagnétique émis par un corps à une certaine température. Pour le corps noir, la répartition du flux énergétique dépend de la seule température. On distingue ce rayonnement du rayonnement non thermique émis par les électrons énergétiques qui ne sont pas nécessairement en équilibre thermodynamique. Voir corps noir.

troposphère couche la plus basse de l'atmosphère terrestre dont l'épaisseur varie de 8 kilomètres dans les régions polaires à 15 kilomètres dans les régions équatoriales. C'est dans cette mince pellicule, qui concentre plus de 80 % de la masse de l'atmosphère, que se produisent la plupart des phénomènes météorologiques.

ultraviolet (rayonnement) partie du spectre électromagnétique dont les longueurs d'onde sont comprises entre 400 nm (limite commune avec le violet visible) et 20 nm (jonction avec les rayons X mous).

Ulysse satellite de l'ESA (European Space Agency), lancé le 6 octobre 1990, destiné à étudier le milieu interplanétaire et le vent solaire à différentes latitudes. Il a permis d'observer, pour la première fois, les régions polaires du Soleil. Après une rencontre avec Jupiter en 1992, il a survolé le pôle nord du Soleil en 1994 et le pôle sud en 1995.

unité astronomique (U. A.) distance moyenne entre la Terre et le Soleil ou demi-grand axe de l'orbite terrestre, égale à 149,6 millions de kilomètres.

Van Allen (ceintures de) deux régions en forme de tores entourant la Terre, au-dessus de l'équateur géomagnétique, dans lesquelles les particules ionisées sont piégées par le champ magnétique terrestre. Les ceintures furent découvertes par le premier satellite artificiel américain, Explorer 1, lancé le 31 janvier 1958. La ceinture intérieure s'étend entre 1,2 et 4,5 rayons terrestres (altitude mesurée depuis le centre de la Terre); la ceinture extérieure s'étend entre 2,5 et 7,0 rayons terrestres. Comme l'axe magnétique de la Terre est décalé par rapport à son centre, le ceinture interne plonge vers la surface au large de la côte du Brésil, région connue sous le nom d'anomalie de l'Atlantique sud.

vitesse (de la lumière) vitesse dans le vide de tous les rayonnements électromagnétiques, dont le symbole est c. Les premières déterminations sont dues à Rømer (1676) et à Bradley (1728). Une méthode récente a donné $c = 299\,792\,458 \pm 1{,}2\ \mathrm{m\,s^{-1}}$. Aucun objet de peut dépasser cette vitesse.

Voyager 1 et 2 deux sondes interplanétaires presque identiques lancées par les Etats-Unis en 1977. Elles ont survolé Jupiter et Saturne en 1979–80, puis Voyager 2 a été déviée pour rencontrer Uranus en 1986 et Neptune en 1989.

X (rayons) découverts par Roentgen en 1895, les rayons X ont été appelés ainsi parce que leur nature est restée longtemps indéterminée. Leurs longueurs d'onde sont des milliers de fois plus petites que celles des ondes lumineuses visibles et, corrélativement, leurs fréquences élevées leur confèrent une énergie des milliers de fois supérieure à celle d'un photon visible.

Yohkoh satellite solaire dont le nom signifie «rayon de Soleil», lancé en août 1991 par le Japanese Institute of Space and Astronautical Science (ISAS). L'objectif principal de cette mission est l'étude des phénomènes énergétiques, en particulier des éruptions solaires. Cependant, le télescope à rayons X mous est assez sensible pour faire des observations détaillées de la couronne.

Zeeman (effet) décomposition (ou élargissement) des raies spectrales d'une source lumineuse sous l'influence d'un champ magnétique. Les composantes Zeeman d'une raie de l'atome d'hydrogène forment un doublet ou un triplet, chacune ayant une polarisation caractéristique. L'effet Zeeman permet de déterminer la direction, la distribution et l'intensité des champs magnétiques longitudinaux de la photosphère. Voir magnétographe.

Références des citations

[1] Une incantation de l'Egypte ptolémaïque. Citée par Carl Sagan in Cosmos. Random House, New York 1980, p. 217.

[2] Nietzsche, F.: Thus Spoke Zarathustra – Of Immaculate Perception. Traduit par R. J. Hollingdale. Penguin Books, Harmondsworth 1961, p. 146.

[3] Bourdillon, F. W.: Among the Flowers (1878). In: The Oxford Dictionary of Quotations, Fourth Edition (Angela Partington, ed.). Oxford University Press, New York 1992, p. 138. Aussi dans John Bartlett's Familiar Quotations, Sixteenth Edition (Justin Kaplan, ed.). Little, Brown and Company, Boston 1992, p. 563.

[4] Lettre écrite en novembre 1859 par Robert Bunsen au chimiste anglais H. E. Roscoe. Citée par Roscoe in: The Life and Experiences of Sir Henry Enfield Roscoe, London 1906, p. 71. Elle est reproduite par A. J. Meadows dans son article: The Origins of Astrophysics, que l'on trouve dans: The General History of Astronomy, Vol. 4, Astrophysics and Twentieth-Century Astronomy to 1950, Part A (Owen Gingerich, ed.), Cambridge University Press, New York 1984, p. 5. Voir aussi G. Kirchhoff: On the Chemical Analysis of the Solar Atmosphere, Philosophical Magazine and Journal of Science 21, 185–188 (1861). Reproduite par A. J. Meadows in: Early Solar Physics, Pergamon Press, Oxford 1970, pp. 103–106; G. Kirchhoff and R. Bunsen: Chemical Analysis of Spectrum – Observations, Philosophical Magazine and Journal of Science 20, 89–109 (1860), 22, 329–349, 498–510 (1861).

[5] Thomson, W.: On the Age of the Sun's Heat, Macmillan's Magazine, March 5, 288–293 (1862). Popular Lectures I, 349–368. Aujourd'hui, William Thomson est mieux connu sous le nom de Lord Kelvin. Voir aussi J. D. Burchfield: Lord Kelvin and the Age of the Earth. Science History Publications, New York 1975.

[6] Eddington, A. S.: The internal constitution of the stars. Nature 106, 14–20 (1920), Observatory 43, 341–358 (1920). Reproduit par K. R. Lang and O. Gingerich in: A Source Book in Astronomy and Astrophysics, 1900–1975. Harvard University Press, Cambridge, MA 1979, pp. 281–290.

[7] Eddington, A. S.: ibid., reference 6.

[8] Perrin, J.: Atomes et lumière. La Revue du Mois 21, 113–166 (1920).

[9] Eddington, A. S.: The Internal Constitution of the Stars. Dover, New York 1959, p. 301 (first edition 1926).

[10] Melville, H.: Moby Dick, Marshall Cavendish Paperworks, London 1987; une reproduction de l'édition de 1922, p. 141. Pour le capitaine Achab, tous les objets visibles ne sont que des masques de carton et l'homme doit se démasquer; il doit briser le mur qui l'emprisonne. Pour Achab, le mur était la baleine blanche, l'incarnation du mal. Aujourd'hui, je me souviens d'une chanson du groupe rock The Doors qui avait pour titre: Break on Through to the Other Side.

[11] Dirac, P. A. M.: Quantised Singularities in the Electromagnetic Field. Proceedings of the Royal Society of London A 133, 60–72 (1931). Dans cet article, il est fait mention pour la première fois de l'anti-électron. Carl Anderson le découvrit en 1932 à l'aide d'une chambre de Wilson et l'année suivante proposa le nom positron. [Anderson, C. D.: The Positive Electron. Physical Review 43, 491–494 (1933)]. Cependant, la théorie de Dirac ne joua apparemment aucun rôle dans la découverte du positron. Voir aussi H. Kragh: Dirac – A Scientific Biography. Cambridge University Press, New York 1990.

[12] Madonna: Material Girl (1985). Ecrit par Peter Brown and Robert Rans, publié par Candy Castle Music, BMI.

[13] Updike, J.: Cosmic Gall. Publié à l'origine par: The New Yorker, 17 December 1960, p. 36. Reproduit dans J. Updike: Telephone Poles and Other Poems. Alfred A. Knopf, New York 1979, p. 5, and J. Updike: Collected Poems 1953–1993. Alfred A. Knopf, New York 1993, p. 315.

[14] Pauli, W.: Remarques formulées lors de la septième Conférence Solvay, en octobre 1933. Reproduites en Français original dans: Collected Scientific Papers of Wolfgang Pauli, Vol. 2 (R. Kronig and V. F. Weisskopf, eds.). Wiley Interscience, New York 1964, p. 1319. Citées en Anglais par C. Sutton in: Spaceship Neutrino. Cambridge University Press, New York 1992, p. 19.

[15] Reines, F. and Cowan, C.: Télégramme à Pauli daté du 14 juin 1956. Cité dans: Proceedings of the International Colloquium on the History of Particle Physics. Journal de Physique 43, suppl. C8, 237 (1982). Cité aussi par C. Sutton in: Spaceship Neutrino. Cambridge University Press, New York 1992, p. 44.

[16] Totsuka, Y.: Recent results on solar neutrinos from Kamiokande. Nuclear Physics B19, 69–76 (1991).

[17] Bahcall, J. N. and Bethe, H. A.: A solution to the solar neutrino problem. Physical Review Letters 65, 2233–2235 (1990).

[18] Bahcall, J. N. and Bethe, H. A.: ibid., reference 17.

[19] Leighton, R. B. in: Aerodynamic phenomena in stellar atmospheres – International Astronomical Union Symposium No. 12. Supplemento del Nuovo Cimento 22, 321 (1961).

[20] Leighton, R. B., Noyes, R. W. and Simon, G. W.: Velocity fields in the solar atmosphere. Preliminary report. Astrophysical Journal 135, 497 (1962).

[21] Frazier, E. N.: A spatio-temporal analysis of velocity fields in the solar photosphere. Zeitschrift für Astrophysik *68*, 345 (1968).

[22] Hale, G. E.: The Earth and Sun as Magnets. Smithsonian Report for 1913, pp. 145–158. Address delivered at the Semicentennial of the National Academy of Sciences at Washington, D. C., May 1913. Reproduit par A. J. Meadows in: Early Solar Physics. Pergamon Press, Oxford 1970, pp. 291–308. Voir aussi G. E. Hale: On the probable existence of a magnetic field in sun-spots. Astrophysical Journal *28*, 315–343 (1908). Reproduit par K. R. Lang and O. Gingerich in: Source Book in Astronomy and Astrophysics, 1900–1975. Harvard University Press, Cambridge, MA 1975, pp. 96–103.

[23] Schwabe, H.: Sonnen-Beobachtungen im Jahre 1843. Astronomische Nachrichten *20*, No. 495, 233–236 (1844). Traduction anglaise: Solar Observations During 1843 in A. J. Meadows: Early Solar Physics. Pergamon Press, Oxford 1970, pp. 95–97.

[24] Johnson, M.: Allocution prononcée par le Président, M. J. Johnson, Esq. en remettant la médaille de la Société à M. Schwabe. Monthly Notices of the Royal Astronomical Society *16*, 129 (1857). Reproduite en partie par H. H. Turner in: Astronomical Discovery. Edward Arnold, London 1904, pp. 156–176.

[25] Babcock, H. W.: The topology of the Sun's magnetic field and the 22-year cycle. Astrophysical Journal *133*, 572 (1961).

[26] Bailey, F.: Some remarks on the total eclipse of the Sun, on July 8th 1842. Monthly Notices of the Royal Astronomical Society *5*, 208–214 (1842).

[27] Biermann, L. F.: Solar corpuscular radiation and the interplanetary gas. Observatory *77*, 109–110 (1957). Reproduit par K. R. Lang and O. Gingerich in: Source Book in Astronomy and Astrophysics, 1900–1975. Harvard University Press, Cambridge, MA 1979, p. 148. Voir aussi E. N. Parker: Dynamics of the interplanetary gas and magnetic fields. Astrophysical Journal *128*, 664–676 (1958).

[28] Alighieri, D.: The Comedy of Dante Alighieri, Cantica I Hell (L'Inferno). Traduit par D. L. Sayers in: Basic Books, New York 1948, Canto XXVI, p. 236.

[29] Bellay, J. du: Les Regrets (1559). Cité dans John Bartlett's Familiar Quotations, Sixteenth Edition (Justin Kaplan, ed.). Little, Brown and Co., Boston 1992, p. 144.

[30] Carrington, R. C.: Description of a singular appearance seen in the Sun on September 1, 1859. Monthly Notices of the Royal Astronomical Society *20*, 13–15 (1860). Le récit de Richard Hodgson "On a curious appearance seen in the Sun" figure dans les pages suivantes, 15 et 16. Les deux articles sont reproduits par A. J. Meadows in: Early Solar Physics. Pergamon Press, Oxford 1970, pp. 181–185.

[31] Carrington, R. C.: *ibid.,* reference 30.

[32] Birkeland, K.: Sur les rayons cathodiques sous l'action de forces magnétiques. Archives des Sciences Physiques et Naturelles *1*, 497 (1896). En analysant les données enregistrées simultanément dans plusieurs stations situées au nord, Birkeland conclut que pendant les aurores, les grands flux suivaient les lignes du champ magnétique; voir K. Birkeland: The Norwegian Aurora Polaris Expedition 1902–1903. Vol. 1: On the Cause of Magnetic Storms and the Origin of Terrestrial Magnetism. H. Aschehoug Co., Christiania 1908, 1913.

[33] Van Allen, J. A., McIlwain, C. E., and Ludwig, G. H.: Radiation observations with satellite 1958 epsilon. Journal of Geophysical Research *64*, 271–280 (1959). Reproduit par K. R. Lang and O. Gingerich in: Source Book in Astronomy and Astrophysics, 1900–1975. Harvard University Press, Cambridge, MA 1975, pp. 150–151.

[34] Urey, H. C.: The moon's surface features. Observatory *76*, 232–234 (1956).

[35] Cité par Robert H. Eather in: Majestic Lights – The Aurora in Science, History, and the Arts. American Geophysical Union, Washington, D.C. 1980, p. 42. D'après Kongespeilet (Le Miroir du Roi) traduit par L. M. Larson, New York, Twayne Publishing 1917.

[36] Cité par Robert H. Eather in: Majestic Lights – The Aurora in Science, History, and the Arts. American Geophysical Union, Washington, D.C. 1980, p. 205. D'après Fridtjof Nansen: L'expédition du Fram – Nansen in the Frozen World. (En Français: A travers le Groenland, 1891 et Vers le pôle, 1897.). A. G. Holman, Philadelphia, 1897.

[37] Cité par: The Home Planet (Kevin W. Kelly, ed.), with photograph number 31. Addison–Wesley, New York 1988.

[38] Sabine, E.: Lettre à John Herschel, 16 mars 1852. Herschel Letters No. 15.235 (Royal Society). Citée par A. J. Meadows et J. E. Kennedy dans: The origin of solar-terrestrial studies. Vistas in Astronomy *25*, 420 (1982).

[39] Maunder, E. W.: Magnetic disturbances, 1882 to 1903, as recorded at the Royal Observatory, Greenwich, and their association with sunspots. Monthly Notices of the Royal Astronomical Society *65*, 31 (1905). Pour les régions M voir aussi J. Bartels: Terrestrial magnetic activity and its relation to solar phenomena. Journal of Geophysical Research *37*, 1 (1932), and: Solar eruptions and their ionospheric effects – A classical observation and its new interpretation. Journal of Geophysical Research *42*, 235 (1937). Le rôle des éjections de masse coronale, à l'origine des grands orages géomagnétiques, est discuté dans J. Gosling: The solar flare myth. Journal of Geophysical Research *98*, 18937–18949 (1993).

[40] Hoyle, F.: Conférence en 1948. Citée par Jon Darius in: Beyond Vision. Oxford University Press, New York 1984, p. 142.

[41] Buchli, J.: Cité dans le récit pour: The Blue Planet (1990).

[42] Tyndall, J.: On the absorption and radiation of heat by gases and vapours, and on the physical connexion of radiation, absorption, and conduction. Philosophical Magazine and Journal of Science *22 A*, 276–277 (1861).

[43] Arrhenius, S.: On the influence of carbonic acid in the air upon the temperature of the ground. Philosophical Magazine and Journal of Science *41*, 268 (1896). Les idées d'Arrhenius sont développées en détail par T. C. Chamberlin: An attempt to frame a working hypothesis of the cause of the glacial periods on an atmospheric basis. The Journal of Geology *7*, 545–584 (1899). Ici Chamberlin attire l'attention sur l'absorption du dioxyde de carbone par l'océan, sur sa diminution variable en fonction des précipitations sur des terres émergées dont la répartition globale change, et sur l'amplification de l'effet de serre par l'augmentation du taux de vapeur d'eau dans l'atmosphère.

[44] Lovelock, J. E. and Margulis, L.: Atmospheric homeostasis by and for the biosphere: The Gaia hypothesis. Tellus *26*, 8 (1973).

[45] Dobson, G. M. B.: Forty years' research on atmospheric ozone at Oxford: A history. Applied Optics *7*, 403 (1968).

[46] Molina, M. J. and Rowland, F. S.: Stratospheric sink for chlorofluoromethanes. Chlorine atomic-atalysed destruction of ozone. Nature *249*, 810 (1974).

[47] J. Updike: Ode to Evaporation. Originally published in: The New Yorker, 31 December 1984, p. 30. Reproduit dans J. Updike: Facing Nature. Alfred A. Knopf, New York 1985, pp. 79–81 and J. Updike: Collected Poems 1953–1993. Alfred A. Knopf, New York 1993, pp. 193–195.

[48] Revelle, R. and Suess, H. E.: Carbon dioxide exchange between atmosphere and ocean and the question of an increase of atmospheric carbon dioxide during the past decades. Tellus *9*, 19 (1957).

[49] Hansen, J.: I'm not being an alarmist about the greenhouse effect, The Washington Post, 11 February 1989. Ecrit par Hansen en réponse aux critiques qui considéraient que son témoignage au Congrès, à propos de l'effet de serre, était alarmiste et s'appuyait sur des données erronées.

[50] Negro Spiritual traditionnel intitulé: He's Got the Whole World in his Hands.

[51] Cette citation a été attribuée à l'anthropologue français Maurice Chavalle d'après son article: La mort de la Nature (1955) in: M. Crichton: Congo. Ballantine Books, New York 1980, pp. 215–216. Nos tentatives pour retrouver l'article original ont été infructueuses et comme les références de Crichton sont incomplètes, cette citation pourrait être apocryphe; néanmoins, c'est une belle façon de préciser un point de vue.

[52] Strand, M.: A Poem for the New Year. The New York Times, 1 January 1992.

[53] Gore, A.: Earth in the Balance. Houghton Mifflen, Boston 1992, pp. 83, 92.

[54] Solzhenitsyn, A. I.: To Tame Savage Capitalism (editorial). The New York Times, 28 November 1993.

[55] Frost, R.: Fire and Ice, in: The Poetry of Robert Frost (Edward Connery Lathem, ed.). Holt, Rinehart and Winston, New York 1979, pp. 220–221.

Bibliographie

L'astérisque * désigne des livres ou des articles très spécialisés

OUVRAGES GÉNÉRAUX

Le Grand Atlas de l'Astronomie. Encyclopaedia Universalis (1983).

Astronomie. Ouvrage collectif sous la direction de Philippe de la Cotardière, Editions Larousse (1991).

Astronomie Flammarion (2 volumes). Ouvrage collectif sous la direction de Jean-Claude Pecker, Editions Flammarion (1985).

L'atmosphère: histoire, phénomènes météorologiques, effet des activités humaines. Dossier hors-série Pour la Science (Juin 1996).

Bahcall, J. N.: Neutrino Astrophysics. Cambridge University Press, New York (1989)*

Baton, J.-P. et Cohen-Tannoudji, G.: L'horizon des particules. Gallimard, Paris (1989).

Beltrando Chémery, G.: Dictionnaire du climat. Références Larousse.

Berger, A.: Le climat de la Terre: un passé pour quel avenir? De Boeck Université (1992).

Chaline, J.: Histoire de l'homme et des climats au quaternaire. Doin (1985).

Cribier, M., Spiro, M. et Vignaud, D.: La lumière des neutrinos. Collection Science Ouverte, Le Seuil (1995).

Duplessy, J.-C. et Morel, P.: Gros temps sur la planète. Odile Jacob (1992).

Encyclopédie Scientifique de l'Univers, Bureau des Longitudes: Les étoiles, le système solaire. Gauthier-Villars (1979).

Eather, R. H.: Majestic lights, the Aurora in Science, History and the Arts. American Geophysical Union, Washington, D. C. (1980).

Foucault, A.: Climat, histoire et avenir d'un milieu naturel. Fayard (1993).

Foukal, P. V.: Solar Astrophysics. John Wiley and Sons, New York (1990)*.

Frazier, K.: Our turbulent Sun. Prentice-Hall, Englewood Cliffs, NJ (1982).

Giovanelli, R. G.: Secrets of the Sun. Cambridge University Press, New York (1984).

Herrmann, J.: Atlas de l'Astronomie. Le Livre de Poche (1995).

Joussaume, S.: Climat, d'hier à demain. CNRS Editions (1993).

Kandel, R.: Le devenir des climats. Hachette (1990).

Kippenhahn, R.: Discovering the secrets of the Sun. John Wiley and Sons (1994).

Labeyrie, J.: L'homme et le climat. Le Seuil (1993).

Lambert, G.: L'air de notre temps. Collection Science Ouverte, Le Seuil (1995).

Lang, K. R. and Gingerich, O.: Source Book in Astronomy and Astrophysics, 1900–1975. Harvard University Press, Cambridge, MA 1979.

Lantos, P.: Le Soleil. Presses Universitaires de France. Collection Que sais-je? (1994)

Lenoir, Y.: La vérité sur l'effet de serre. Editions La Découverte (1992).

Maduro, R. et Schauerhammer, R.: Ozone: un trou pour rien. Editions Alcuin (1992).

Magny, M.: Une histoire du climat: des derniers mammouths au siècle de l'automobile. Editions Errance (1995).

Mégie, G.: Ozone, l'équilibre rompu. Presses du CNRS (1989).

Mégie, G.: Stratosphère et couche d'ozone. Masson (1992).

Mitton, S.: Daytime star, The story of our Sun. Faber and Faber, Boston (1981).

Mouvier, G.: La pollution atmosphérique. Collection Dominos, Flammarion (1994).

Nesme-Ribes, E., Sokoloff, D, Ribes, J.-C. and Kremliovsky, M.: The Maunder minimum and the solar dynamo. NATO ASI Series, Vol.125, Springer-Verlag, Berlin-Heidelberg (1994)*.

Nicolson, I.: The Sun. Mitchell Beazley Publishers, London (1982).

Noyes, R. W.: The Sun, our star. Harvard University Press, Cambridge, MA (1982).

Pecker, J.-C.: L'atmosphère solaire. Du modèle à la physique. Editions Presses Universitaires de France (1981).

Pecker, J.-C.: Sous l'étoile Soleil. Fayard, le temps des sciences (1984).

Pecker, J.-C. and Runcorn, S. K.(eds): The Earth's climate and variability of the Sun over recent millenia – Geophysical, astronomical and archaeological aspects. Philosophical Transactions of the Royal Society of London A 330, 395–687 (1990)*.

Pecker, J.-C.: L'avenir du Soleil. Hachette, Questions de Science (1990).

Phillips, K. J. H.: Guide to the Sun. Cambridge University Press, New York (1992).

Sadourny, R.: Le climat de la Terre. Collection Dominos Flammarion (1994).

Schatzman, E. et Praderie, F.: Les étoiles. Paris InterEditions (1990)*.

Stix, M.: The Sun, an Introduction. Astronomy and Astrophysics Library, Springer-Verlag, Berlin-Heidelberg (1989)*.

Tandberg-Hansen, E.: The nature of solar prominences. Kluwer Academic Publishers (1995)*.

ARTICLES DE REVUES

Aimedieu, P.: Les menaces sur l'ozone se confirment. La Recherche, 121, 492 (1981).

Aimedieu, P.: Inquiétante disparition de l'ozone dans l'Antarctique? La Recherche, 181, 1249 (1986).

Aimedieu, P.: La querelle de l'ozone. La Recherche, 196, 270 (1988).

Aimedieu, P.: Trou d'ozone polaire: de nouvelles questions. La Recherche 205, 1518 (1988).

Aimedieu, P.: Couche d'ozone: les «minitrous» arctiques. La Recherche 228, 109 (1991).

Akasofu, S.-I.: L'aurore polaire. Les phénomènes naturels. Pour la Science, 1978.

Akasofu, S.-I.: La dynamique des aurores polaires. Pour la Science 141, 74 (1989).

Akasofu, S.-I.: The shape of the solar corona. Sky & Telescope 88, 24–29 (1989).

Babcock, H. W.: The topology of the Sun's magnetic field and the 22-year cycle. Astrophysical Journal 133, 572–587 (1961)*.

Bahcall, J. N.: Où sont les neutrinos solaires? Pour la Science 153, 44 (1990).

Berthomieu, G., Cassé, M. et Vignaud, D.: La structure interne du Soleil. La Recherche 231, 444 (1991).

Brandt, J. et Niedner, M.: Les queues des comètes. Pour la Science 101, 34 (1986).

Böhm-Vitense, E.: Chromospheres, transition regions and coronas. Science 223, 777–784 (1984) – 24 February*.

Bottani, S.: Merveilleux neutrinos. Revue du Palais de la découverte, Vol.23, n°224, janvier 1995.

Broecker, W. et Denton, G.: Les cycles glaciaires. Pour la Science 149, page 62.

Christensen-Dalsgaard, J., Gough, D., and Toomre, J.: Seismology of the Sun. Science 229, 923–931 (1985) – 6 September*.

Collados, M., del Toro Iniesta J. C. et Sanchez Almeida, J.: Les facules solaires ou comment observer l'invisible. La Recherche 211, 810 (1989).

Collins Petersen, C., Bruner, M., Acton, L. and Ogawara, Y.: Yohkoh and the Mysterious Solar Flares. Sky & Telescope, 20–25 (1993) – September

Covey, C.: L'orbite de la Terre et les périodes glaciaires. Pour la Science 78, 22 (1984).

Cribier, M. et Vignaud, D.: Un Soleil artificiel. Pour la Science 208, 28 (1995).

Cribier, M. et Vignaud, D.: Neutrinos solaires: l'énigme persiste. La Recherche 246, 1052 (1992).

Cribier, M., Rich, J. et Vignaud, D.: Les neutrinos solaires transformés par la matière. La Recherche 180, 115 (1986).

Defait, J. P.: Le Soleil trahi par sa musique. Ciel & Espace 303, 26 (1995).

Edberg, S. J.: Discover the daytime star. Astronomy, Feb. 1995, page 66.

Eddy, J. A.: The case of the missing sunspots. Scientific American 236, 80–88, 92 (1977) – May.

Eddy, J. A.: The Maunder minimum. Science 192, 1189–1202 (1976) – 18 June.

Eicher, D.: Descent into darkness. Astronomy, April 1995, page 66.

Fossat, E.: Quand le Soleil vibre. La Recherche 127, 1280 (1981).

Foukal, P. V.: Magnetic loops in the Sun's atmosphere. Sky & Telescope 62, 547–550 (1981) – December.

Foukal, P.: Le Soleil, une étoile variable. Pour la Science *150*, 32 (1990).

Garrigues, B.: Neutrinos solaires, la preuve du déficit. Ciel & Espace *298*, 15 (1995).

Garrigues, B.: Nucléosynthèse, le puzzle est complet. Ciel & Espace *303*, 20 (1995).

Gendrin, R.: Le Soleil et l'environnement terrestre. La Recherche *125*, 942 (1981).

Golub, L.: What heats the solar corona? Astronomy *10*, 74 (1982).

Gough, D. and Toomre, J.: Seismic observations of the solar interior. Annual Reviews of Astronomy and Astrophysics *29*, 627–684 (1991)*.

Harvey, J. W., Kennedy, J. R. et Leibacher, J. W.: GONG: to see inside our Sun. Sky & Telescope, Nov. 1987, page 470.

Hathaway, D. H.: Journey to the heart of the Sun. Astronomy, Jan. 1995, page 38.

Hones, E.: La queue magnétique de la Terre. Pour la Science *103*, 46 (1986).

Jokipii J. et McDonald, F.: Vers les confins de l'héliosphère. Pour la Science *212*, 46 (1995).

Kandel, R. et Fouquart, Y.: Le bilan radiatif de la Terre. La Recherche *241*, 316 (1992).

Koutchmy, S. et Vial, J.-C.: Le Soleil 24 heures sur 24. La Recherche *217*, 10 (1990).

Leibacher, J., Noyes, R., Toomre, J. et Ulrich, R.: La sismologie solaire. Pour la Science *97*, 38 (1985).

Leibacher-Ouvrard, J. W. et Leibacher-Ouvrard, L.: L'héliosismologie dévoile l'intérieur du Soleil. La Recherche *185*, 274 (1987).

Linsley, J.: Les rayons cosmiques de très haute énergie. Pour la Science *11*, 61 (1978).

Malherbe, J.-M., Rayrole, J. et Mein, P.: Thémis pour voir le Soleil en détail. La Recherche *181*, 1256 (1986).

Mégie, G.: La couche d'ozone: de l'équilibre naturel aux perturbations anthropiques. Revue du Palais de la découverte, Vol.24, n°233, décembre 1995.

Moe, M. et Rosen, S.: La double désintégration bêta. Pour la Science *147*, 90 (1990).

Morgan, N.: Gros temps magnétique en perspective. La Recherche *224*, 1094 (1990).

Muller, Ch.: L'ozone de l'atmosphère. La Recherche *130*, 180 (1982).

Nesme-Ribes, E.: Climat: n'oublions pas le Soleil. Ciel & Espace *308*, 44 (1995).

Nesme-Ribes, E., Baliunas, S. et Sokoloff, D.: La dynamo stellaire. Pour la Science *228*,60 (1996).

Ozone et propriétés oxydantes de la troposphère. Rapport n° 30 de l'Académie des Sciences, 1993*.

Paresce, F. et Bowyer, S.: Le Soleil et le milieu interstellaire. Pour la Science *109*, 24 (1986).

Parker, E.: Les champs magnétiques dans le cosmos. Pour la Science *72*, 36 (1983).

Paty, M.: Les neutrinos au fond des mers. La Recherche *101*, 670 (1979).

Pecker, J.-C.: Le Soleil: une étoile comme les autres. La Recherche *118*, 91 (1981).

Pecker, J.-C.: The Sun Today, Colloque Advances in Solar Physics, Catane, (Italie) 10–15 mai 1993.*

Pecker, J.-C.: A review on contemporary solar physics. Vistas in Astronomy. Pergamon Press ed., sous presse.*

Ribes, J.-C. and Nesme-Ribes, E.: The solar sunspot cycle in the Maunder minimum AD 1645 to AD 1715. Astronomy and Astrophysics *276*, 549–563 (1993)*.

Royer, J.-F.: Le climat du XXIᵉ siècle. La Recherche *201*, 42 (1988) (supplément).

Spiro, M.: L'énigme des neutrinos solaires: une solution en vue. La Recherche *172*, 1537 (1985).

Steinberg, J.-L. et Couturier, P.: Le vent solaire. La Recherche *161*, 1494 (1984).

Stephenson, R.: L'historique des éclipses. Pour la Science *11*, 61 (1978).

Stolarski, R.: La disparition de l'ozone antarctique. Pour la Science *125*, 26 (1988).

Turck-Chièze, S., Däppen, W., Fossat, E., Provost, J., Schatzman, E. et Vignaud, D.: The Solar Interior. Physics Reports *230*, 57 (1993)*.

Vanucci, F.: Les neutrinos ont-ils une masse? La Recherche *120*, 356 (1981).

Vanucci, F.: Un neutrino vraiment trop lourd. La Recherche *236*, 1234 (1991).

Wolfson, R.: La couronne solaire. Pour la Science *66*, 53 (1983).

Zahn, J.-P.: Au banc d'essai du Soleil. Ciel & Espace, Hors Série *8*, 44 (1995).

Index des auteurs

Index des sujets